JN112317

新学習指導要領対応

学校でも、家庭でも
これだけできれば安心！

初級 算数習熟プリント 小学4年生

学力の基礎をきたえどの子も伸ばす研究会
金井 敬之 著

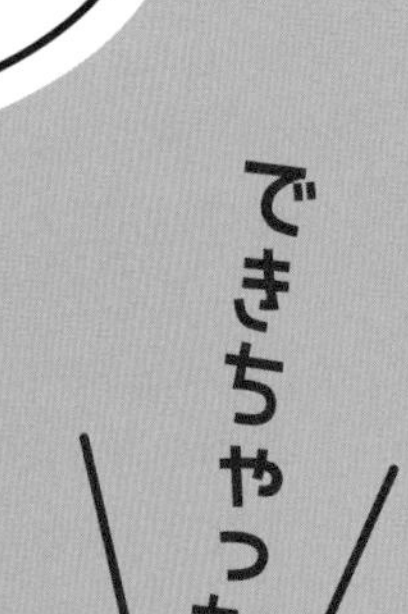

清風堂書店

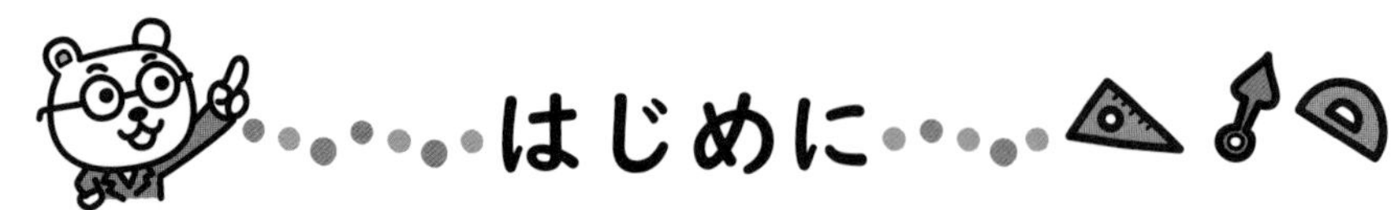

はじめに

「算数習熟プリント」は発売以来長きにわたり、学校現場や家庭で支持されてまいりました。
その中で、変わらず貫き通してきた特長は次の3つです。

○ 通常のステップよりもさらに細かくスモールステップにする
○ 大事なところは、くり返し練習して習熟できるようにする
○ 教科書レベルがどの子にも身につくようにする

この内容を堅持し、新たなくふうを加え、2020年4月に「算数習熟プリント」を出版し、2022年3月には「上級算数習熟プリント」を出版しました。両シリーズとも学校現場やご家庭で活用され、好評を博しております。

さらに、子どもたちの基礎力を充実させるために、「初級算数習熟プリント」を発刊することとなりました。算数が苦手な子どもたちにも取り組めるように編集してあります。

今回の改訂から、初級算数習熟プリントには次のような特長が追加されました。

○ 観点別に到達度や理解度がわかるようにした「まとめテスト」
○ 親しみやすさ、わかりやすさを考えた「太字の手書き風文字」「図解」
○ 前学年のおさらいのページ「おぼえているかな」
○ 解答のページは、本文を縮めたものに「赤で答えを記入」
○ 使いやすさを考えた「消えるページ番号」

「まとめテスト」は、算数の主要な観点である「知識（理解）」（わかる）、「技能」（できる）、「数学的な考え方」（考えられる）問題に分類しています。

これは、「計算はまちがえたが、計算のしくみや意味は理解している」「計算はできるが、文章題はできない」など、どこでつまずいているのかをつかみ、くり返し練習して学力の向上へと導くものです。十分にご活用ください。

「おぼえているかな」は、前学年のおさらいをして、当該学年の内容をより理解しやすいようにしました。すべての学年に掲載されていませんが、算数は系統的な教科なので前学年の内容が理解できると今の学年の学習が理解しやすくなります。小数の計算が苦手なのは、整数の計算が苦手なことが多いです。前学年の内容をおさらいすることは重要です。

本文には、小社独自の手書き風のやさしい文字を使っています。子どもたちに見やすく、きれいな字のお手本にもなるようにしました。

また、学校で「コピーして配れる」プリントです。コピーすると、プリント下部の「ページ番号が消える」ようにしました。余計な時間を省き、忙しい中でも「そのまま使える」ようにしました。

本書「初級算数習熟プリント」を活用いただき、基礎力を充実させていただければ幸いです。

学力の基礎をきたえどの子も伸ばす研究会

使い方

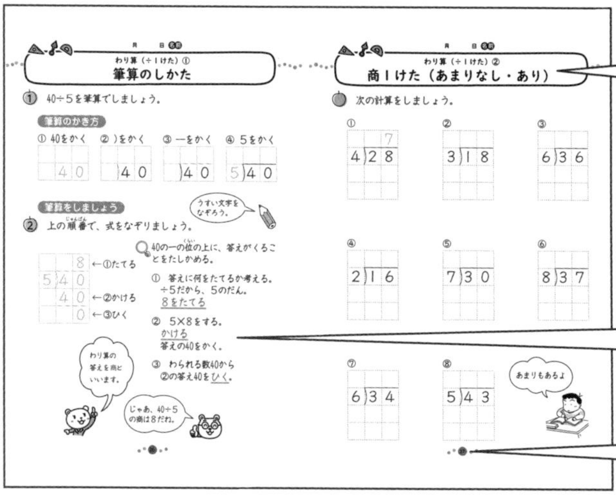

このページで学習する内容です。学習した日付と名前をかきましょう。

視覚的に理解できるようにしています。

白黒コピーでページ番号が消えます。

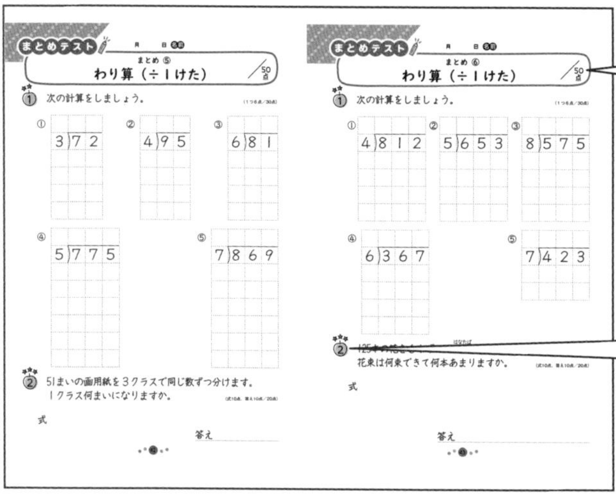

B5で50点満点、B4で100点のテストにもなります。

分類
☆ ･････････「知識（理解）」
☆☆ ･･････「技能」
☆☆☆･･･「数学的な考え方」

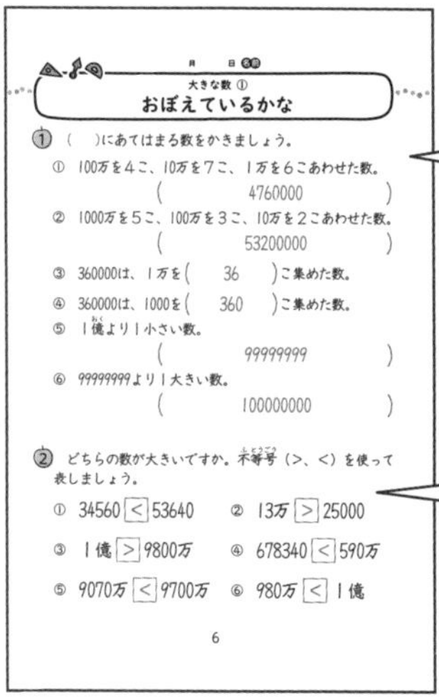

取り外せる別冊解答で、答え合わせがしやすい。

問題は白黒、答えが色つき（赤）だから、答えが一目でわかる。〇つけがカンタン！

初級算数習熟プリント4年生　もくじ

月　日 名前

大きな数 ①

おぼえているかな

1 (　　)にあてはまる数をかきましょう。

① 100万を4こ、10万を7こ、1万を6こあわせた数。

(　　　　　　　　)

② 1000万を5こ、100万を3こ、10万を2こあわせた数。

(　　　　　　　　)

③ 360000は、1万を(　　　　　　)こ集めた数。

④ 360000は、1000を(　　　　　　)こ集めた数。

⑤ 1億(おく)より1小さい数。

(　　　　　　　　)

⑥ 99999999より1大きい数。

(　　　　　　　　)

2 どちらの数が大きいですか。不等号(ふとうごう)(>、<)を使って表しましょう。

① 34560 □ 53640　② 13万 □ 25000

③ 1億 □ 9800万　④ 678340 □ 590万

⑤ 9070万 □ 9700万　⑥ 980万 □ 1億

月　　日 名前

大きな数 ②
おぼえているかな

1 数直線のめもりを読みましょう。

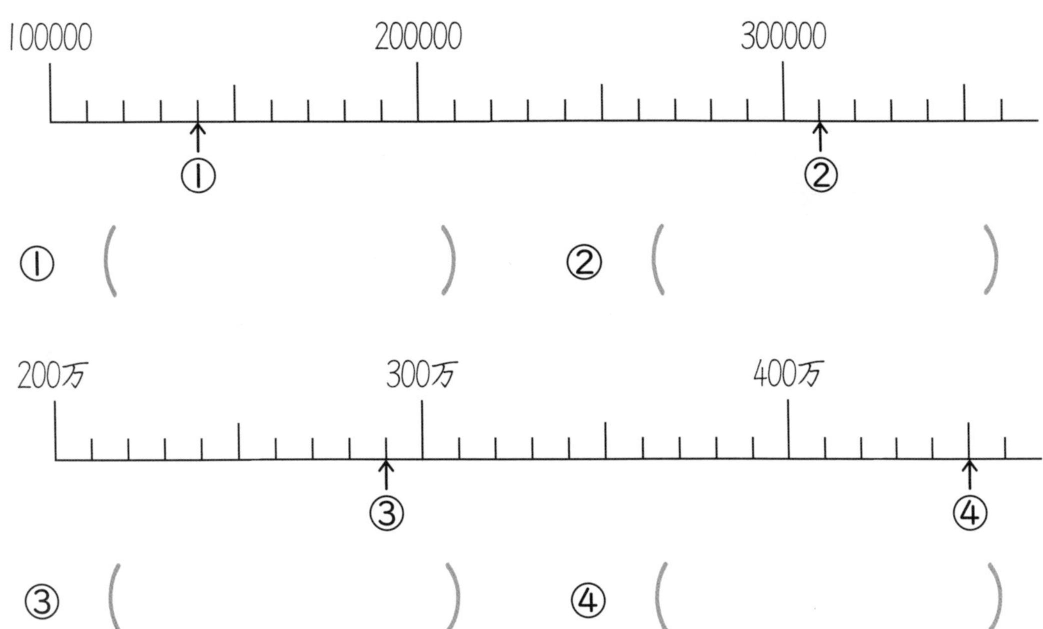

①（　　　　　）　②（　　　　　）

③（　　　　　）　④（　　　　　）

2 次の数を10倍にした数をかきましょう。

① 48（　　　　　）　② 150（　　　　　）

③ 3万（　　　　　）　④ 40万（　　　　　）

3 次の数を10でわった数をかきましょう。

① 240（　　　　　）　② 500（　　　　　）

③ 180万（　　　　　）　④ 20万（　　　　　）

月　　日 名前

大きな数 ③
一億

① 日本の人口は、およそ125190000人です。
　4けたごとに区切っている位（くらい）のものさしをあててみましょう。
（総務省（そうむしょう）　2022年）

1	2	5	1	9	0	0	0	0
一	千	百	十	一	千	百	十	一
億				万				

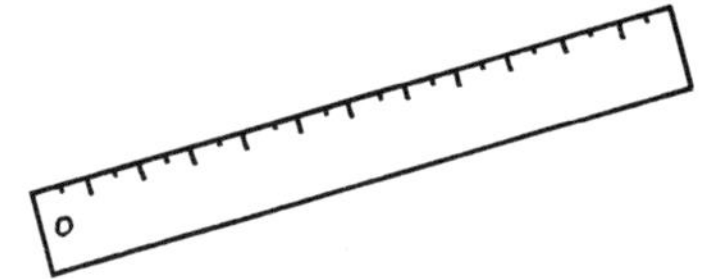

千万を10こ集めた数は、1億（おく）です。
数字で100000000とかきます。
（※0が8こつきます。）

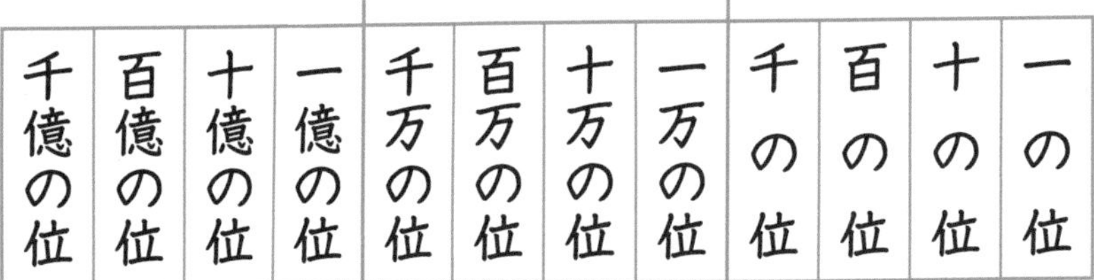

千億の位	百億の位	十億の位	一億の位	千万の位	百万の位	十万の位	一万の位	千の位	百の位	十の位	一の位

② 中国とインドの人口を漢字でかきましょう。（UNFPA　2022年）

①　中国の人口

1	4	4	8	5	0	0	0	0	0（人）
千	百	十	一	千	百	十	一	千	百	十	一
			億				万				

（　　　　　　　　　　　　　　　　）

②　インドの人口

1	4	0	6	6	0	0	0	0	0（人）
千	百	十	一	千	百	十	一	千	百	十	一
			億				万				

（　　　　　　　　　　　　　　　　）

月　　日 名前

大きな数 ④

大きい数の読み方

次の数の読み方を漢字でかきましょう。

①

	9	8	7	6	5	4	3	2	1	9	8
千	百	十	一	千	百	十	一	千	百	十	一
			億				万				

（　九百八十七億六千五百四十三万二千百九十八　）

②

1	4	5	3	2	2	1	3	8	6	9	7
千	百	十	一	千	百	十	一	千	百	十	一
			億				万				

（　　　　　　　　　　　　　　　　）

③

2	5	6	4	3	1	3	4	9	7	2	8
千	百	十	一	千	百	十	一	千	百	十	一
			億				万				

（　　　　　　　　　　　　　　　　）

④

	6	7	5	4	2	4	5	0	0	3	9
千	百	十	一	千	百	十	一	千	百	十	一
			億				万				

（　　　　　　　　　　　　　　　　）

⑤

	7	8	6	5	3	0	0	3	4	5	0
千	百	十	一	千	百	十	一	千	百	十	一
			億				万				

（　　　　　　　　　　　　　　　　）

月　　日 名前

大きな数 ⑤

一兆

① 日本国の予算は、107596400000000円です。4けたごとに区切っている位(くらい)のものさしをあてててみましょう。

1	0	7	5	9	6	4	0	0	0	0	0	0	0	0		(円)
千	百	十	一	千	百	十	一	千	百	十	一	千	百	十	一	
			兆				億				万					

千億(おく)を10こ集めた数は、1兆(ちょう)です。
数字で1000000000000とかきます。
(※0が12こつきます。)

整数は、4けたごとに位が大きく変(か)わります。

日本国の予算は、107兆5964億円です。　(総務省(そうむしょう)　2022年)

千兆の位	百兆の位	十兆の位	一兆の位	千億の位	百億の位	十億の位	一億の位	千万の位	百万の位	十万の位	一万の位	千の位	百の位	十の位	一の位

② 光は、1秒間に30万km（地球の周(まわ)りの7.5倍）進みます。
七夕(たなばた)のとき話題になる、織女星(しょくじょせい)（おりひめ星）までのきょりを読んでみましょう。

2	3	6	5	0	0	0	0	0	0	0	0	0	0	0	0	(km)
千	百	十	一	千	百	十	一	千	百	十	一	千	百	十	一	
			兆				億				万					

（　　　　　　　　　　　　　　　　　　　）

月　　日 名前

大きな数 ⑥

大きい数の読み方

次の数の読み方を漢字でかきましょう。

①

2	5	6	4	3	1	3	4	9	2	8	8	2	5	6	4
千	百	十	一	千	百	十	一	千	百	十	一	千	百	十	一
			兆				億				万				

（二千五百六十四兆三千百三十四億九千二百八十八万二千五百六十四）

②

9	8	7	6	5	4	3	2	1	9	8	7	6	5	4	3
千	百	十	一	千	百	十	一	千	百	十	一	千	百	十	一
			兆				億				万				

（　　　　　　　　　　　　　　　　）

③

	7	8	0	2	3	5	6	0	0	4	1	0	0	8	6
千	百	十	一	千	百	十	一	千	百	十	一	千	百	十	一
			兆				億				万				

（　　　　　　　　　　　　　　　　）

④

1	8	0	0	0	4	6	7	0	1	5	2	0	0	0	0
千	百	十	一	千	百	十	一	千	百	十	一	千	百	十	一
			兆				億				万				

（　　　　　　　　　　　　　　　　）

⑤

2	9	3	4	0	0	0	0	1	3	7	8	0	0	7	3
千	百	十	一	千	百	十	一	千	百	十	一	千	百	十	一
			兆				億				万				

（　　　　　　　　　　　　　　　　）

大きな数 ⑦

10倍、100倍、1000倍、十分の一

数のしくみを考えましょう。

① 47億(おく)の10倍、100倍、1000倍、10000倍の数は、次のようになります。

	百	十	一 兆	千	百	十	一 億	
もとの数						4	7	47億
10倍					4	7	0	470億
100倍				4	7	0	0	4700億
1000倍			4	7	0	0	0	4兆(ちょう)7000億
10000倍		4	7	0	0	0	0	47兆

整数を10倍するごとに、数字の位(くらい)は、それぞれ、1けたずつ上がります。

・47億の10000倍は、47兆です。

② 380億を10でわった数は、次のようになります。

	一 兆	千	百	十	一 億	
もとの数			3	8	0	380億
10でわった数				3	8	38億

整数を10でわると、数字の位が、それぞれ、1けたずつ下がります。

月　　日 名前

大きな数 ⑧
10倍、100倍、1000倍、十分の一

次の数をわくにかきましょう。

①

	千	百	十	一 兆	千	百	十	一 億
10でわった数								
もとの数						1	6	0
10倍								
100倍								
1000倍								
10000倍								

②

	千	百	十	一 兆	千	百	十	一 億
100でわった数								
10でわった数								
もとの数				2	7	5	0	0
10倍								
100倍								
1000倍								

月　　日 名前

大きな数 ⑨

大きい数の計算

次の計算をしましょう。

① 36兆(ちょう)＋12兆＝

	3	6	兆
＋	1	2	兆

② 48兆－15兆＝

	4	8	兆
－	1	5	兆

③ 5億(おく)×10＝

	5	億	
×	1	0	
	5	0	億

④ 7兆×10＝

	7	兆	
×	1	0	
	7	0	兆

⑤ 42億×100＝

	4	2	億		
×		1	0	0	
	4	2	0	0	億

⑥ 123億×1000＝

	1	2	3	億			
×			1	0	0	0	
	1	2	3	0	0	0	億

⑦ 560兆÷10＝

56~~0~~兆

⑧ 4200兆÷100＝

42~~00~~兆

月　　日 名前

大きな数 ⑩

大きい数の計算

□にあてはまる数をかきましょう。

① 1000万を10こ集めた数は［　　億］です。

② 1000億を10こ集めた数は［　　］です。

③ 1億は、1万を［　　］こ集めた数です。

④ 1兆は、1億を［　　］こ集めた数です。

⑤ 1億を30こと、1万を2700こあわせた数は、
［30億　　］です。

⑥ 1000億を20こ、100億を40こあわせた数は、
［　　］です。

⑦ 1兆を40こと、1億を3840こあわせた数は、
［　　］です。

⑧ 10兆を7こと、1000億を2こと、100億を4こあわせた数は、［　　］です。

まとめテスト

月　　日 名前

まとめ ①

大きな数

1 次の数を漢字でかきましょう。

（1つ5点／10点）

① 3248290000

（　　　　　　　　）

② 15687030000000

（　　　　　　　　）

2 次の数を数字でかきましょう。

（1つ5点／10点）

① 四十六億(おく)五千八百七十万

（　　　　　　　　）

② 九十八兆(ちょう)七千二百六十四億三千万

（　　　　　　　　）

3 次の数をかきましょう。

（1つ5点／30点）

① 250億の10倍

（　　　　）

② 74兆の100倍

（　　　　）

③ ３兆6000億の10倍

（　　　　）

④ 890億の$\frac{1}{10}$

（　　　　）

⑤ 5200兆の$\frac{1}{100}$

（　　　　）

⑥ ２兆4000万の$\frac{1}{10}$

（　　　　）

まとめテスト　月　日　名前

まとめ ②

大きな数

/50点

1 (　　)にあてはまる数をかきましょう。

(1つ5点／20点)

① 1億を15こと、1万を3600こあわせた数。

(　　　　　　)

② 1兆を430こ、1億を2800こ、1万を500こあわせた数。

(　　　　　　)

③ 1000億を10こ集めた数。(　　　　　　)

④ 1兆は、1億を(　　　　　　)こ集めた数。

2 次の数を数字でかきましょう。

(1つ5点／10点)

① 1億より1小さい数。

(　　　　　　)

② 1兆より1億小さい数。

(　　　　　　)

3 次の計算をしましょう。

(1つ5点／20点)

① 35億＋25億＝

② 90兆－63兆＝

③ 8億×100＝

④ 3600兆÷100＝

月　　日 名前

がい数 ①

四捨五入

1 24万と25万の間の数について考えましょう。

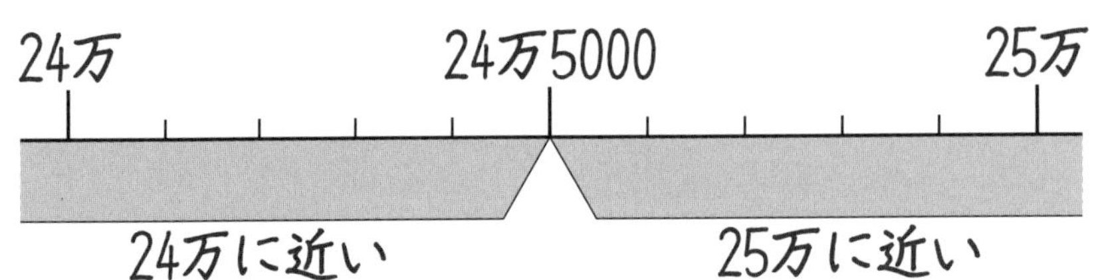

① 243999は(　　　　万)に近い。

② 248001は(　　　　万)に近い。

24万と25万の間の数のがい数を考えるとき、千の位(くらい)の数字がいくつかによって、24万にするか25万にするかを決めます。千の位の数が

0、1、2、3、4 … 切り捨(す)てて 約(やく)24万

5、6、7、8、9 … 切り上げて 約25万

このようなしかたを四捨五入(ししゃごにゅう)といいます。

四より小さい数は捨(す)てて五より大きい数は、次の位に入れる

2 百の位を四捨五入して、千の位までのがい数にしましょう。

① 4807　　　　② 6371

月　　日 名前

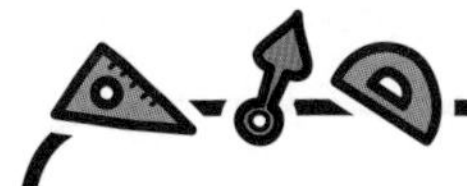

がい数 ②

四捨五入

四捨五入して、百の位までのがい数にしましょう。

① 1756

約 1800

- 1756　百の位の数字の上に○。
- 1756　1つ下の位の数字を□でかこむ。
- 1756　□の数字を四捨五入。（0～4は、切り捨て　5～9は、切り上げ）
- 答えをかく。

② 856　　　　③ 846

④ 7780　　　　⑤ 8231

⑥ 3511　　　　⑦ 4768

⑧ 6074　　　　⑨ 7025

月　日 名前

がい数 ③

四捨五入

1 四捨五入(ししゃごにゅう)して、千の位(くらい)までのがい数にしましょう。

① 13526

- 13526　・千の位の数字の上に○。
- 13526　・1つ下の位の数字を□でかこむ。
- 13526（4）　・□の数字を四捨五入。
  （0〜4は、切り捨(す)て／5〜9は、切り上げ）
- ・答えをかく。

約14000

② 2106　　③ 4627

④ 24956　　⑤ 40362

2 四捨五入して、一万の位までのがい数にしましょう。

① 64765　　② 87078

③ 142974　　④ 496002

月　日 名前

がい数 ④

四捨五入

1 四捨五入して、上から2けたのがい数にしましょう。

① 7385

約7400

7385 ・上(左)から2つ目の数字に○。

7385 ・1つ下の位の数字に□。(上から3つ目)

4
7385 ・□の数字を四捨五入。答えをかく。

② 4653

③ 9342

④ 8567

⑤ 3542

⑥ 28635

⑦ 44782

2 四捨五入して、上から3けたのがい数にしましょう。

① 45681

② 23542

③ 527369

④ 493501

月　　日　名前

がい数 ⑤

以上・以下・未満

・以上（いじょう）…ある数をふくんで、それより大きい数。

・以下（いか）…ある数をふくんで、それより小さい数。

・未満（みまん）…ある数をふくまないで、それより小さい数。

★１から10までの整数で考えます。

５以上…５をふくんで５より大きい数。
（5、6、7、8、9、10）

５以下…５をふくんで５より小さい数。
（1、2、3、4、5）

５未満…５をふくまないで５より小さい数。
（1、2、3、4）

1 １から10までの整数で、あてはまる数をかきましょう。

① ８以上　（　　　　　　）

② ４以下　（　　　　　　）

③ ３未満　（　　　　　　）

④ ７以上９以下　（　　　　　　）

2 ５から８までの整数のはんいを、次の２つで表しましょう。

① □以上□以下　② □以上□未満

月　日 名前

がい数 ⑥

見積もり

1 四捨五入(ししゃごにゅう)して上から1けたのがい数にして答えを見積(みつ)もりましょう。

① 278＋115 → 300＋100＝400

② 745−298 →

③ 490×23 →

④ 583÷33 →

2 遠足の電車代は、1人320円です。
27人のクラスではおよそ何円になりますか。
上から1けたのがい数に表して計算しましょう。

320　　　27
↓　　　　↓
(　　　) × (　　　) ＝ (　　　)

答え

まとめテスト　月　日　名前

まとめ ③ がい数

/50点

1 次の数の百の位(くらい)と千の位を四捨五入(ししゃごにゅう)しましょう。

（1つ5点／10点）

35420　①　百の位（　　　　）

②　千の位（　　　　）

2 次の数を四捨五入して〔　〕のがい数にしましょう。

（1つ5点／20点）

①　2368〔百の位まで〕
（　　　　）

②　45480〔百の位まで〕
（　　　　）

③　6537〔千の位まで〕
（　　　　）

④　76125〔千の位まで〕
（　　　　）

3 次の数を四捨五入して〔　〕のがい数にしましょう。

（1つ5点／20点）

①　5290〔上から１けた〕
（　　　　）

②　86750〔上から１けた〕
（　　　　）

③　7475〔上から２けた〕
（　　　　）

④　98470〔上から２けた〕
（　　　　）

まとめテスト　　月　　日　名前

まとめ ④

がい数

／50点

1　1から10までの整数であてはまる数をかきましょう。

（1つ5点／30点）

① 7以上（いじょう）　（　　　　　　）

② 3以下（いか）　（　　　　　　）

③ 4未満（みまん）　（　　　　　　）

④ 3以上7以下　（　　　　　　）

⑤ 5以上9以下　（　　　　　　）

⑥ 5以上9未満　（　　　　　　）

2　次の計算を上から1けたのがい数にして計算しましょう。

（1つ5点／20点）

① 180＋420 →

② 778－315 →

③ 224×49 →

④ 598÷33 →

月　日 名前

わり算（÷1けた）①

筆算のしかた

① 40÷5を筆算でしましょう。

筆算のかき方

① 40をかく　②)をかく　③ ―をかく　④ 5をかく

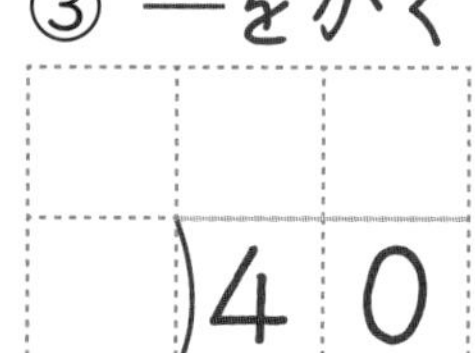

筆算をしましょう

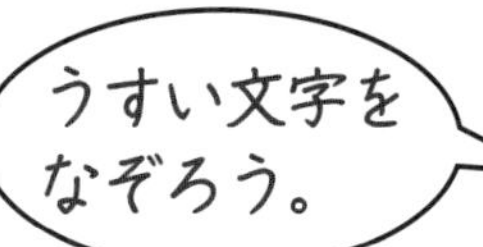

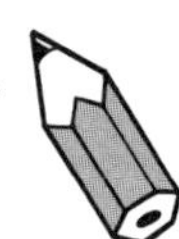

② 上の順番(じゅんばん)で、式をなぞりましょう。

40の一の位(くらい)の上に、答えがくることをたしかめる。

		8	←①たてる
5	)4	0	
	4	0	←②かける
		0	←③ひく

① 答えに何をたてるか考える。
÷5だから、5のだん。
8をたてる

② 5×8をする。
かける
答えの40をかく。

③ わられる数40から
②の答え40をひく。

わり算の
答えを商と
いいます。

じゃあ、40÷5
の商は8だね。

月　　日 名前

わり算（÷１けた）②

商１けた（あまりなし・あり）

次の計算をしましょう。

①

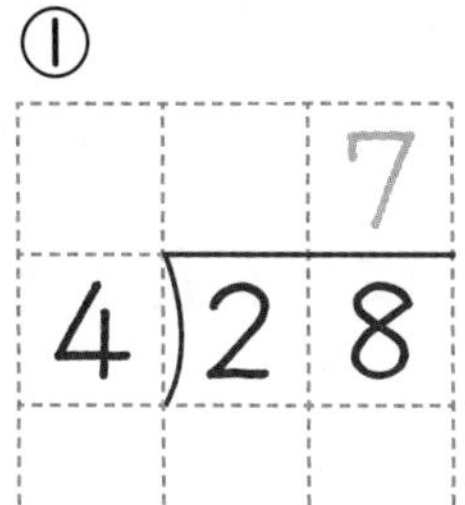

4)28（商の位置に 7）

②

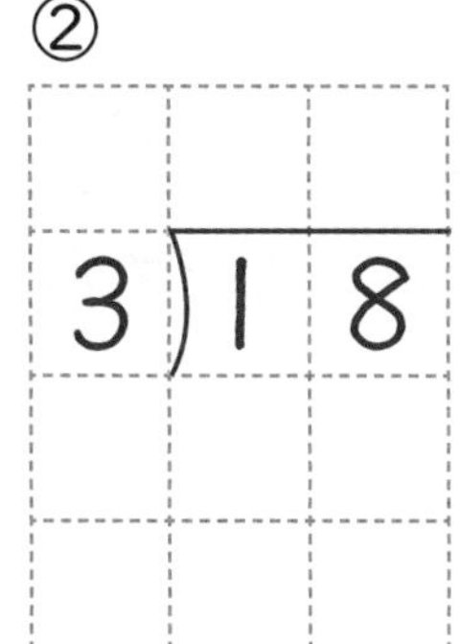

3)18

③

6)36

④

2)16

⑤

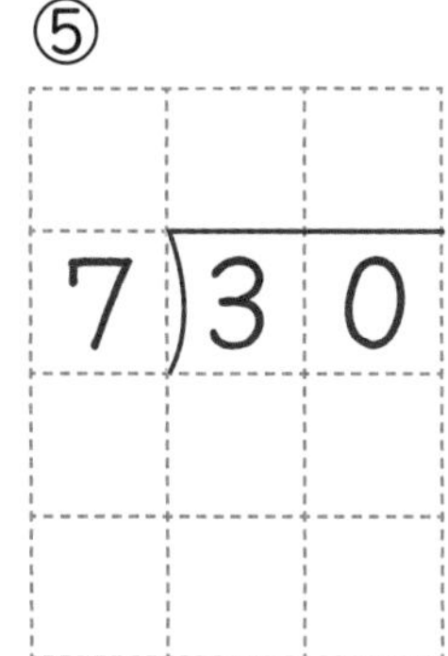

7)30

⑥

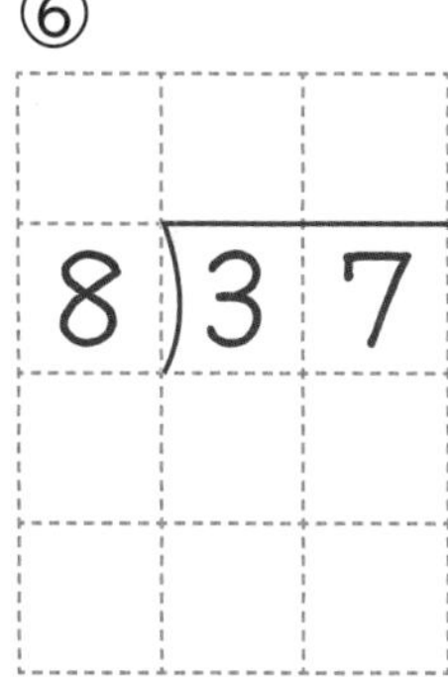

8)37

⑦

6)34

⑧

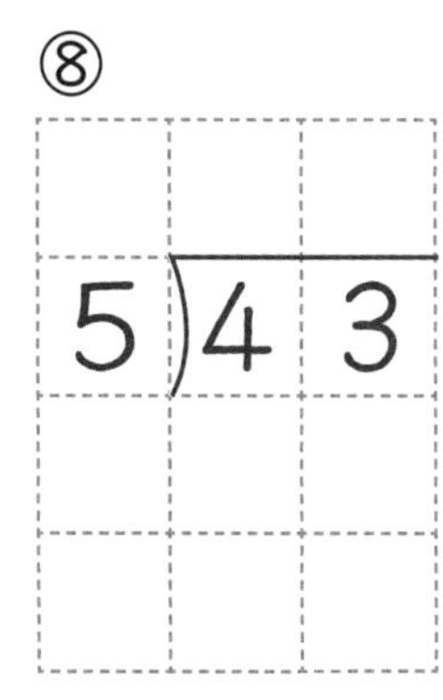

5)43

わり算（÷１けた）③

商２けた（あまりなし）

96÷４を筆算でしましょう。

96の十の位(くらい)の上に、商がたつことをたしかめる。

			十の位	一の位
	2	4	←①たてる	⑤たてる
4)	9	6		
	8	↓	←②かける	
	1	6	←③ひく	④おろす
	1	6		⑥かける
		0		⑦ひく

① 答えに何をたてるか考える。
9÷４をする。
２をたてる

② ４×２をする。
かける
答えの８を、十の位にかく。

③ ９−８をする。
ひく

④ 一の位の６を、下にかく。
おろす

⑤ 16÷４を考える。
４をたてる

⑥ ４×４をする。
かける

⑦ 16−16をする。
ひく

月　　日 名前

わり算（÷１けた）④

商２けた（あまりなし）

次の計算をしましょう。

①

```
   3
2)7 6
  6
  1 6
```

②

```
4)7 6
```

③

```
3)8 4
```

④

```
5)7 5
```

⑤

```
6)8 4
```

⑥

```
8)9 6
```

わり算（÷１けた）⑤

商２けた（あまりなし）

次の計算をしましょう。

①
$$\begin{array}{r} 24 \\ 3{\overline{\smash{)}72}} \\ 6 \\ \hline 12 \end{array}$$

②
$$4{\overline{\smash{)}96}}$$

③
$$2{\overline{\smash{)}98}}$$

④
$$3{\overline{\smash{)}42}}$$

⑤
$$5{\overline{\smash{)}90}}$$

⑥
$$7{\overline{\smash{)}84}}$$

月　日 名前

わり算（÷１けた）⑥

商２けた（あまりあり）

次の計算をしましょう。

①

$$\begin{array}{r} 2 \\ 3\overline{)89} \\ 6 \\ \hline 29 \end{array}$$

②

$$2\overline{)79}$$

③

$$6\overline{)88}$$

④

$$5\overline{)68}$$

⑤

$$4\overline{)99}$$

⑥

$$7\overline{)93}$$

わり算（÷1けた）⑦

商3けた（あまりなし）

次の計算をしましょう。

①

```
   45
2)914
  8
  11
  10
   14
```

②

```
3)804
```

③

```
4)996
```

④

```
5)735
```

⑤

```
6)876
```

⑥

```
4)948
```

わり算（÷1けた）⑧

商3けた（あまりあり）

次の計算をしましょう。

①

```
    2 1
4)8 7 4
  8
    7
    4
    3 4
```

②

```
5)5 7 7
```

③

```
3)6 8 3
```

④

```
6)6 9 8
```

⑤

```
4)8 4 7
```

⑥

```
2)8 7 5
```

月　　日 名前

わり算（÷１けた）⑨

商３けた、０がたつ

次の計算をしましょう。

① ０をわすれないこと。

```
     3 0 2
  ┌───────
2 ) 6 0 5
    6
    ─────
      0
      0      } かくのを省いてもよい。
      ───
        5
        4
        ─
        1
```

② $3\overline{)907}$

③ $4\overline{)823}$

④ $5\overline{)545}$

⑤ $3\overline{)615}$

⑥ $8\overline{)832}$

月　日 名前

わり算（÷１けた）⑩

商３けた、０がたつ

次の計算をしましょう。

① ０をわすれないこと。

	1	4	0
6	8	4	5
	6		
	2	4	
	2	4	
			5
			0
			5

かくのを省いてもよい。

② $5 \overline{)753}$

③ $7 \overline{)984}$

④ $4 \overline{)720}$

⑤ $6 \overline{)660}$

⑥ $8 \overline{)960}$

月　日 名前

わり算（÷１けた）⑪

商３けた、０がたつ

次の計算をしましょう。

① ０をわすれないこと。

$$\begin{array}{r} 200 \\ 2\overline{)401} \\ 4 \\ \hline 0 \\ 0 \\ \hline 1 \\ 0 \\ \hline 1 \end{array}$$

省（はぶ）いてもいいよ。

② $3\overline{)602}$

③ $4\overline{)803}$

④ $7\overline{)715}$

⑤ $2\overline{)817}$

⑥ $3\overline{)922}$

月　　日 名前

わり算（÷１けた）⑫

商３けた、０がたつ

次の計算をしましょう。０の計算は省きましょう。

①

$$\begin{array}{r} 406 \\ 2\overline{)813} \\ \underline{8} \\ 13 \\ \underline{12} \\ 1 \end{array}$$

省いています。

②

$$3\overline{)623}$$

③

$$4\overline{)722}$$

④

$$6\overline{)845}$$

⑤

$$4\overline{)807}$$

⑥

$$2\overline{)801}$$

月　日 名前

わり算（÷１けた）⑬

商２けた（あまりなし）

次の計算をしましょう。

①　↓×はかかない。

```
   × 6 7
 7)4 6 9
   4 2
     4 9
     4 9
       0
```

②

```
 9)2 9 7
```

③

```
 3)1 9 5
```

④

```
 2)1 3 6
```

⑤

```
 6)5 7 6
```

⑥

```
 8)7 7 6
```

わり算（÷１けた）⑭

商２けた（あまりあり）

次の計算をしましょう。

①
$$\begin{array}{r} 75 \\ 9\overline{)680} \\ \underline{63} \\ 50 \\ \underline{45} \\ 5 \end{array}$$

②
$$6\overline{)587}$$

③
$$8\overline{)191}$$

④
$$5\overline{)337}$$

⑤
$$7\overline{)244}$$

⑥
$$4\overline{)182}$$

わり算（÷１けた）⑮

商２けた（あまりあり）

次の計算をしましょう。

① $631 \div 8$

② $221 \div 6$

③ $214 \div 9$

④ $400 \div 6$

⑤ $601 \div 9$

⑥ $230 \div 8$

月　日 名前

わり算（÷１けた）⑯

商２けた、０がたつ

次の計算をしましょう。０の計算は省（はぶ）きましょう。

①

		4	0
7	)2	8	3
	2	8	
			3
			0
			3

この計算を省きましょう。

②

2	)1	2	1

③

8	)4	8	5

④

7	)3	5	4

⑤

6	)4	2	0

⑥

4	)3	6	0

まとめテスト　　月　　日 名前

まとめ ⑤

わり算（÷１けた）

/50点

1 次の計算をしましょう。

（1つ6点／30点）

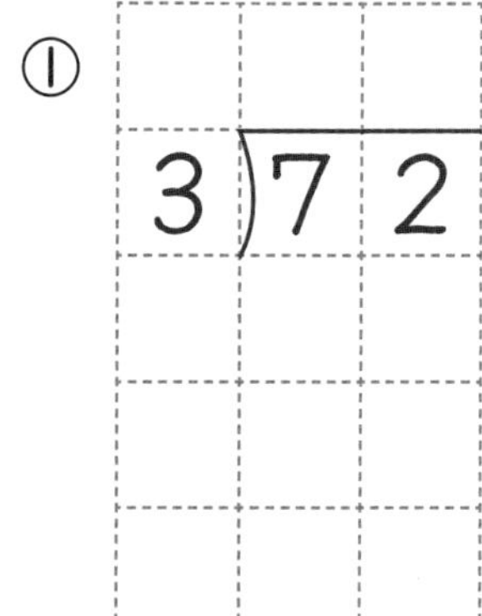

① 3)72

② 4)95

③ 6)81

④ 5)775

⑤ 7)869

2 51まいの画用紙を３クラスで同じ数ずつ分けます。１クラス何まいになりますか。

（式10点、答え10点／20点）

式

答え

まとめテスト　月　日 名前

まとめ ⑥

わり算（÷１けた）

/50点

1 次の計算をしましょう。

（1つ6点／30点）

① $4\overline{)812}$

② $5\overline{)653}$

③ $8\overline{)575}$

④ $6\overline{)367}$

⑤ $7\overline{)423}$

2 125本の花を６本ずつの花束(はなたば)にします。花束は何束できて何本あまりますか。

（式10点、答え10点／20点）

式

答え

小　数①

おぼえているかな

① 次のかさを小数で表しましょう。

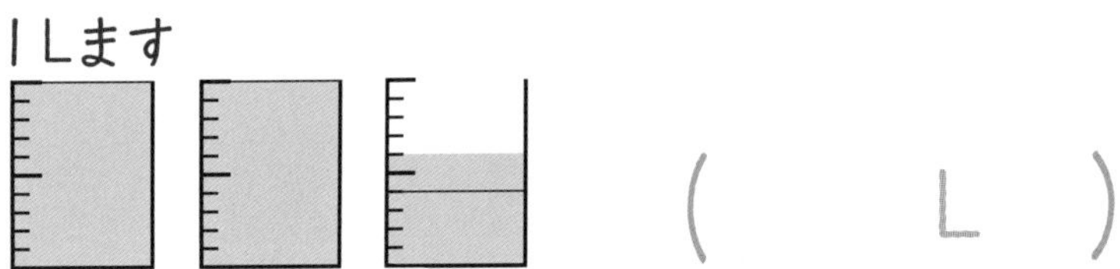

（　　　L　）

② （　　）にあてはまる数をかきましょう。

① 0.1を３こ集めた数。（　　　）

② 0.1を８こ集めた数。（　　　）

③ 0.1を25こ集めた数。（　　　）

④ 1と0.7をあわせた数。（　　　）

⑤ ２と0.6をあわせた数。（　　　）

⑥ 1を３こと0.1を４こあわせた数。（　　　）

③ 数直線のめもりを読みましょう。

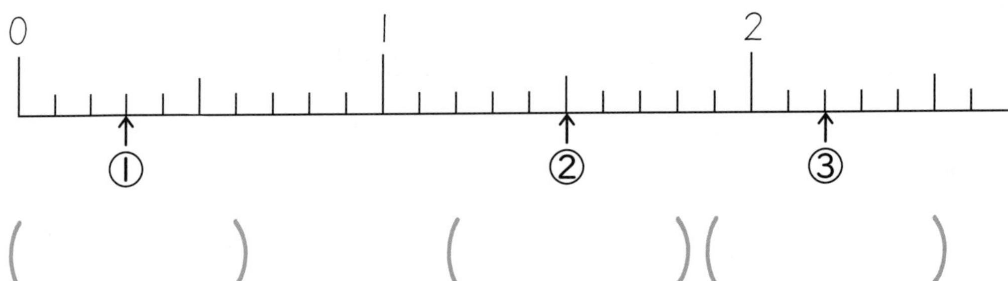

（　　　）（　　　）（　　　）

小 数 ②

おぼえているかな

1 次の計算をしましょう。

①

	0.	8
＋	0.	7

②

	6.	8
＋	3.	2

③

	5.	7
＋	8.	8

④

	1.	7
－	0.	9

⑤

	6	
－	3.	7

⑥

	9.	4
－	5	

2 長さが7.4mのテープと6.6mのテープがあります。

① 2つのテープをあわせると何mになりますか。

式

答え ＿＿＿＿＿＿＿＿

② 2つのテープのちがいは何mですか。

式

答え ＿＿＿＿＿＿＿＿

小　数　③
0.01L

水とう の水の量（りょう）を、リットルますではかりました。

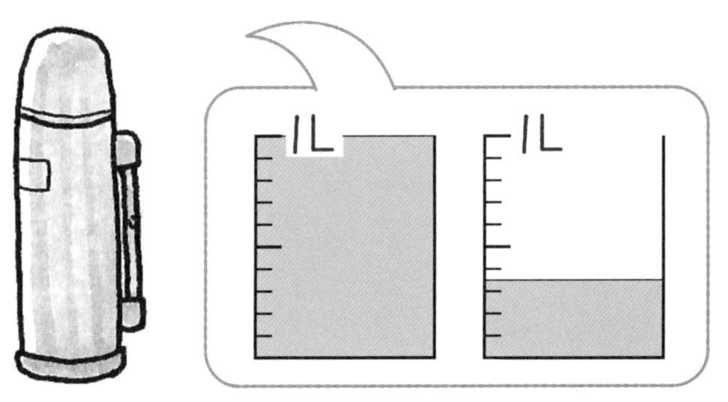

◉ 1.3Lより少し多いようです。そこで、デシリットルます（0.1Lます）も使いました。

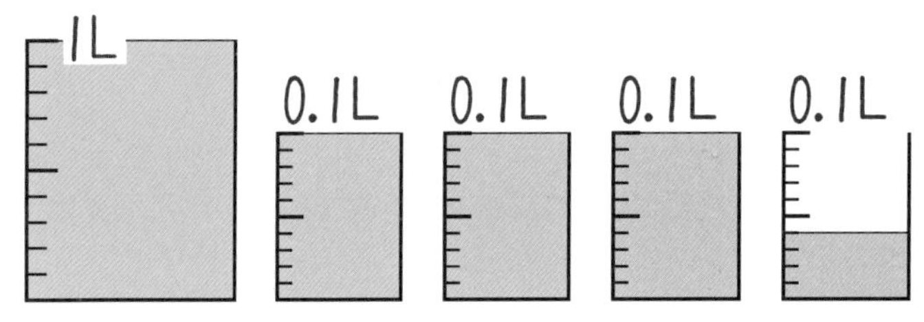

0.1Lの$\frac{1}{10}$を、0.01Lといいます。
（れい点れい一（いち）リットル）

水とうの水は、1.34Lです。一（いち）点三四（さんよん）Lと読みます。

※小数点より右にかいている数は、数をそのまま読みます。

3.29（さん点にきゅう）　　2.08（に点れいはち）

小　数 ④
0.01L

次のかさは、何Lですか。

①　②

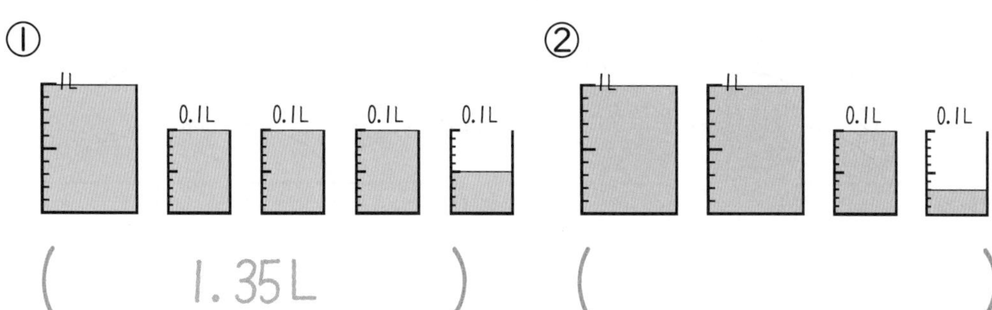

①（　1.35L　）　②（　　）

③　④

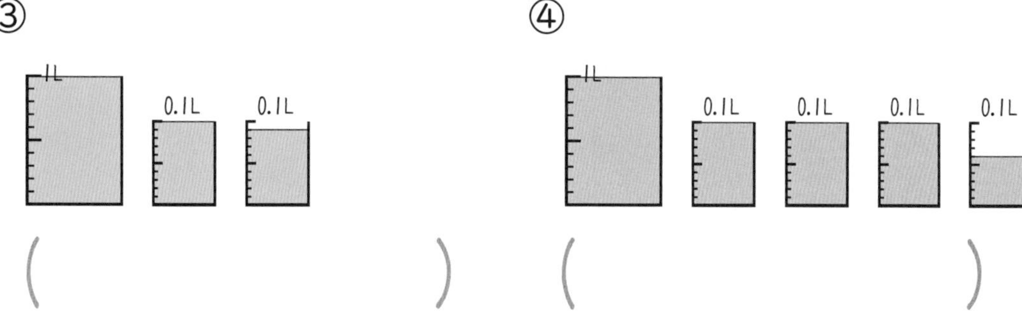

③（　　）　④（　　）

⑤　⑥

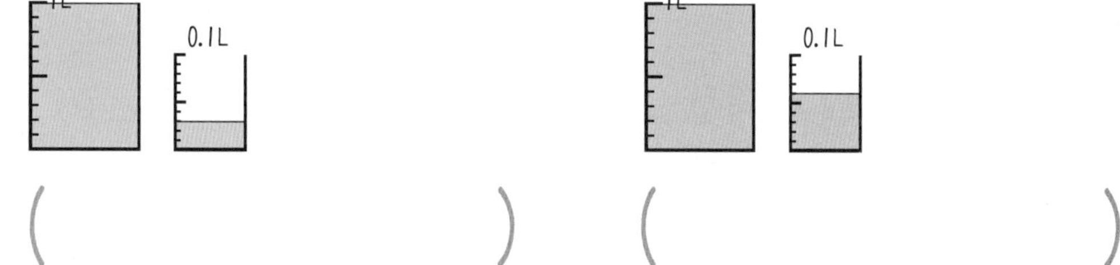

⑤（　　）　⑥（　　）

⑦　⑧

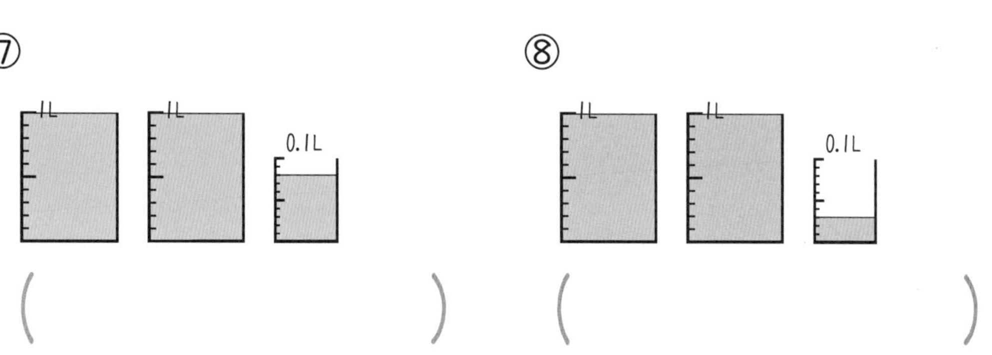

⑦（　　）　⑧（　　）

月　　日 名前

小　数⑤

小数のせいしつ

1、0.1、0.01、0.001の関係（かんけい）を考えましょう。

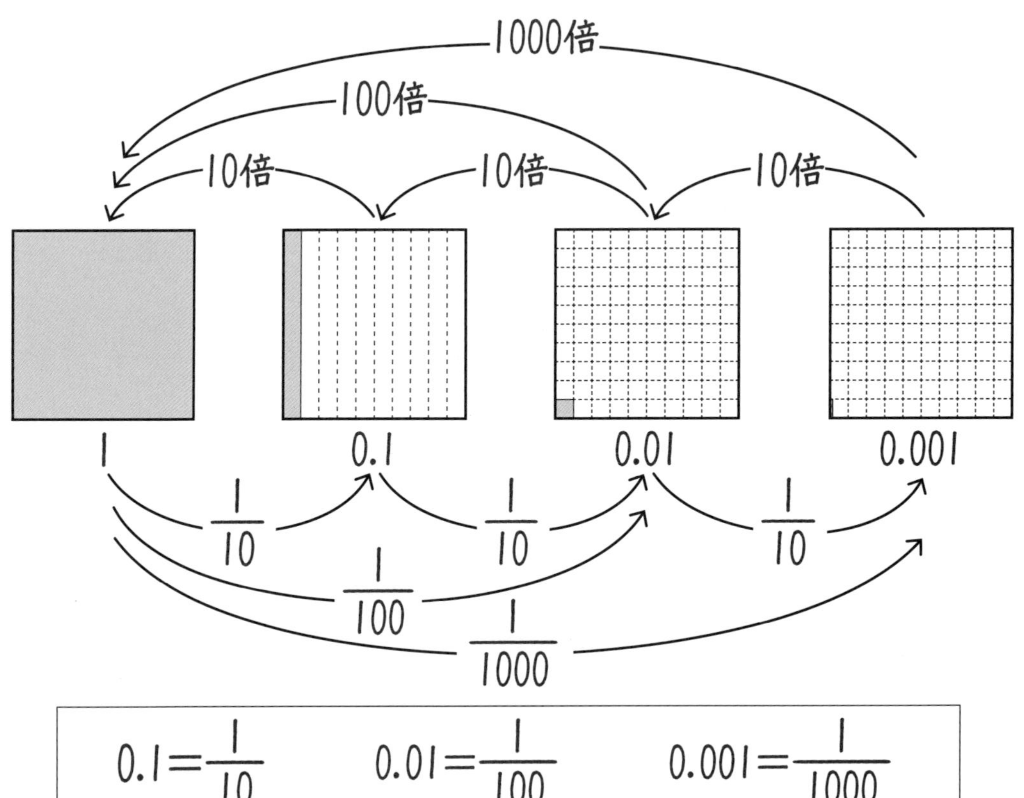

$0.1=\frac{1}{10}$　　$0.01=\frac{1}{100}$　　$0.001=\frac{1}{1000}$

小数も、整数と同じように、10倍または$\frac{1}{10}$ごとの位（くらい）に名前があります。

4	2	.	1	9	5
十の位	一の位	小数点	$\frac{1}{10}$の位（小数第一位（だいいちい））	$\frac{1}{100}$の位（小数第二位）	$\frac{1}{1000}$の位（小数第三位）

月　　日 名前

小　数⑥

小数のせいしつ

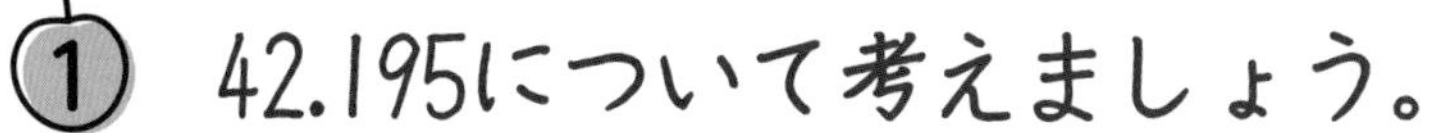

1 42.195について考えましょう。

① 42.195の4は、10を [　　] こ
② 42.195の2は、1を [　　] こ
③ 42.195の1は、0.1を [　　] こ
④ 42.195の9は、0.01を [　　] こ
⑤ 42.195の5は、0.001を [　　] こ

集めた数です。

2 (　　)にあてはまる数をかきましょう。

① 2.45の10倍
(　　　　)

② 6.13の100倍
(　　　　)

③ 15.6の$\frac{1}{10}$
(　　　　)

④ 21.7の$\frac{1}{100}$
(　　　　)

3 数直線のめもりを読みましょう。

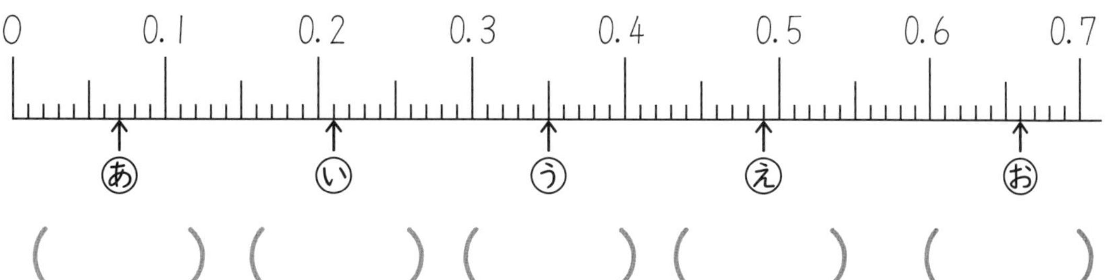

(　　)(　　)(　　)(　　)(　　)

月　　日 名前

小　数 ⑦

たし算

次の計算をしましょう。

① 2.6＋3.4

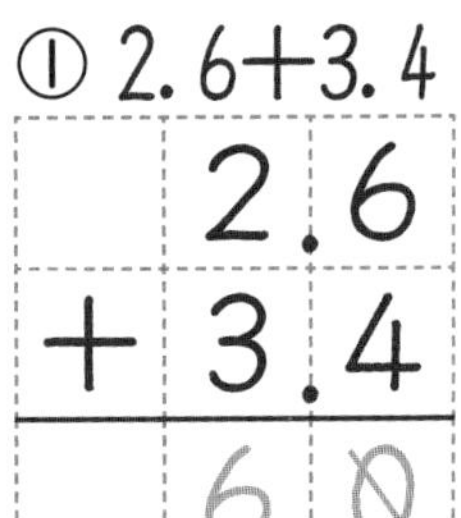

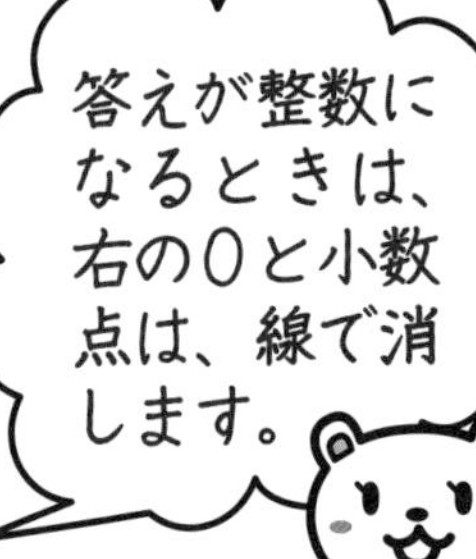

② 6.2＋2.8

＋

③ 8.1＋4.9

＋

④ 4.5＋5

4.5
＋5
9.5

⑤ 1.8＋9

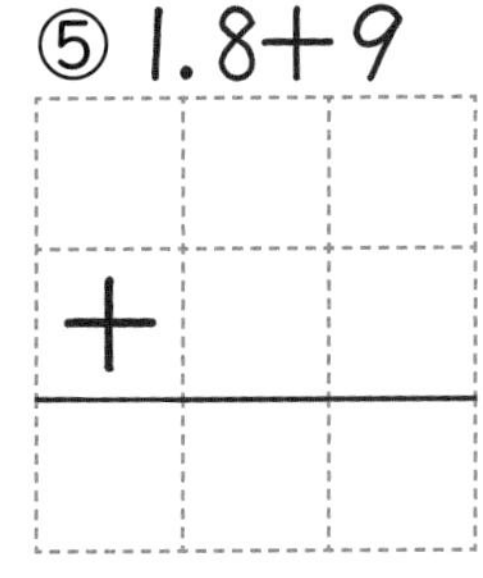

⑥ 5＋3.8

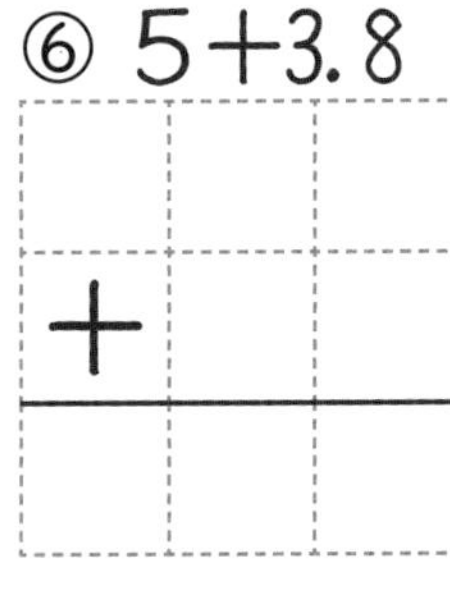

⑦ 1.56＋3.24

＋

⑧ 3.04＋2.08

＋

⑨ 4.76＋5.09

＋

⑩ 3＋1.73

＋

⑪ 0.29＋8

＋

⑫ 5.4＋2.67

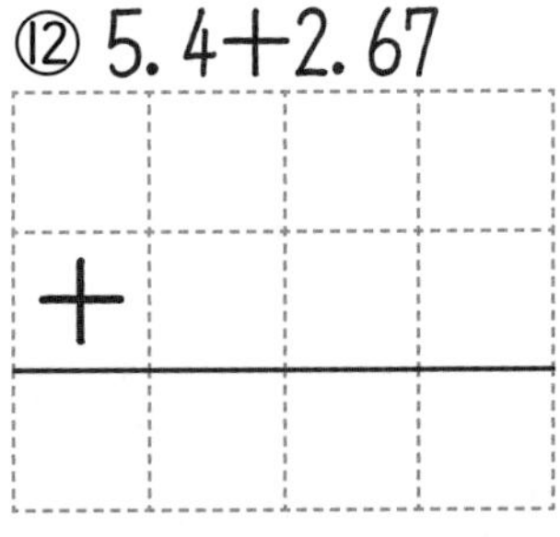

月　　日 名前

小数⑧

ひき算

次の計算をしましょう。

① 9.4−3.4

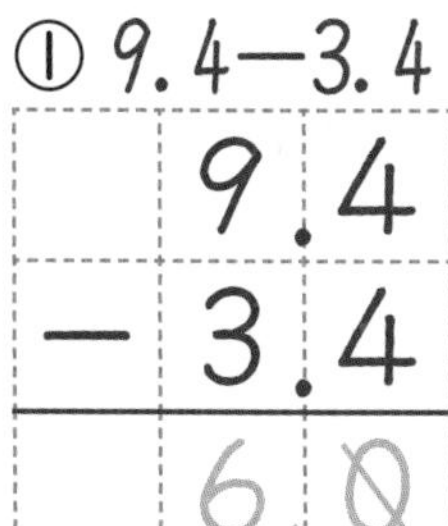

② 6.3−6.1

	6.	3
−	6.	1
	0.	2

③ 9−2.6

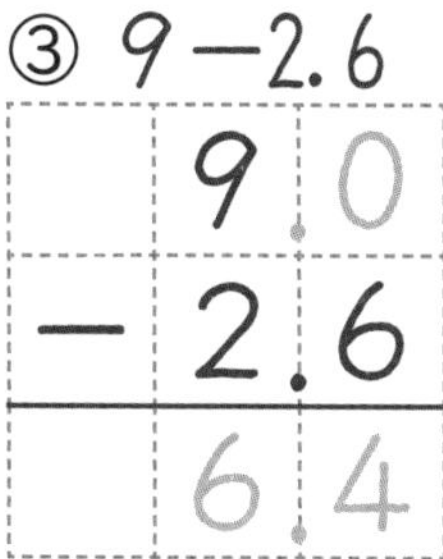

④ 6−4.3

⑤ 7.2−3

⑥ 3.78−1.25

⑦ 6.27−2.19

⑧ 7.42−5.68

⑨ 5.8−2.37

⑩ 4.65−3.4

⑪ 6−4.88

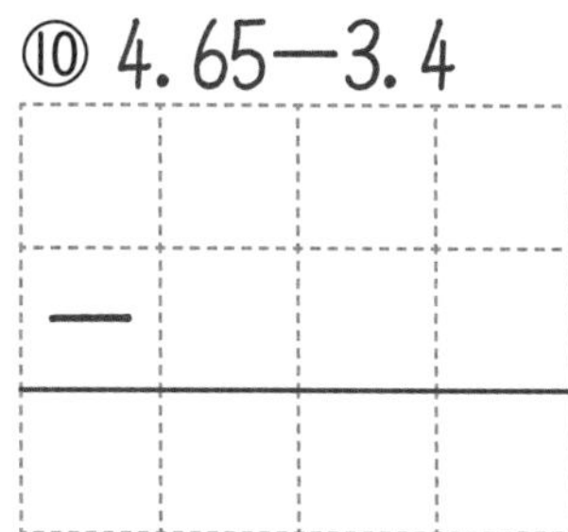

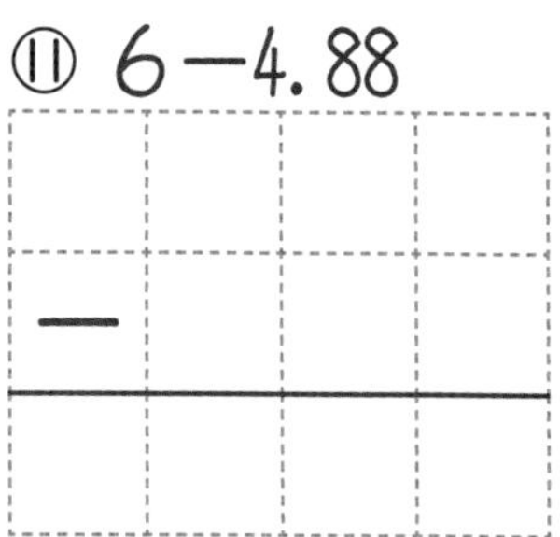

まとめテスト　月　日 名前

まとめ ⑦

小　数

50点

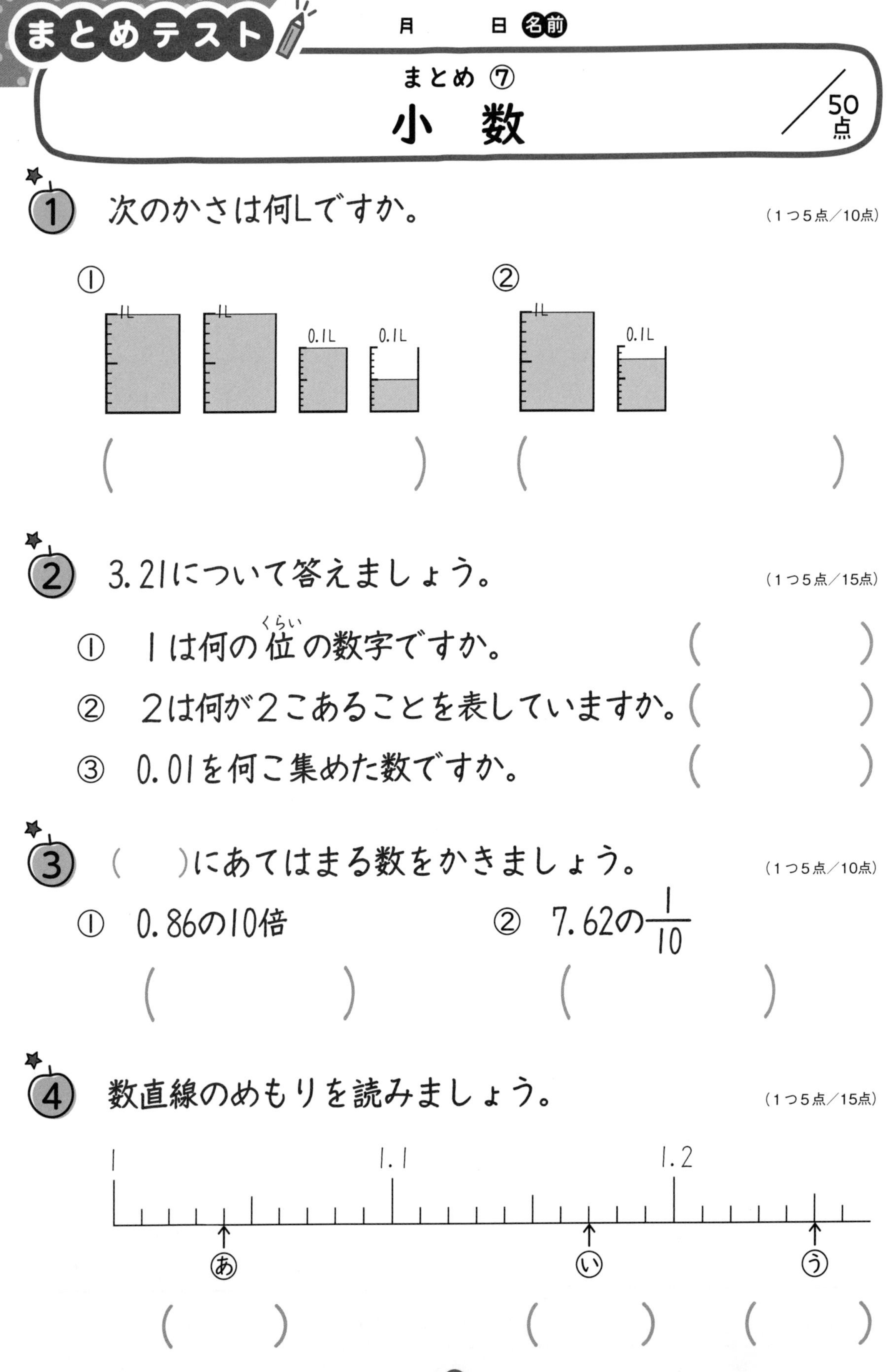

1 次のかさは何Lですか。（1つ5点／10点）

①

（　　　　　）

②

（　　　　　）

2 3.21について答えましょう。（1つ5点／15点）

① 1は何の位（くらい）の数字ですか。（　　　）

② 2は何が2こあることを表していますか。（　　　）

③ 0.01を何こ集めた数ですか。（　　　）

3 （　）にあてはまる数をかきましょう。（1つ5点／10点）

① 0.86の10倍

（　　　　　）

② 7.62の$\frac{1}{10}$

（　　　　　）

4 数直線のめもりを読みましょう。（1つ5点／15点）

あ（　　　）　い（　　　）　う（　　　）

まとめテスト　　月　　日　名前

まとめ ⑧
小　数

/50点

1 次の計算をしましょう。（1つ5点／30点）

①

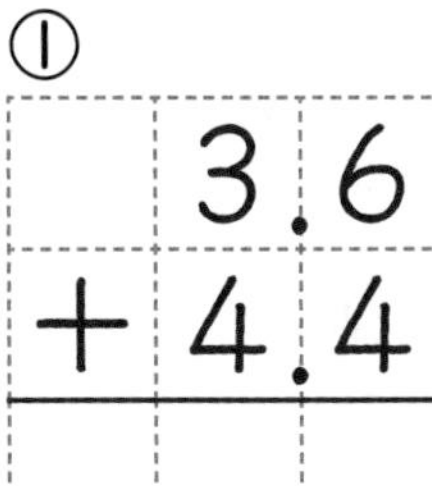

②

$$\begin{array}{r} 1.65 \\ +2.74 \\ \hline \end{array}$$

③ 3＋2.47

$$\begin{array}{r} \\ + \\ \hline \end{array}$$

④

$$\begin{array}{r} 8.4 \\ -7.6 \\ \hline \end{array}$$

⑤

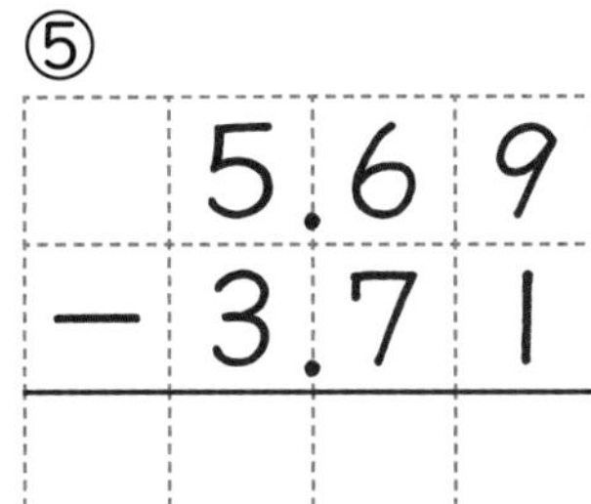

⑥ 4－1.54

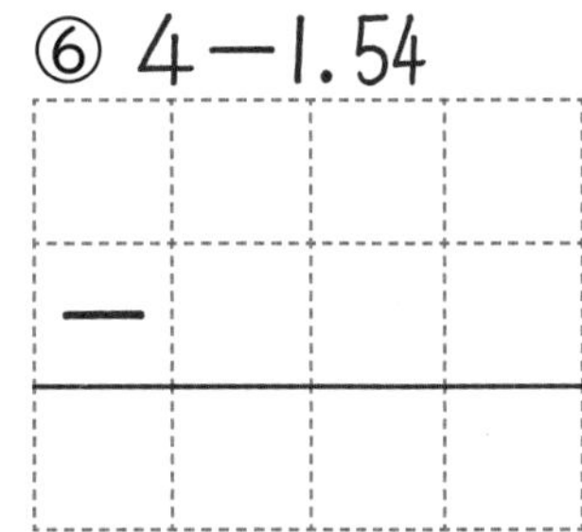

2 1.5Lの水が入った水とうと、0.75Lの水が入った水とうがあります。

① あわせると水は何Lになりますか。（式5点、答え5点／10点）

式

答え＿＿＿＿＿＿＿＿

② ちがいは何Lですか。（式5点、答え5点／10点）

式

答え＿＿＿＿＿＿＿＿

月　日 名前

わり算（÷２けた）①

筆算のしかた

36÷12の筆算のしかたを考えましょう。

たてる

① かた手かくしで、商のたつ位（くらい）を見つける。

3÷12は、できないので×。

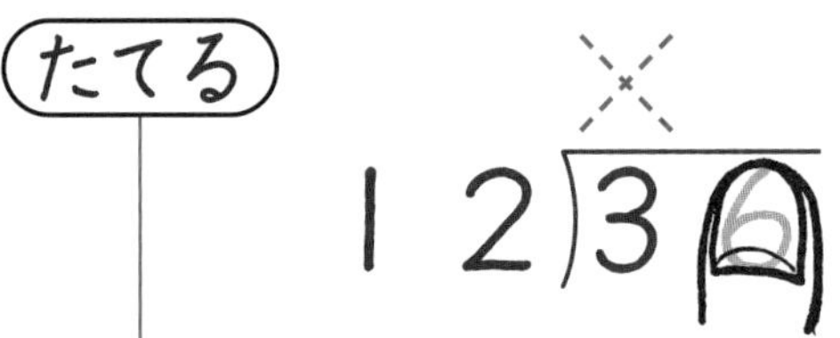

36÷12は、できるので○。

② 両手かくしで、商を見つける。（12のだんは習いません。）

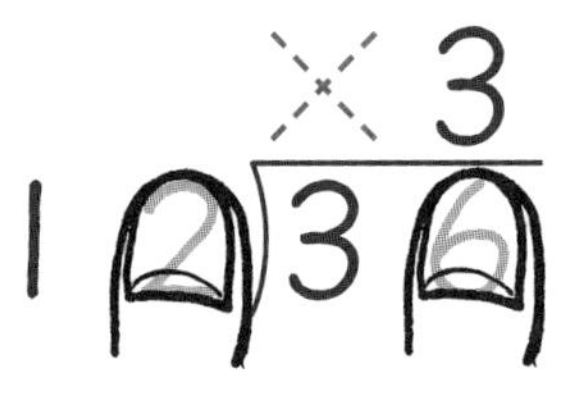

3÷1を考える

3がたつ。

かける

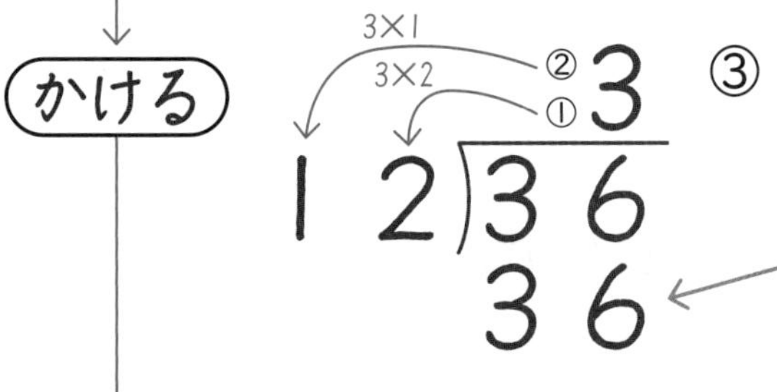

③ かくした手をはずして12×3をする。

かけ算の答えをかく。

	1	2
×		3
	3	6

ひく

$$\begin{array}{r} 3 \\ 12\overline{)36} \\ 36 \\ \hline 0 \end{array}$$

④ 36−36をする。

ひき算の答えを下にかく。
この場合、あまりはありません。

36÷12＝3

月　日 名前

わり算（÷2けた）②

商1けた、あまりなし・あり

次の計算をしましょう。

① 11)44 （4、44、0）

② 21)63

③ 32)96

④ 31)93

⑤ 12)48

⑥ 13)39

⑦ 41)82

⑧ 33)99

⑨ 22)44

⑩ 14)29

⑪ 25)59

⑫ 36)75

わり算（÷２けた）③

筆算のしかた

215÷43の筆算のしかたを考えましょう。

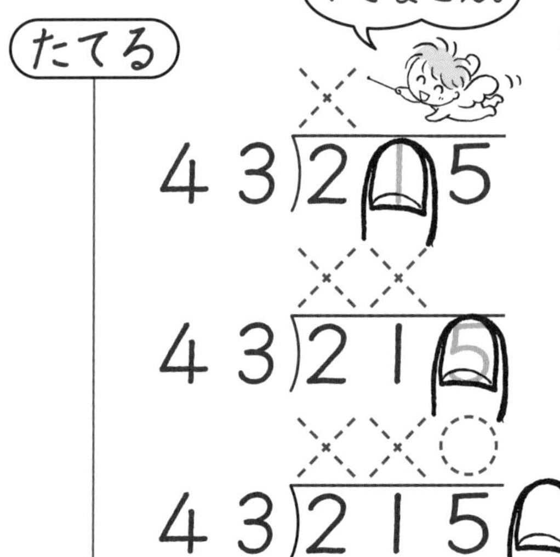

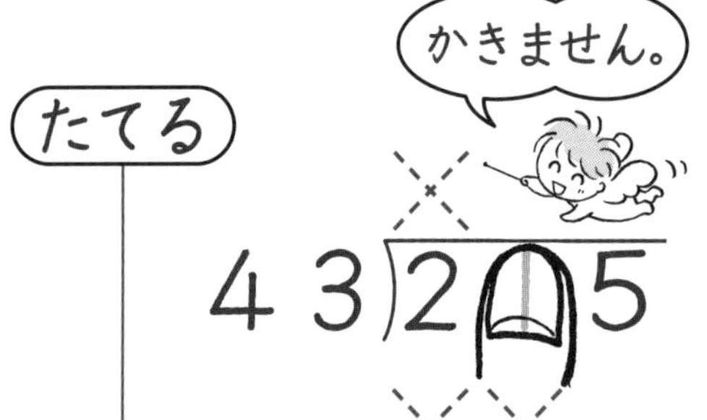

① かた手かくしで、商のたつ位（くらい）を見つける。

2÷43は、できないので×。

21÷43も、できないので×。

215÷43は、できるので○。
（一の位に商がたつ）

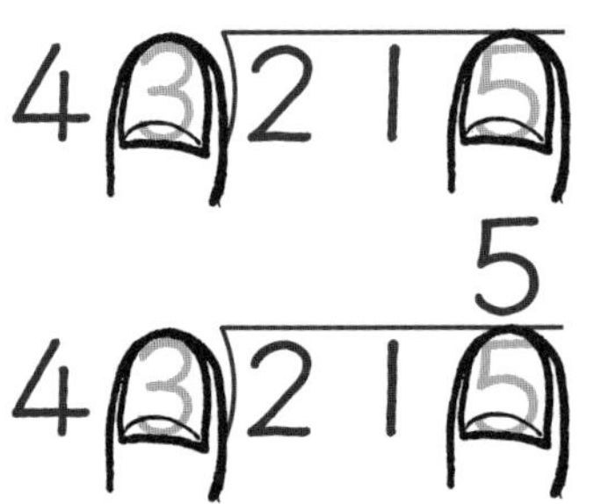

② 両手かくしで、商を見つける。
210÷40、つまり21÷4と考える。（21÷4＝5…1）
5がたつ。

かける

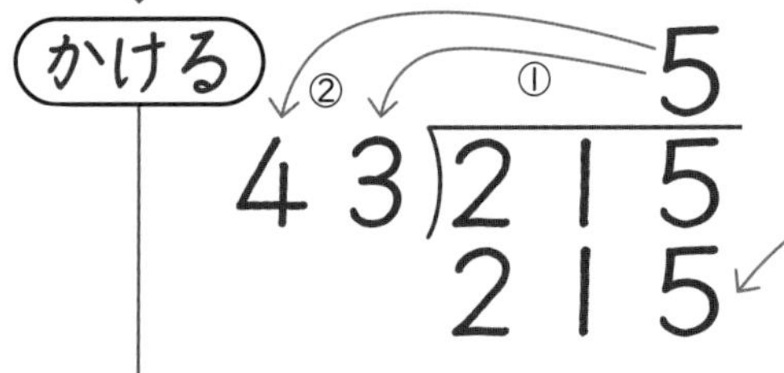

③ 43×5をする。
かけ算の答えを下にかく。

43
×　5
215 と、
筆算してもよい。

ひく

④ 215−215をする。
ひき算の答えを下にかく。
あまりは、ありません。

215÷43＝5

月　　日 名前

わり算（÷２けた）④

商のたつ位置

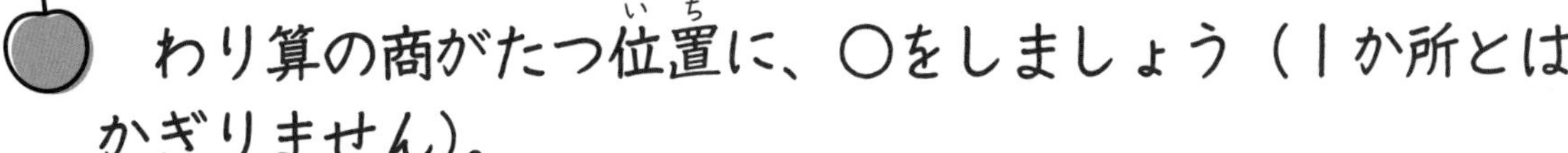

わり算の商がたつ位置に、○をしましょう（１か所とはかぎりません）。

①

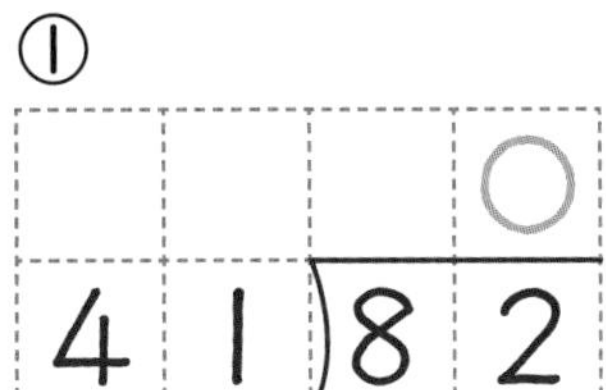

②

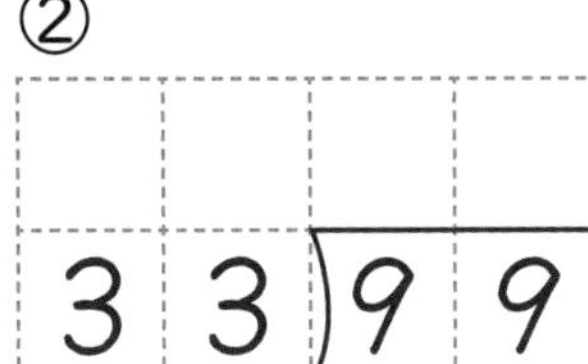

③

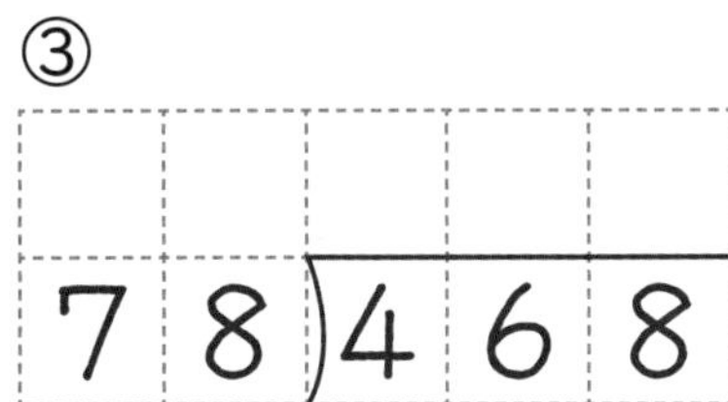

④

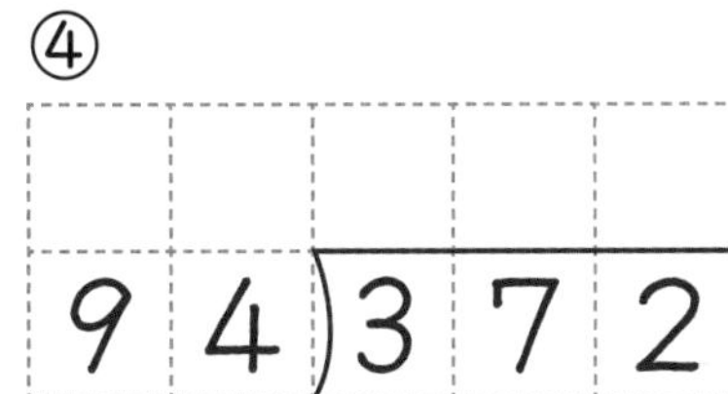

⑤

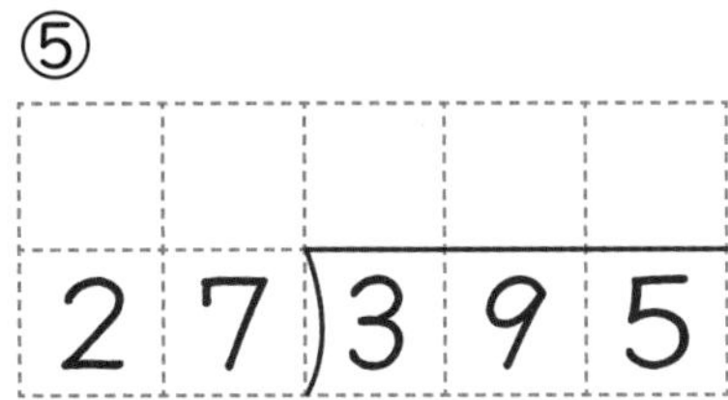

⑥

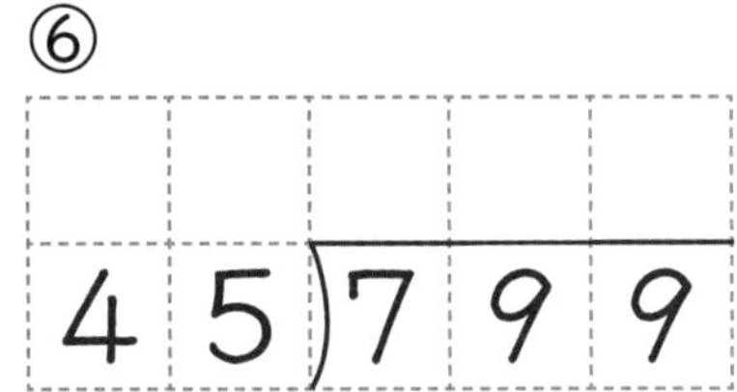

⑦

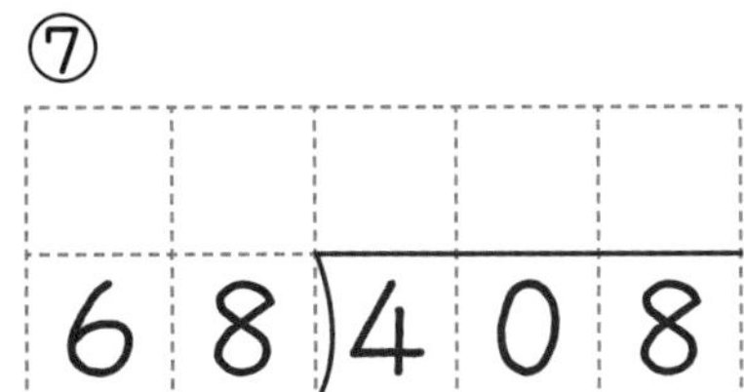

⑧

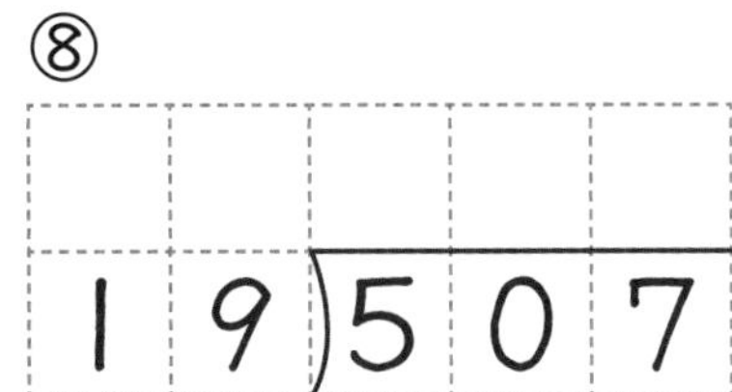

月　　日 名前

わり算（÷2けた）⑤
仮商修正なし（あまりなし）

次の計算をしましょう。

① 46)230
　　　5
　46)230
　　 230
　　　 0

② 34)136

③ 56)168

④ 42)252

⑤ 34)238

⑥ 67)402

⑦ 57)399

⑧ 74)222

月　　日 名前

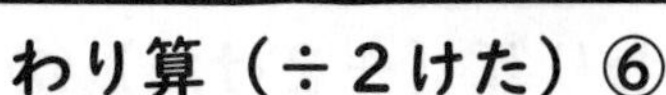

わり算（÷2けた）⑥

仮商修正なし（あまりあり）

次の計算をしましょう。

①

```
        7
84)589
   58²8
      1
```

②

```
62)436
```

③

```
47)191
```

④

```
53)214
```

⑤

```
78)469
```

⑥

```
98)394
```

⑦

```
87)786
```

⑧

```
68)412
```

月　　日 名前

わり算（÷２けた）⑦

仮商修正１回（あまりなし）

次の計算をしましょう。

①

$$\begin{array}{r} 8 \\ 23\overline{)184} \\ 184 \\ \hline 0 \end{array}$$

（9を立てて×で消し、8に修正）

- 18÷2＝9
  9をたてる。

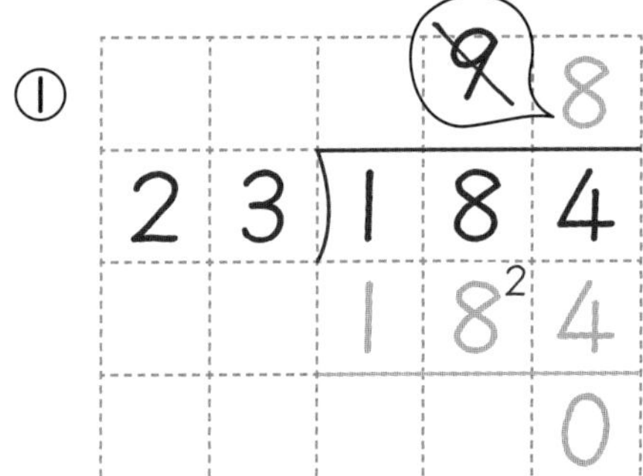

$$\begin{array}{r} 23 \\ \times\ \ 9 \\ \hline 207 \end{array}$$

- 9だと大きすぎるので
  8をたてる。

$$\begin{array}{r} 23 \\ \times\ \ 8 \\ \hline 184 \end{array}$$

② $25\overline{)150}$

③ $59\overline{)472}$

④ $49\overline{)245}$

⑤ $28\overline{)112}$

⑥ $35\overline{)280}$

⑦ $38\overline{)228}$

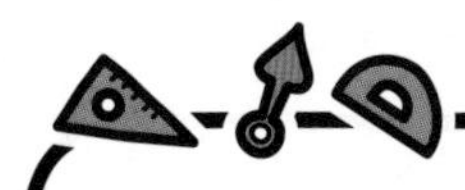

わり算（÷２けた）⑧

仮商修正１回（あまりあり）

次の計算をしましょう。

①

			7̶	6
4	8	)2	8	9
		2	8	8
				1

②

2	7	)1	3	7

③

2	5	)1	2	8

④

5	9	)3	5	8

⑤

6	9	)4	8	8

⑥

7	9	)6	3	8

⑦

6	8	)5	5	1

⑧

5	8	)4	1	4

月　　日 名前

わり算（÷２けた）⑨

仮商修正２回（あまりなし）

次の計算をしましょう。

① $182 \div 26$（例：9→8→7）

$$\begin{array}{r} 7 \\ 26\overline{)182} \\ 182 \\ \hline 0 \end{array}$$

② $27\overline{)162}$

③ $28\overline{)140}$

④ $29\overline{)174}$

⑤ $39\overline{)273}$

⑥ $27\overline{)189}$

⑦ $28\overline{)196}$

⑧ $29\overline{)145}$

月　　日 名前

わり算（÷２けた）⑩

仮商修正２～３回（あまりあり）

次の計算をしましょう。

① 28)170

6
168
2

② 25)191

③ 38)280

④ 47)360

⑤ 49)370

⑥ 26)183

⑦ 28)185

⑧ 29)163

月　　日 名前

わり算（÷２けた）⑪
商は９から

次の計算をしましょう。

① 12）108

（答え：9、108、0）

・108÷12で8と2をかくして考えると10÷1で10がたつ。

・商は1の位（くらい）にたつので、10を9に変（か）えて考える。

② 14）126

③ 27）243

④ 29）261

⑤ 35）315

⑥ 45）405

⑦ 57）513

月　日 名前

わり算（÷２けた）⑫

商は９から

次の計算をしましょう。

①

			9̸	8
2	5	)2	1	6
		2	0	0
			1	6

- 216÷25で6と5をかくして考えると21÷2で10がたつ。
- 商は１けたなので、９をたてて考える。
- ９も大きいので８にする。

② 36)312

③ 26)210

④ 35)305

⑤ 28)233

⑥ 17)130

⑦ 18)110

月　日 名前

わり算（÷２けた）⑬

商２けた（仮商修正なし）

次の計算をしましょう。

①

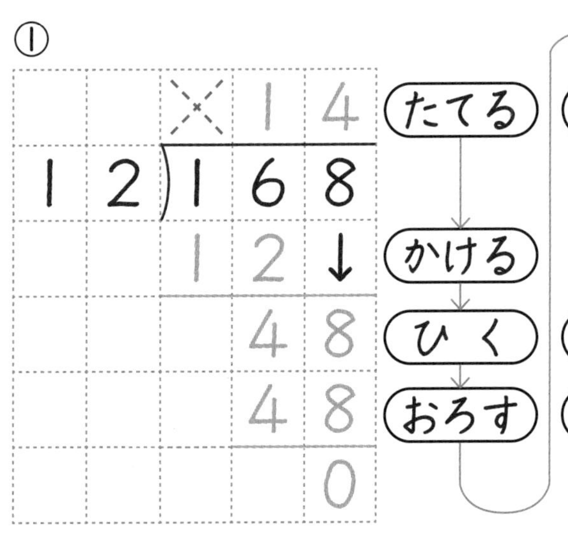

- 商の位置をたしかめる。
- 168÷12で、6の上に1をたてる。
- 12×1をする。
- 16−12をする。
- 8をおろす。
- 48÷12で8の上に4をたてる。
- 12×4をする。
- 48−48をする。

十の位にも商がたちます。

②

32)480

③

72)864

わり算（÷２けた）⑭

商２けた（仮商修正なし）

次の計算をしましょう。

①
```
     13
45)585
   45
   135
   135
     0
```

②
```
22)242
```

③
```
68)748
```

④
```
23)506
```

⑤
```
21)987
```

⑥
```
84)924
```

月　日 名前

わり算（÷２けた）⑮

商２けた（仮商修正なし）

次の計算をしましょう。

① $21\overline{)525}$

　25
　42
　105
　105
　0

② $22\overline{)484}$

③ $31\overline{)775}$

④ $11\overline{)594}$

⑤ $43\overline{)989}$

⑥ $32\overline{)768}$

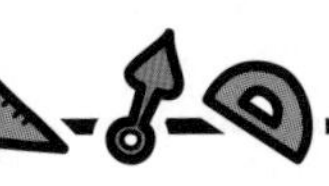

月　日 名前

わり算（÷２けた）⑯

商２けた（仮商修正なし）

次の計算をしましょう。

①
```
      21
42)910
    84
     70
     42
     28
```

② 38)878

③ 35)845

④ 41)945

⑤ 31)725

⑥ 12)398

月　　日 名前

わり算（÷２けた）⑰

商２けた（仮商修正１回）

次の計算をしましょう。

①

		~~3~~ 2	6 ~~7~~
24	) 6	2	4
	4	8	
	1	4	4
	1	4	4
			0

・624÷24を考え
3をたてる。

	2	4
×		3
	7	2

・大きすぎるので
2をたてる。

・かける→ひく→おろす。

・144÷24を考え、
7をたてる。

・大きすぎるので、6をたてる。

② $46\overline{)828}$

③ $33\overline{)924}$

④ $49\overline{)833}$

⑤ $25\overline{)925}$

月　　日 名前

わり算（÷２けた）⑱

商２けた（仮商修正１回）

次の計算をしましょう。

①
```
     32
26)833
   78
    53
    52
     1
```

②
```
46)830
```

③
```
39)939
```

④
```
28)676
```

⑤
```
45)815
```

⑥
```
37)996
```

月　日 名前

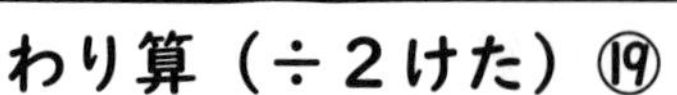

商２けた（仮商修正２回）

次の計算をしましょう。

①

		5	9
12)	7	0	8
	6	0	
	1	0	8
	1	0	8
			0

② 26)962

③ 28)784

④ 13)871

⑤ 38)684

⑥ 29)812

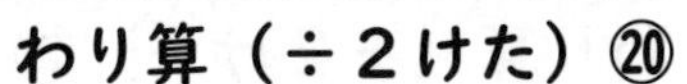

月　日 名前

わり算（÷2けた）⑳

商2けた（仮商修正2回）

次の計算をしましょう。

① 14)777　（例：商 55、70、77、70、7）

② 27)640

③ 15)797

④ 39)636

⑤ 29)807

⑥ 49)860

わり算（÷２けた）㉑

商が何十

次の計算をしましょう。

①
```
        20
43)864
    86
      4
      0
      4
```


② 24)743

③ 38)770

④ 21)853

⑤ 37)749

⑥ 23)693

月　日 名前

わり算（÷2けた）㉒

商が何十

次の計算をしましょう。

①
```
      20
21)434
   42
    14
     0
    14
```

省いても
いいよ。

②
```
32)644
```

③
```
47)949
```

④
```
32)651
```

⑤
```
56)5669
```

⑥
```
19)578
```

まとめテスト　　月　　日 名前

まとめ ⑨

わり算（÷2けた）

① 次の計算をしましょう。

（1つ8点／40点）

①

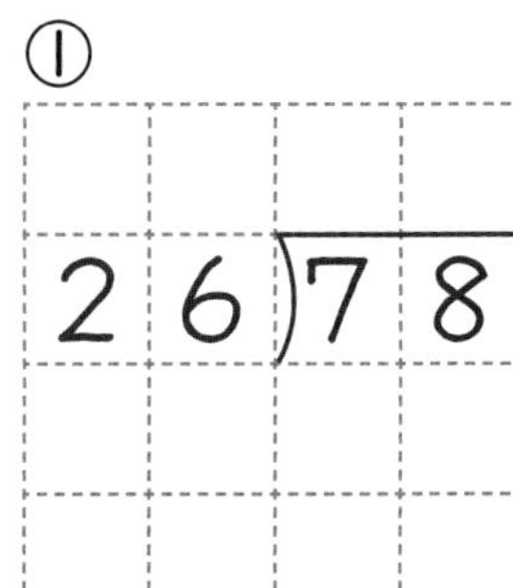

$26\overline{)78}$

②

$34\overline{)238}$

③

$56\overline{)336}$

④

$48\overline{)342}$

⑤

$39\overline{)250}$

② 120mの道に、15mおきに木を植えます。木は全部で何本いりますか。

（式5点、答え5点／10点）

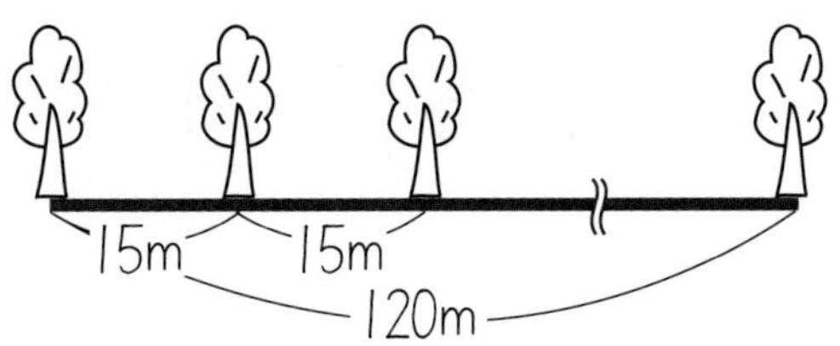

式

答え

まとめテスト　月　日 名前

まとめ ⑩

わり算（÷2けた）

/50点

1 次の計算をしましょう。（1つ8点／40点）

① $62\overline{)744}$

② $53\overline{)848}$

③ $44\overline{)968}$

④ $18\overline{)453}$

⑤ $29\overline{)814}$

2 1台に12この荷物が積(つ)めるトラックがあります。
160この荷物を全部積むには、トラックは何台いりますか。（式5点、答え5点／10点）

式

答え

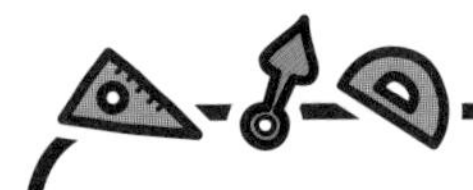

月　　日 名前

小数のかけ算 ①

小数×整数

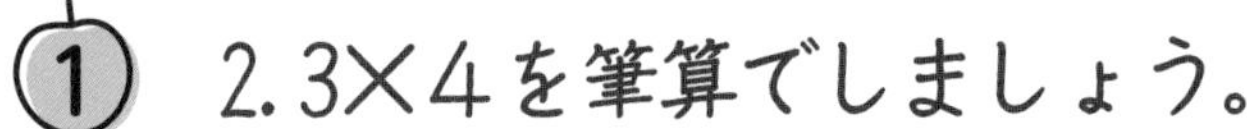

1 2.3×4を筆算でしましょう。

① 筆算の形にします。なぞりましょう。

	2.	3
×		4

※かけ算は、数の位（くらい）を気にしないで、右をそろえてかきます。3と4をそろえます。

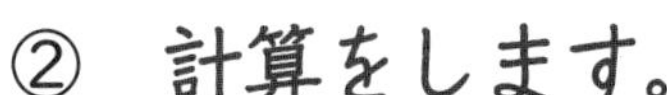

② 計算をします。　　　　③ 小数点を打ちます。

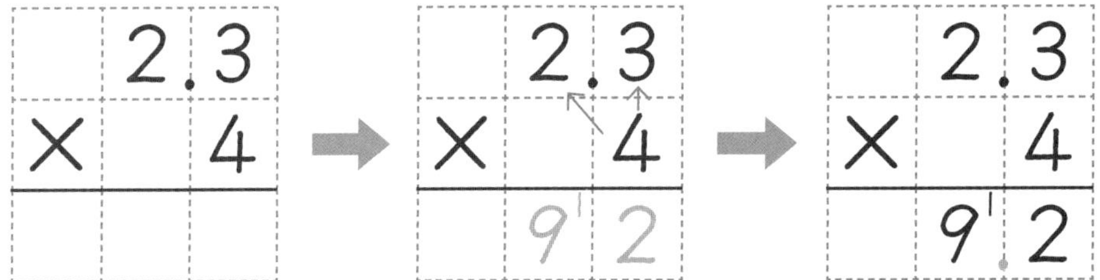

	2.	3
×		4

→

	2.	3
×		4
	9	2

→

	2.	3
×		4
	9.	2

小数点がないものとして、23×4をする。

小数点より下のけた数が式と同じになるように、積（せき）に小数点を打つ。

2 小数点をうち、正しい積にしましょう。

①

	4.	3
×		2
	8	6

②

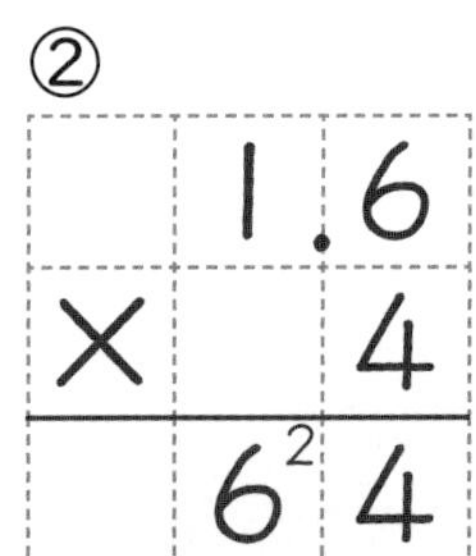

	1.	6
×		4
	6	4

③

	3.	7
×		2
	7	4

月　　日 名前

小数のかけ算 ②

小数×整数

次の計算をしましょう。

①

	1.	3
×		4
	5	2

②

	1.	2
×		8

③

	3.	6
×		2

④

	1.	3
×		5

⑤

	4.	8
×		2

⑥

	1.	7
×		4

⑦

	1.	2
×		6

⑧

	1.	7
×		5

⑨

	2.	6
×		3

⑩

	1.	9
×		2

⑪

	2.	9
×		3

⑫

	4.	6
×		2

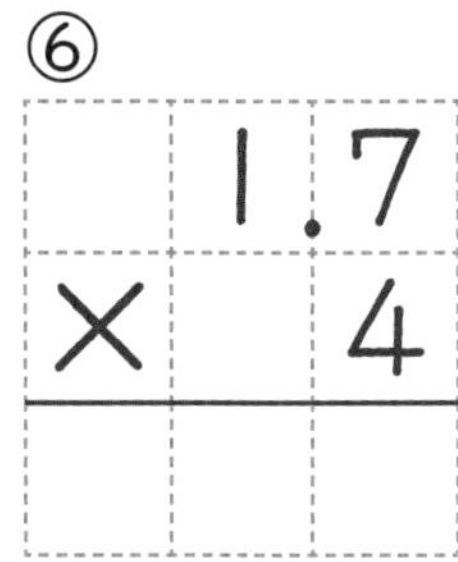

月　日　名前

小数のかけ算 ③
真小数×整数

1 0.4×6を筆算でしましょう。

① 筆算の形にします。なぞりましょう。

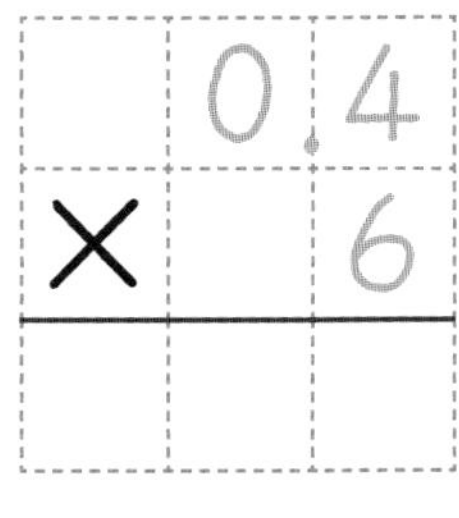

※かけ算は、数の位を気にしないで、右をそろえてかきます。
4と6をそろえます。

② 計算をします。

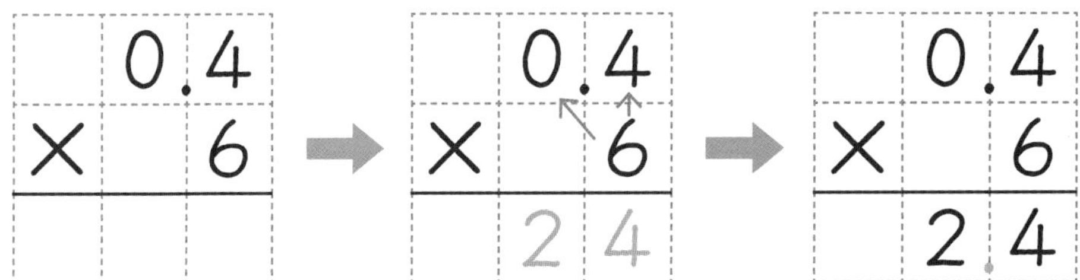

小数点がないものとして、4×6をする。(0×6=0の答えの0はかかない。)

小数点より下のけた数が式と同じになるように、積に小数点を打つ。

2 筆算の積に、小数点を打ちましょう。

①

	0	.3
×		4
	1	2

②

	0	.8
×		7
	5	6

③

	0	.9
×		8
	7	2

月　　日 名前

小数のかけ算 ④

真小数×整数

次の計算をしましょう。

①

	0.	5
×		3
	1	5

②

	0.	7
×		9

③

	0.	6
×		3

④

	0.	8
×		8

⑤

	0.	7
×		5

⑥

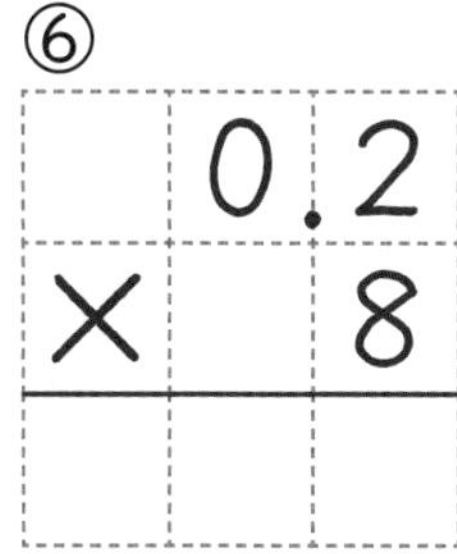

	0.	2
×		8

⑦

	0.	5
×		9

⑧

	0.	6
×		6

⑨

	0.	8
×		4

⑩

	0.	4
×		7

⑪

	0.	8
×		6

⑫

	0.	9
×		9

小数のかけ算 ⑤

0のしょり

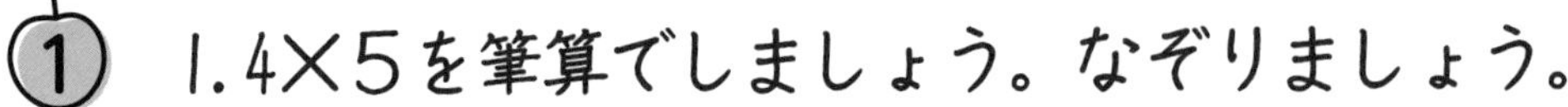

① 1.4×5を筆算でしましょう。なぞりましょう。

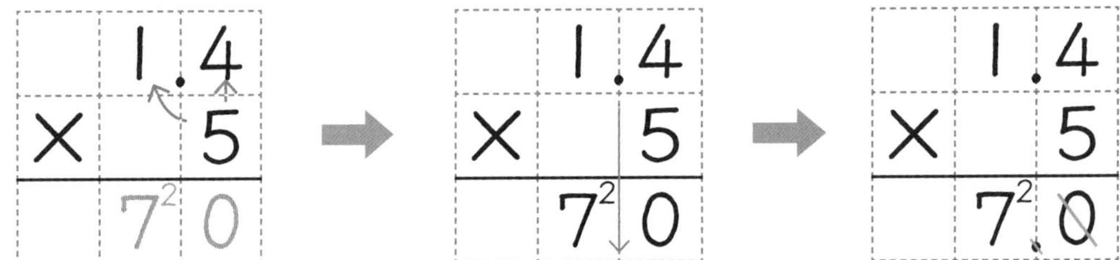

	1	.4
×		5
	7[2]	0

→

	1	.4
×		5
	7[2]	0

→

	1	.4
×		5
	7[2]	.0

小数点がないものとして計算する。

1.4の小数点より下は1けたなので、70も同じところに小数点を打つ。
7.0

小数点より右に0があるときは、ふつういらない。
0と小数点を＼で消す。整数にする。
7

② ①のように、0と小数点を＼（ななめ線）で消しましょう。

①

	2	.5
×		2
	5[1]	.0

②

	1	.5
×		6
	9[3]	.0

③

	0	.5
×		8
	4	.0

月　　日 名前

小数のかけ算 ⑥

0のしょり

次の計算をしましょう。

①

	1	.2
×		5
	6	.0

②

	1	.5
×		4

③

	1	.8
×		5

④

	4	.5
×		2

⑤

	1	.6
×		5

⑥

	3	.5
×		2

⑦

	0	.6
×		5

⑧

	0	.5
×		4

⑨

	0	.2
×		5

⑩

	1	.5
×		2

⑪

	0	.8
×		5

⑫

	0	.5
×		6

月　　日 名前

小数のかけ算 ⑦

小数×１けたの整数

次の計算をしましょう。

①
$$\begin{array}{r} 34.2 \\ \times\quad 2 \\ \hline 68.4 \end{array}$$

②
$$\begin{array}{r} 83.2 \\ \times\quad 4 \\ \hline \end{array}$$

③
$$\begin{array}{r} 51.4 \\ \times\quad 8 \\ \hline \end{array}$$

④
$$\begin{array}{r} 76.9 \\ \times\quad 3 \\ \hline \end{array}$$

⑤
$$\begin{array}{r} 54.6 \\ \times\quad 8 \\ \hline \end{array}$$

⑥
$$\begin{array}{r} 96.7 \\ \times\quad 6 \\ \hline \end{array}$$

⑦
$$\begin{array}{r} 37.6 \\ \times\quad 7 \\ \hline \end{array}$$

⑧
$$\begin{array}{r} 34.5 \\ \times\quad 7 \\ \hline \end{array}$$

⑨
$$\begin{array}{r} 75.8 \\ \times\quad 6 \\ \hline \end{array}$$

⑩
$$\begin{array}{r} 96.5 \\ \times\quad 8 \\ \hline \end{array}$$

⑪
$$\begin{array}{r} 47.8 \\ \times\quad 5 \\ \hline \end{array}$$

⑫
$$\begin{array}{r} 28.6 \\ \times\quad 5 \\ \hline \end{array}$$

月　　日 名前

小数のかけ算 ⑧

小数×2けたの整数

次の計算をしましょう。

①

		1.	1
	×	2	7
		7	7
	2	2	
	2	9.	7

②

		4.	2
	×	2	1

③

		2.	3
	×	1	2

④

		3.	3
	×	4	3

⑤

		3.	2
	×	3	4

⑥

		6.	5
	×	8	4

⑦

		9.	3
	×	5	6

⑧

		6.	5
	×	4	6

⑨

		2.	9
	×	6	9

月　　日　名前

小数のわり算 ①

小数÷整数

次の計算をしましょう。

①

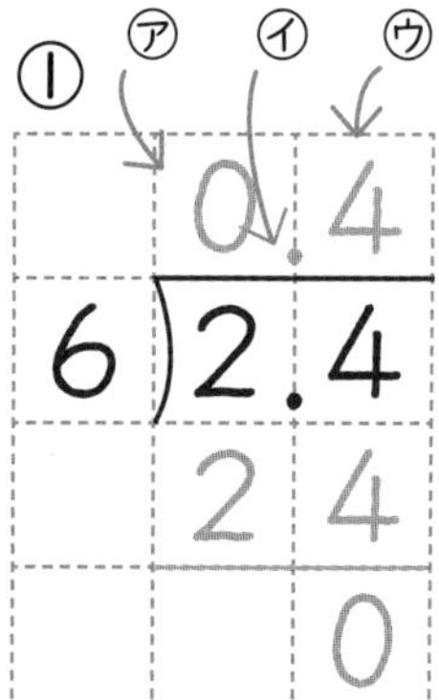

㋐　一の位(くらい)に商がたたないので、0をかく。

㋑　0の右に小数点を打つ。

㋒　24÷6 を計算する。

② 7)5.6

③ 5)2.5

④

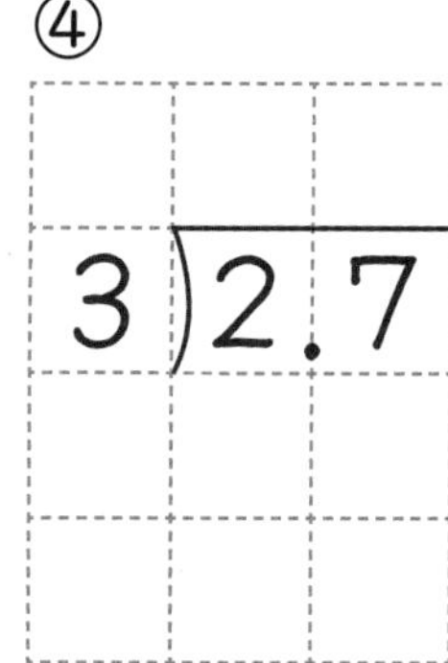

⑤ 4)3.2

⑥

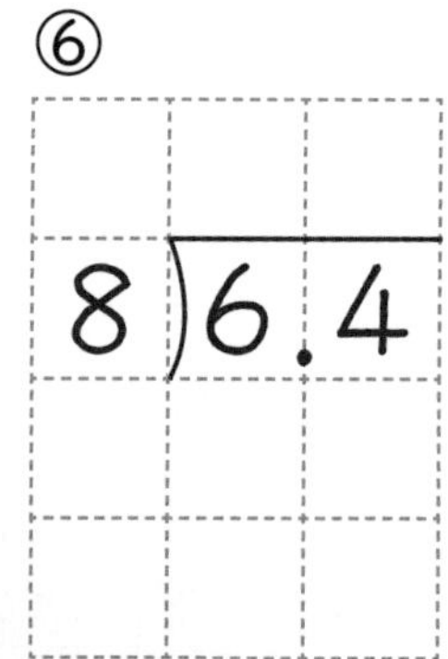

⑦

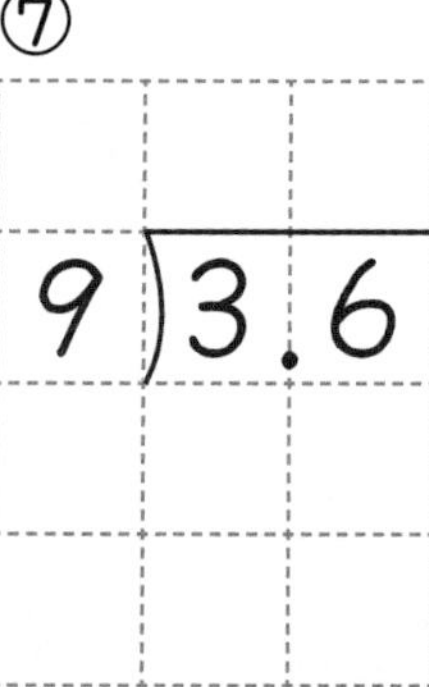

月　　日 名前

小数のわり算 ②
小数÷整数

次の計算をしましょう。

①

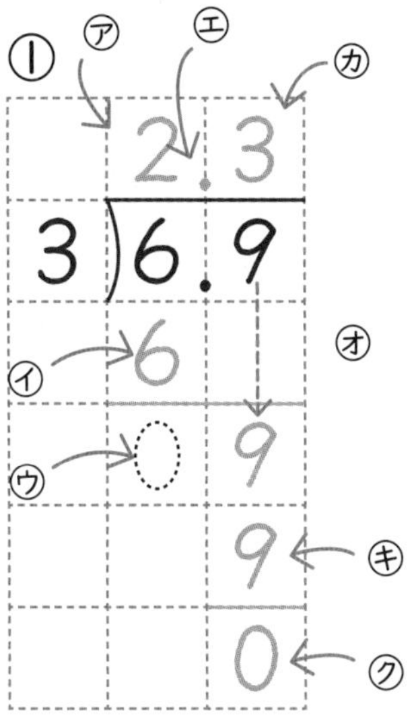

㋐ 一の位に商をたてる。
6÷3＝2

㋑ 3×2＝6 かける

㋒ 6−6＝0 ひく
（この0はかかない。）

㋓ 2の右に小数点を打つ。

㋔ 9をおろす。

㋕ 9の上に商をたてる。

㋖ 3×3＝9 かける

㋗ 9−9＝0 ひく

②

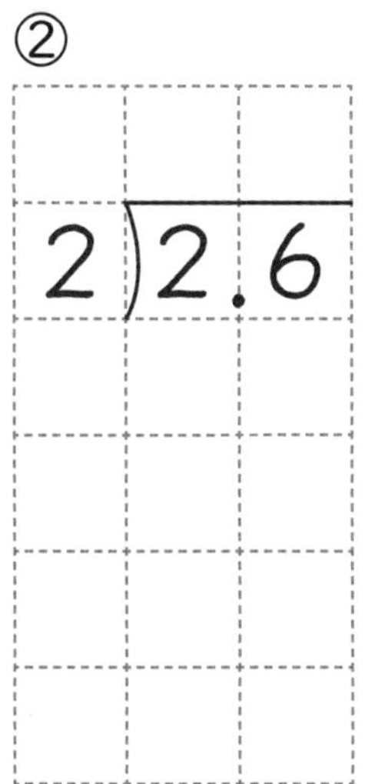

③

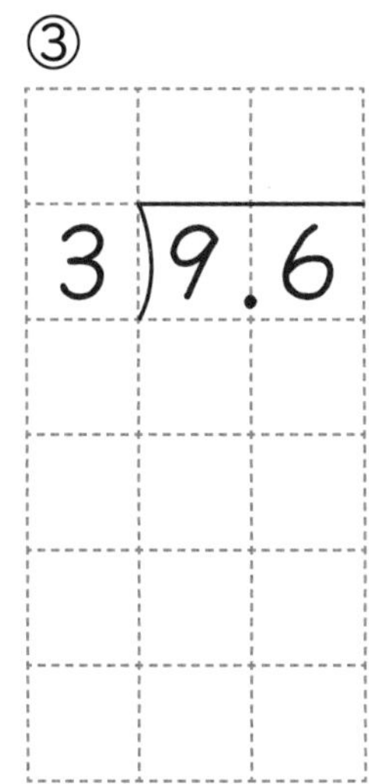

④

2)8.6

月　　日 名前

小数のわり算 ③

小数÷１けたの整数

次の計算をしましょう。

①

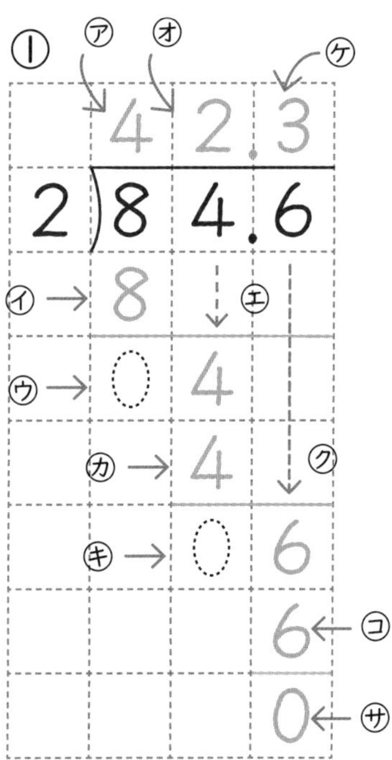

㋐ 8÷2 を計算し、4をたてる。

㋑ 2×4 を計算する。かける

㋒ 8－8 を計算する。ひく

㋓ 4を下におろす。

㋔ 4÷2 を計算し、2をたてる。

㋕ 2×2 を計算する。かける

㋖ 4－4 を計算する。ひく

㋗ 小数点を打って、6を下におろす。

㋘ 6÷2 を計算し、3をたてる。

㋙ 2×3 を計算する。かける

㋚ 6－6 を計算する。ひく

② 5)62.5

③ 4)92.4

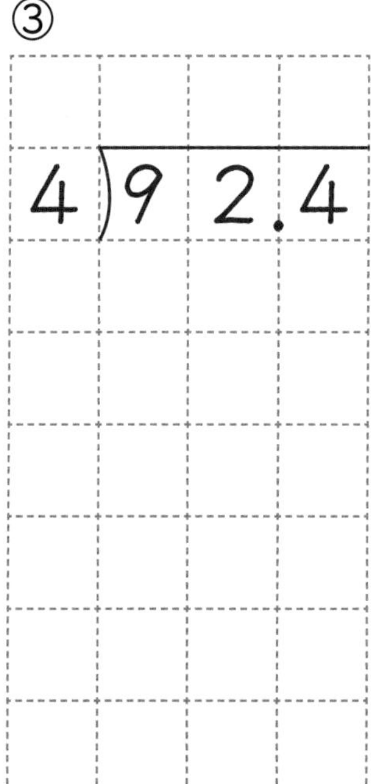

④ 6)73.8

小数のわり算 ④

小数÷2けたの整数

次の計算をしましょう。

①

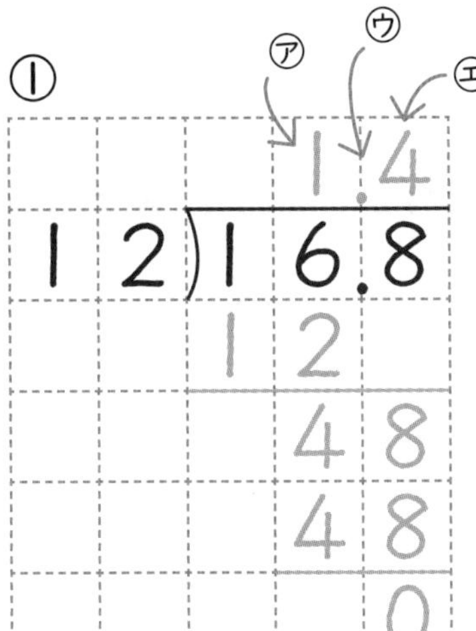

㋐ 16÷12 を考え、一の位(くらい)に商がたつことをたしかめる。

㋑ わり算を進める。

㋒ 小数点を打つ。

㋓ $\frac{1}{10}$の位のわり算を計算する。

② 72)86.4

③ 22)24.2

④ 23)50.6

⑤ 43)21.5

⑥ 68)40.8

⑦ 84)58.8

月　日 名前

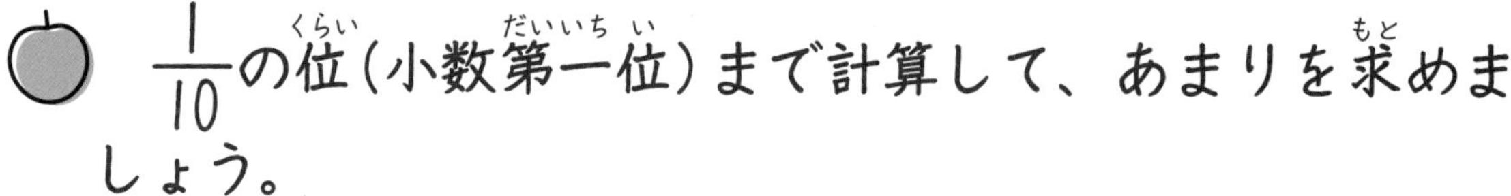

小数のわり算 ⑤

あまりを求める

$\frac{1}{10}$の位(小数第一位)まで計算して、あまりを求めましょう。

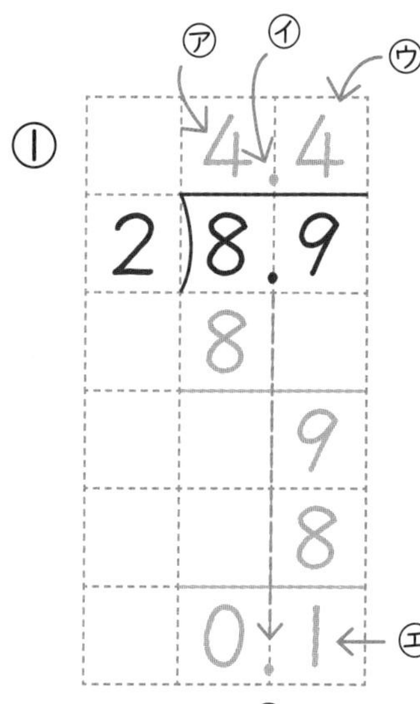

① $2\overline{)8.9}$

㋐ 一の位に、4をたてて、計算する。
㋑ 小数点を打つ。
㋒ $\frac{1}{10}$の位に、4をたてて、計算する。
㋓ 9−8 を計算する。
㋔ 8.9の小数点を、あまりの数までおろす。
あまりは、0.1。

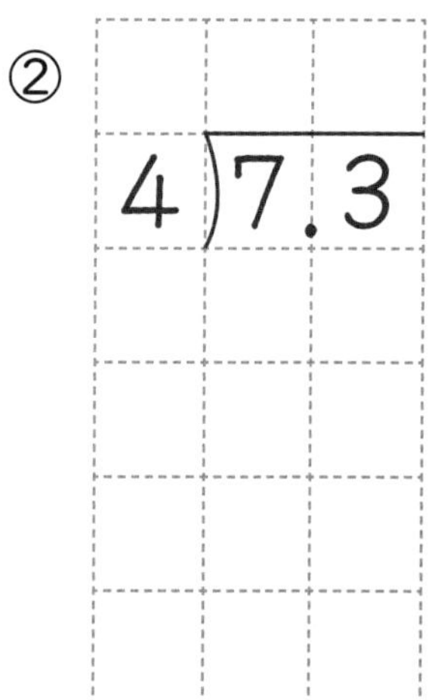

② $4\overline{)7.3}$

③ $6\overline{)8.2}$

④ $3\overline{)5.5}$

⑤ $7\overline{)3.9}$

⑥ $9\overline{)8.5}$

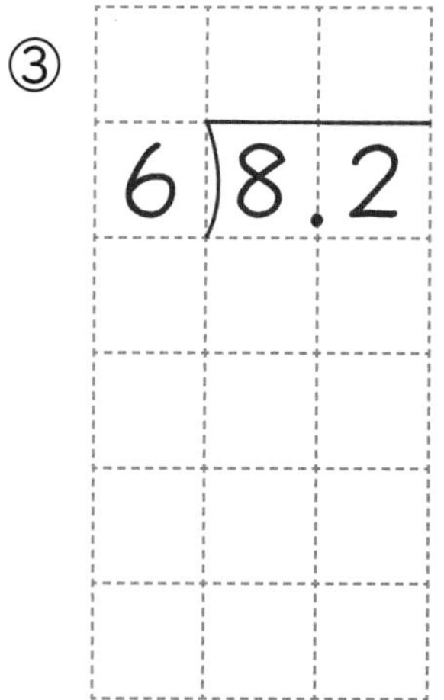

⑦ $8\overline{)5.8}$

月　　日 名前

小数のわり算 ⑥

四捨五入

$\frac{1}{10}$の位まで計算して、$\frac{1}{10}$の位を四捨五入(ししゃごにゅう)して商を求めましょう。

①

$$
\begin{array}{r}
2.4 \\
31\overline{)74.8} \\
62 \\
\hline
128 \\
124 \\
\hline
4
\end{array}
$$

（　　→　　）

②

$12\overline{)42.6}$

（　　→　　）

③

$16\overline{)79.7}$

（　　→　　）

④

$32\overline{)74.3}$

（　　→　　）

月　　日 名前

小数のわり算 ⑦

わり進み

① 4mのリボンを8人で等しく分けます。1人分の長さは何mですか。

① 式 4÷8　（8人で分けるから「÷8」）

② 筆算をなぞりましょう。

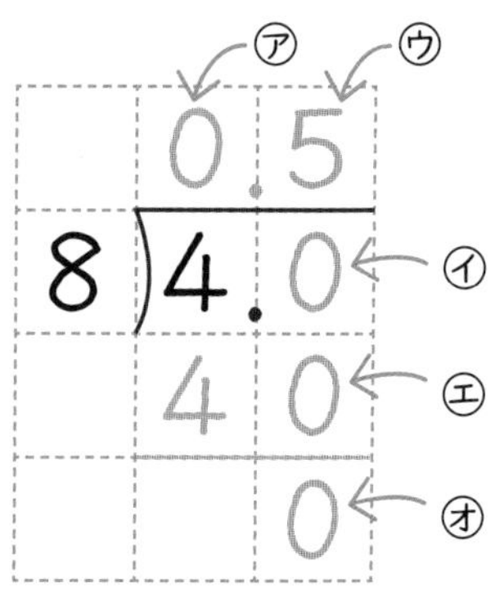

㋐ 4の上に商がたたないので、0をかく。

㋑ 次へ進むので、4の横に小数点と0をかく。

㋒ 商の0の横に、小数点を打って、40÷8を考え、5をたてる。

㋓ 8×5をして40をかく。

㋔ 40−40＝0

答え　　　　m

② わり切れるまで計算しましょう。

①

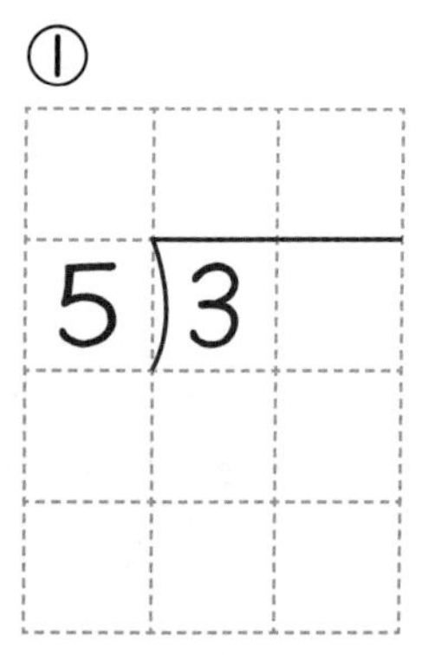

②

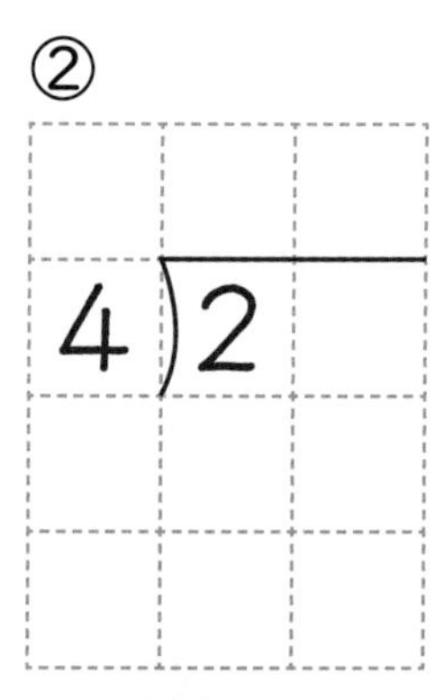

③

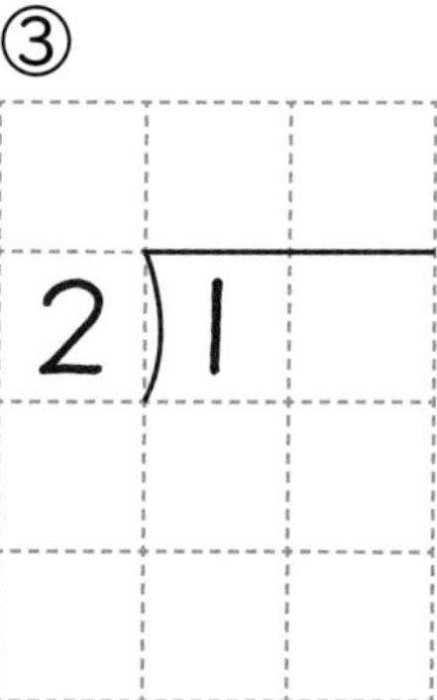

月　　日 名前

小数のわり算 ⑧

わり進み

わり切れるまで計算しましょう。

① 5÷2

② 6÷4

③ 7÷5

④ 2÷8

⑤ 21÷6

⑥ 17÷4

まとめテスト　月　日 名前

まとめ ⑪

小数のかけ算

1 次の計算をしましょう。

（1つ6点／30点）

①
	3.	2
×		6

②
	0.	8
×		9

③
	2	7.	3
×			7

④
	2.	3
×	1	2

⑤
		4.	7
	×	5	6

2 8人に0.6Lずつジュースを配ります。ジュースは何Lいりますか。

（式5点、答え5点／10点）

式

答え

3 たてが1.5mの板を12まいならべます。はしからはしまで何mになりますか。

（式5点、答え5点／10点）

式

答え

まとめテスト

月　日 名前

まとめ ⑫

小数のわり算

/50点

1 商を小数第一位まで計算し、あまりを求めましょう。

（1つ10点／20点）

① $6 \overline{)5.9}$

② $48 \overline{)35.4}$

2 次の計算をしましょう。

（1つ10点／20点）

① 商は四捨五入して上から2けたのがい数にしましょう。

$13 \overline{)31}$

② わり切れるまで計算しましょう。

3 15mのロープを同じ長さに4つに分けます。1本は何mになりますか。

（10点）

式

答え

月　　日 名前

式と計算 ①

（　）の用法・計算の順じょ

1　120円のノートと30円のえんぴつを買って、200円出しました。おつりはいくらですか。

①　ノートとえんぴつをあわせるといくらですか。

式　120＋30＝150

答え

②　おつりを計算しましょう。

式　200－150＝

答え

③　１つの式に表しましょう。

出したお金－(代金)＝おつり　と考えます。

式　200－(120＋30)＝50

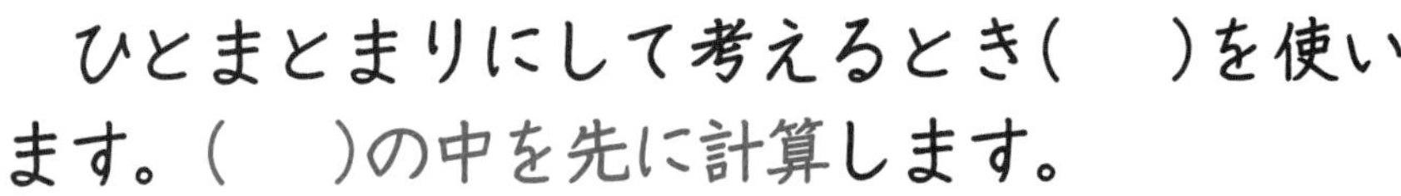

ひとまとまりにして考えるとき(　　)を使います。(　　)の中を先に計算します。

2　次の計算をしましょう。

①　10－(4＋5)＝

②　30－(15＋5)＝

③　46－(17＋13)＝

④　20－(6＋2)＝

⑤　60－(10＋5)＝

⑥　50－(10＋15)＝

式と計算 ②

（　）の用法・計算の順じょ

1 250円のくつ下を30円引きで売っていました。300円出して買いました。おつりはいくらですか。

① くつ下の代金はいくらですか。

式 250－30＝220

答え

② おつりを計算しましょう。

式 300－220＝

答え

③ １つの式に表しましょう。

出したお金－（代金）＝おつり

式

2 次の計算をしましょう。

① 40－(17－12)＝

② 46－(23－13)＝

③ 78－(29－11)＝

④ 10－(6－2)＝

⑤ 10＋(4－2)＝

⑥ 30＋(15－5)＝

⑦ 20＋(20－10)＝

⑧ 50＋(25－15)＝

月　　日 名前

式と計算 ③

(　)の用法・計算の順じょ

1 パーティーのおみやげに、30円のえんぴつと40円の消しゴムを8人分用意しました。全部でいくらかかりますか。

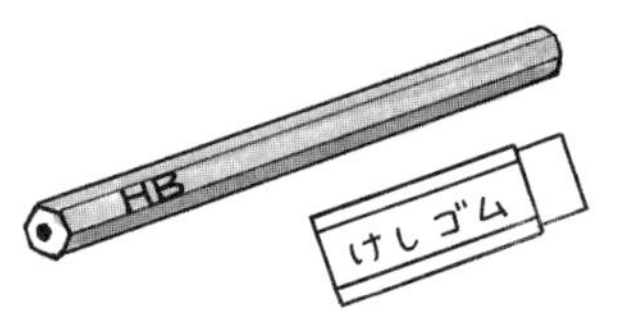

① 1人分はいくらですか。

式 30＋40＝70

答え

② 全部でいくらですか。

式 70×8＝560

答え

③ 1つの式で表しましょう。
(1人分)×いくつ＝全部　と考えます。

式 (30＋40)×8

2 次の計算をしましょう。

① (4＋3)×8＝

② (11−4)×9＝

③ (20−5)×3＝

④ (35−5)÷6＝

⑤ 24÷(3＋5)＝

⑥ 36÷(10−4)＝

⑦ 80÷(10−6)＝

⑧ 4×(6＋3)＝

月　　日 名前

式と計算 ④

計算の順じょ

1 30円のスナックがしと、20円のチョコボールを２こ買いました。代金はいくらですか。

① チョコボール２こ の代金はいくらですか。

式 20×2＝40

答え ＿＿＿＿＿＿

② 代金を１つの式で表しましょう。

スナックがしの代金 ＋ チョコボールの代金 ＝全部の代金

式 30＋20×2

答え ＿＿＿＿＿＿

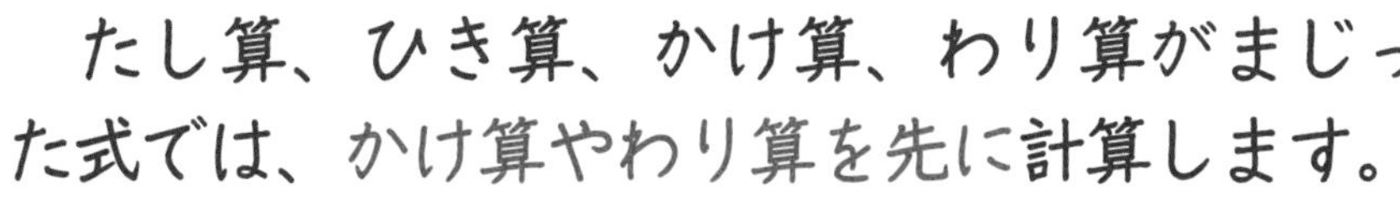

たし算、ひき算、かけ算、わり算がまじった式では、かけ算やわり算を先に計算します。

2 次の計算をしましょう。

① 4＋3×2＝

② 8＋4÷2＝

③ 15−15÷3＝

④ 6−4÷2＝

⑤ 20＋9÷3＝

⑥ 30−6×2＝

⑦ 9×9＋8＝

⑧ 72÷8−6＝

月　　日 名前

式と計算 ⑤

分配のきまり

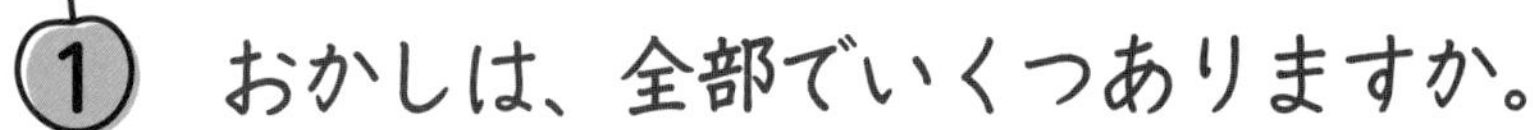

1 おかしは、全部でいくつありますか。

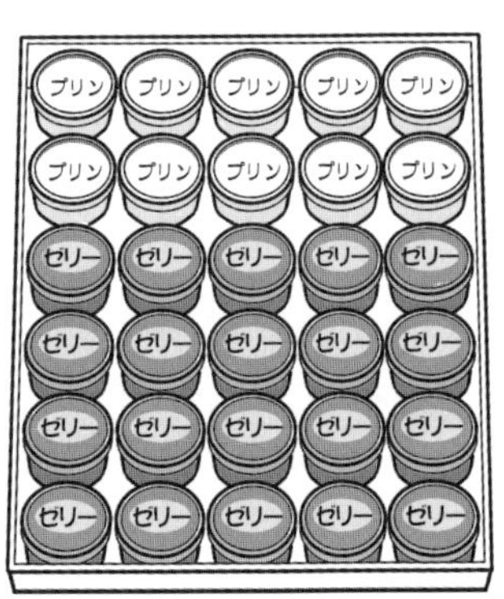

① ㋐ プリンは　2×5=10　10こ

㋑ ゼリーは　4×5=20　20こ

㋒ 全部で　10+20=30　30こ

式　2×5+4×5=30

答え

② おかしは、たてに2+4=6で5列あると考えて

式　(2+4)×5=30

答え

③ ①と②より　(2+4)×5=2×5+4×5

△　□　●　△　●　□　●

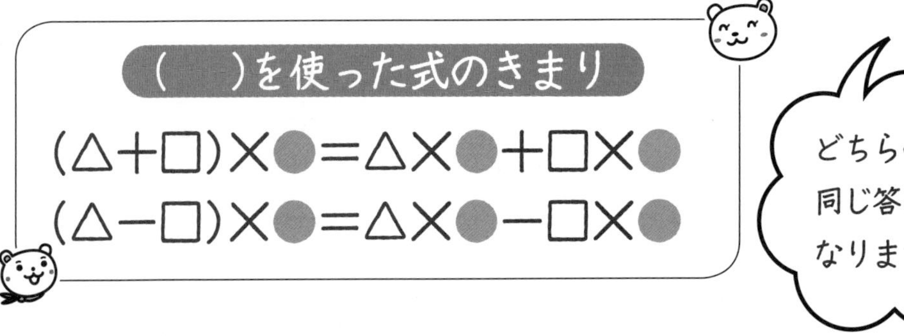

2 次の計算をしましょう。

① (25+5)×4=　　② 25×4+5×4=

月　日 名前

式と計算 ⑥

計算の順じょ

順(じゅん)じょに気をつけて、計算をしましょう。

① $5\times2+4\times3$

$=10+12=$

② $6\times3+5\times4$

$=$

③ $6\div2+9\div3$

$=$

④ $18\div6+4\times2$

$=$

⑤ $7+4\times24\div3$

$=$

⑥ $(7+3)\div5+2$

$=$

⑦ $3\times4\div6+7$

$=$

⑧ $(4+5)\times(2+1)$

$=$

⑨ $4+5\times(2+1)$

$=$

⑩ $(4+5)\times2+1$

$=$

⑪ $4+5\times2+1$

$=$

⑫ $30\div(5-2)$

$=$

⑬ $30\div5-2$

$=$

⑭ $30\times5-2$

$=$

月　　日 名前

分数①

おぼえているかな

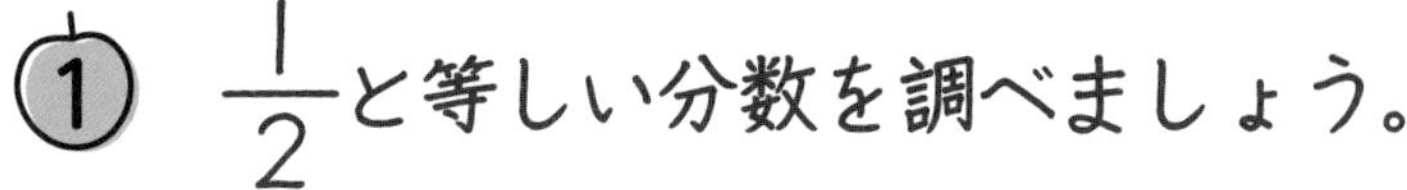

1 $\frac{1}{2}$と等しい分数を調べましょう。

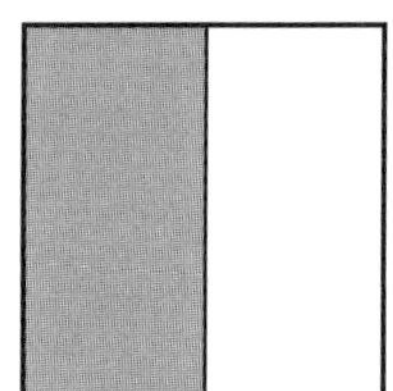

$\frac{1}{2}$

① 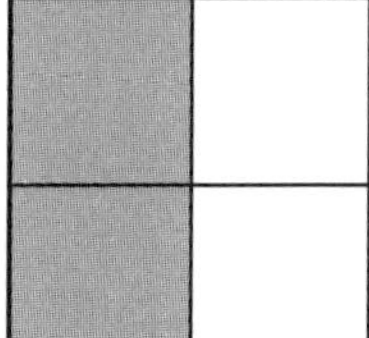 

$\frac{2}{4}$

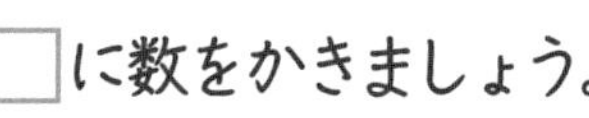

どれも、$\frac{1}{2}$と等しい分数です。
□に数をかきましょう。

② 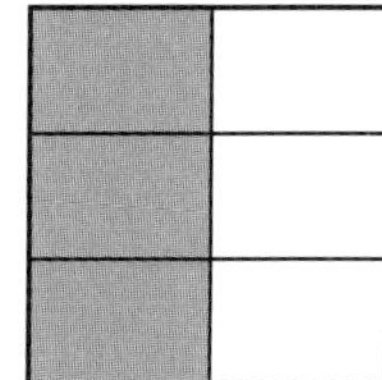 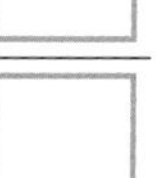 

$\frac{□}{□}$

③ 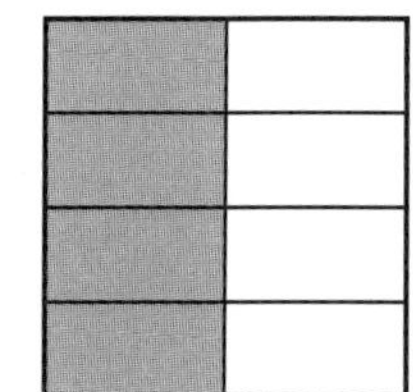 

$\frac{□}{□}$

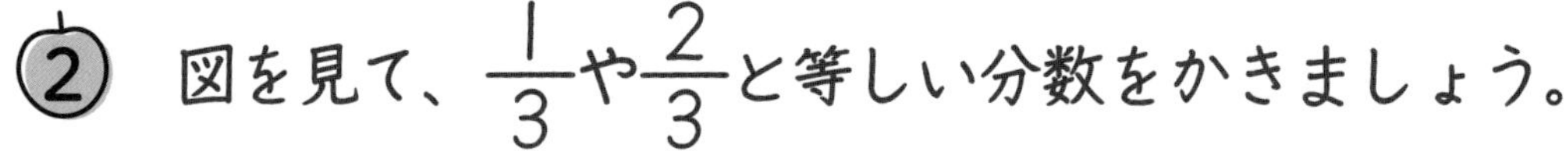

2 図を見て、$\frac{1}{3}$や$\frac{2}{3}$と等しい分数をかきましょう。

① $\frac{1}{3} = \frac{□}{□} = \frac{□}{□} = \frac{□}{□}$

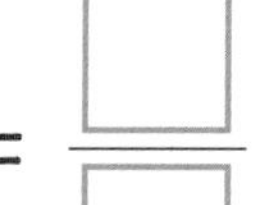

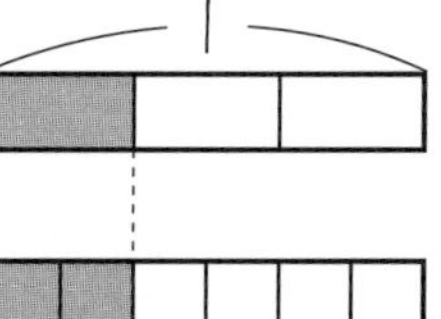

② $\frac{2}{3} = \frac{□}{□} = \frac{□}{□} = \frac{□}{□}$

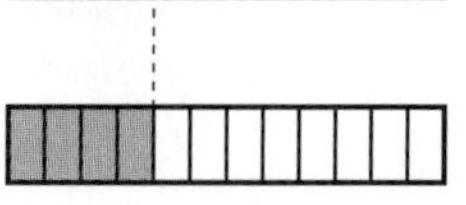

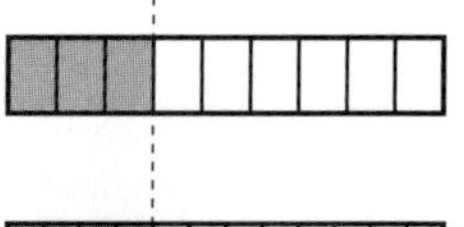

分　数②

真分数・仮分数・帯分数

図を見て、答えましょう。

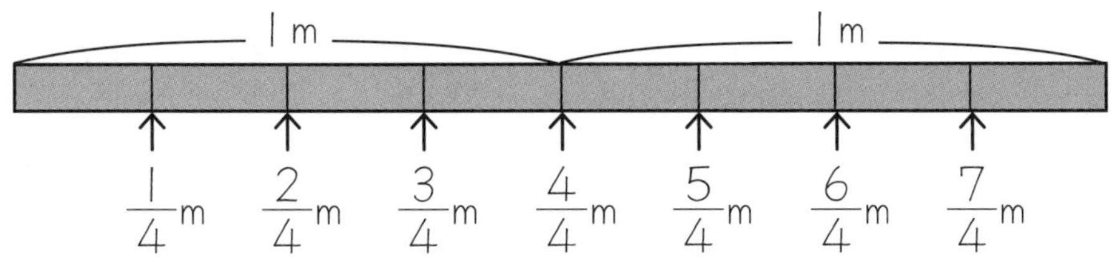

① 1mを分数で表すと、$1\text{m}=\frac{\square}{\square}\text{m}$

※　1は、分子と分母が同じ分数で表すことができます。

② 1mより長い長さの分数。

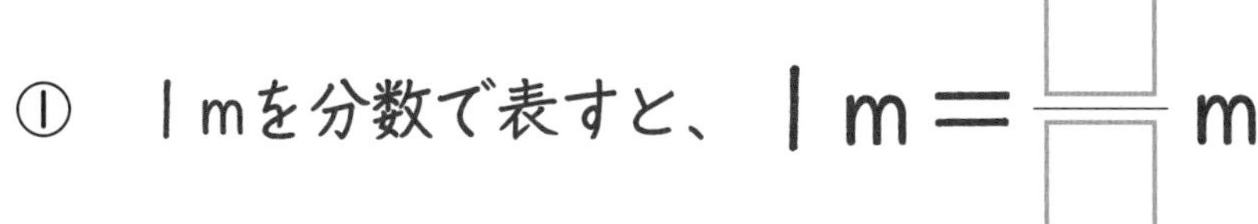

$\frac{\square}{\square}$m　$\frac{\square}{\square}$m　$\frac{\square}{\square}$m

※1より長い長さを、次のように表すこともできます。

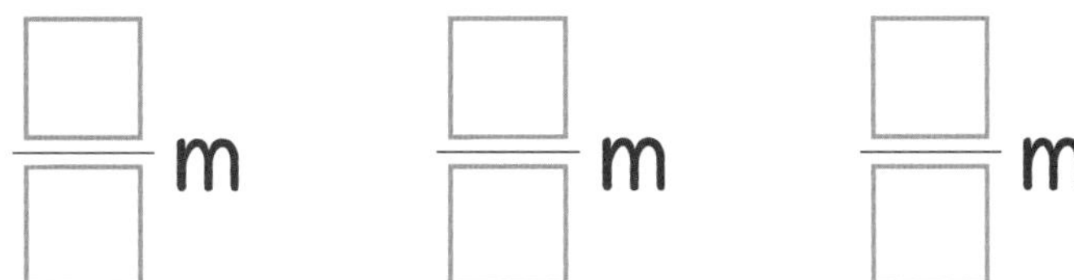

真分数（しんぶんすう）……$\frac{1}{3}$、$\frac{2}{5}$、$\frac{7}{8}$など、分子が分母より小さい分数。

仮分数（かぶんすう）……$\frac{4}{4}$、$\frac{5}{4}$、$\frac{9}{7}$など、分子と分母が同じか分子が大きい分数。

帯分数（たいぶんすう）……$1\frac{1}{4}$、$2\frac{3}{5}$など、整数と真分数で表されている分数。

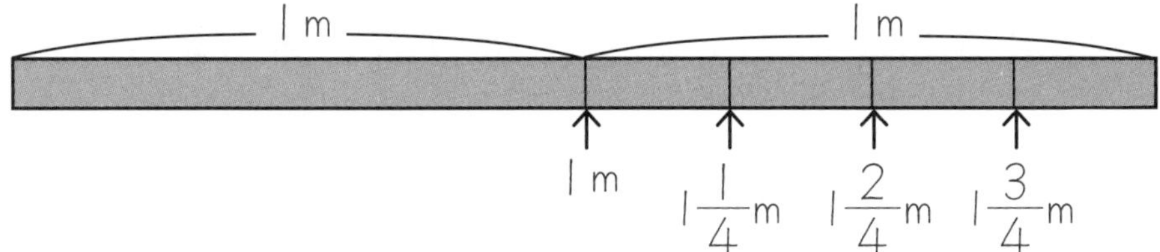

月　　日 名前

分数③

真分数・仮分数・帯分数

1 真分数、仮分数(かぶんすう)、帯分数(たいぶんすう)に分けましょう。

$\frac{2}{7}$, $\frac{3}{3}$, $1\frac{3}{5}$, $\frac{7}{10}$, $3\frac{5}{12}$, $\frac{8}{6}$, $\frac{7}{7}$

真分数（　　　　）

仮分数（　　　　）

帯分数（　　　　）

2 ↑㋐、㋑がさしている分数を、仮分数と帯分数でかきましょう。

仮分数　㋐（　　　）㋑（　　　）

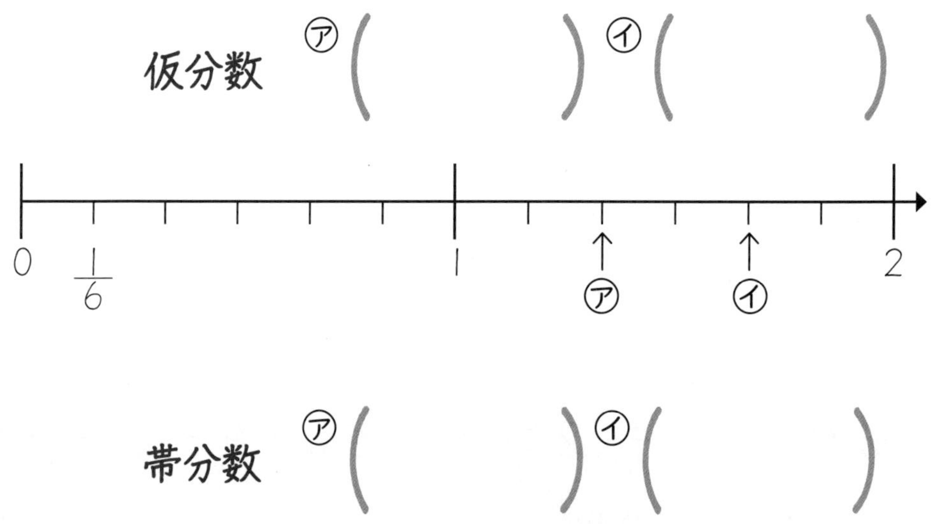

帯分数　㋐（　　　）㋑（　　　）

月　　日 名前

分　数④

仮分数⇄帯分数

1 仮分数を帯分数に直しましょう。

① $\frac{7}{4}=1\frac{3}{4}$

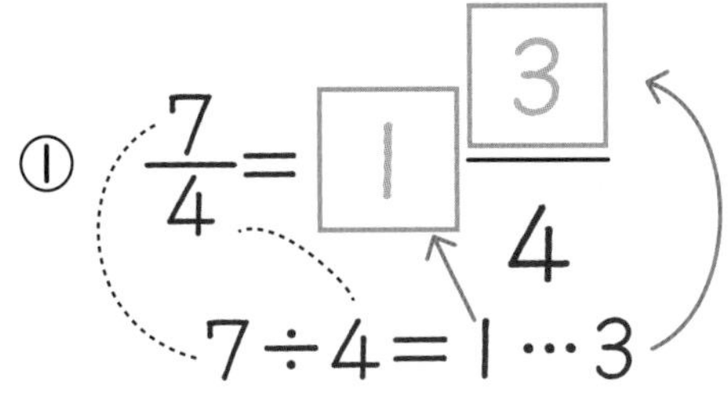

② $\frac{11}{7}=\square\frac{\square}{7}$

③ $\frac{8}{3}=\square\frac{\square}{3}$

④ $\frac{12}{5}=\square\frac{\square}{5}$

2 帯分数を仮分数に直しましょう。

① $1\frac{2}{5}=\frac{7}{5}$

5×1＋2＝7

② $1\frac{2}{3}=\frac{\square}{3}$

③ $2\frac{3}{4}=\frac{\square}{4}$

④ $2\frac{5}{6}=\frac{\square}{6}$

分数⑤
たし算

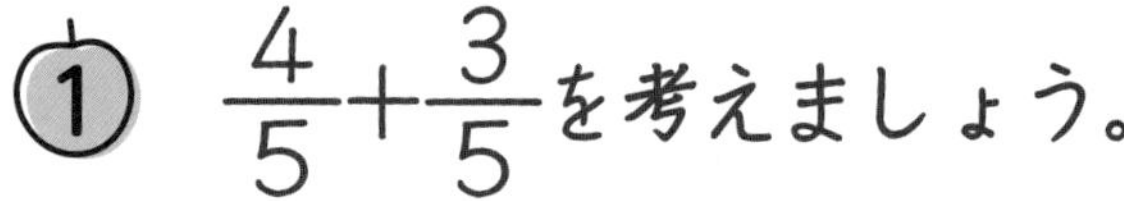

① $\frac{4}{5}+\frac{3}{5}$を考えましょう。

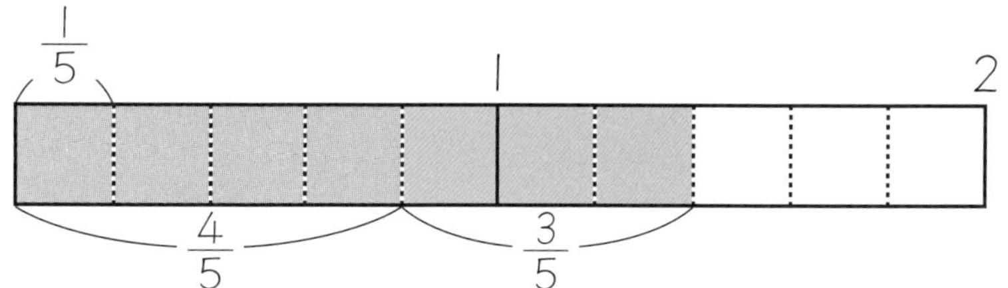

次の計算をしましょう。

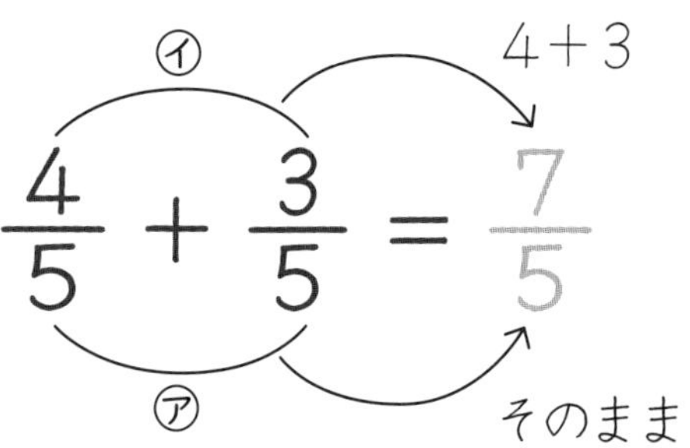

分母が同じ分数のたし算は、
㋐　分母はそのまま。
㋑　分子をたし算する。
（4＋3＝7）

② 次の計算をしましょう。

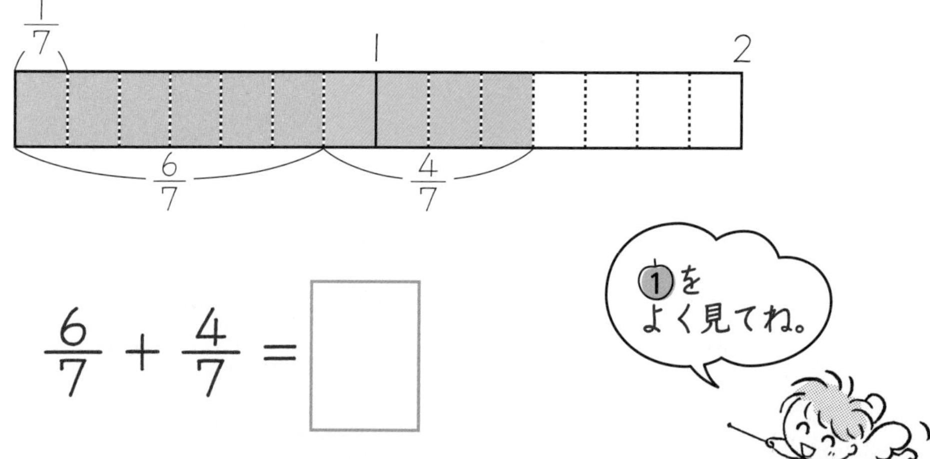

分　数⑥
たし算

1 次の計算をしましょう。

① $\frac{2}{3}+\frac{2}{3}=\frac{4}{3}$　　② $\frac{5}{7}+\frac{6}{7}=$

③ $\frac{2}{5}+\frac{4}{5}=$　　④ $\frac{7}{9}+\frac{8}{9}=$

2 次の計算をしましょう。

① $\frac{2}{5}+\frac{3}{5}=\frac{5}{5}=1$　　② $\frac{7}{8}+\frac{5}{8}=$

③ $\frac{3}{7}+\frac{4}{7}=$　　④ $\frac{8}{9}+\frac{5}{9}=$

⑤ $\frac{3}{4}+\frac{3}{4}=$　　⑥ $\frac{4}{8}+\frac{7}{8}=$

⑦ $\frac{2}{6}+\frac{5}{6}=$　　⑧ $\frac{6}{10}+\frac{7}{10}=$

答えが整数になるときは、
整数で答えましょう。

月　　日 名前

分　数⑦
ひき算

① $\frac{7}{5}-\frac{3}{5}$を考えましょう。

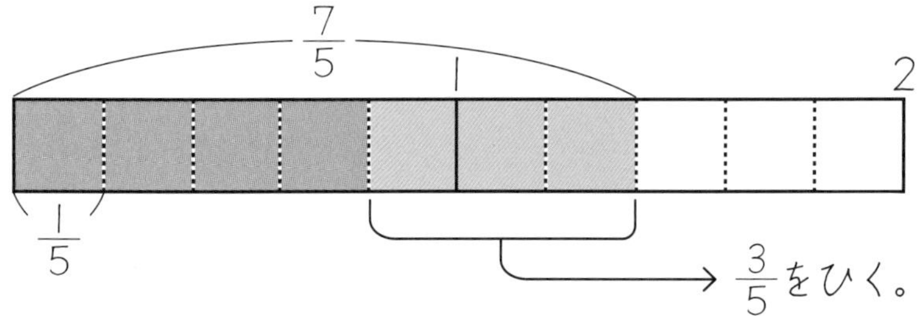

計算をしましょう。

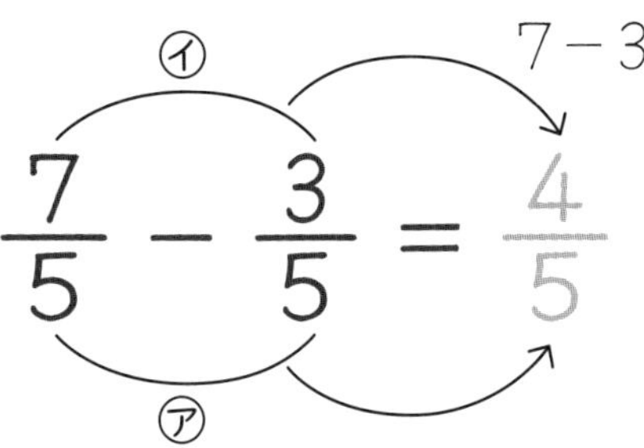

分母が同じ分数のひき算は、
㋐　分母はそのまま。
㋑　分子をひき算する。
（7－3＝4）

② 次の計算をしましょう。

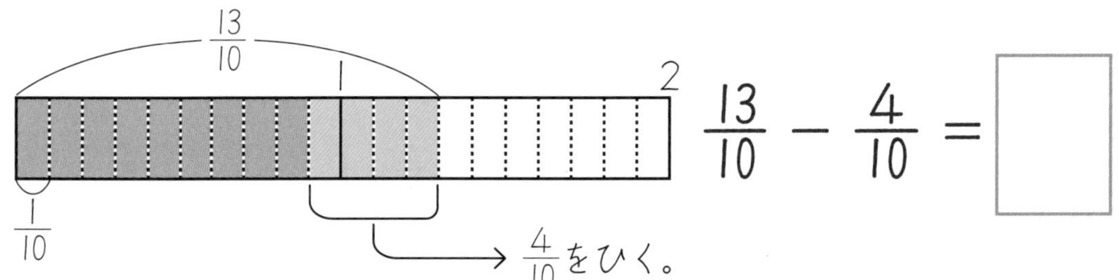

$\frac{13}{10}-\frac{4}{10}=$ □

③ 次の計算をしましょう。

① $\frac{8}{5}-\frac{4}{5}=$　　② $\frac{11}{8}-\frac{6}{8}=$

③ $\frac{13}{7}-\frac{9}{7}=$　　④ $\frac{15}{9}-\frac{7}{9}=$

月　　日 名前

分　数 ⑧

ひき算

1 次の計算をしましょう。

① $\frac{7}{5}-\frac{3}{5}=$

② $\frac{7}{4}-\frac{3}{4}=$

③ $\frac{9}{6}-\frac{4}{6}=$

④ $\frac{9}{7}-\frac{3}{7}=$

2 次の計算をしましょう。

① ㋐ $1\frac{3}{5}-\frac{4}{5}=\frac{8}{5}-\frac{4}{5}$

$=\frac{4}{5}$

㋐ $1\frac{3}{5}$を、$\frac{8}{5}$にします。
仮分数（かぶんすう）にすると、計算しやすくなります。

② $1\frac{1}{3}-\frac{2}{3}=$

$=$

③ $1\frac{2}{5}-\frac{3}{5}=$

$=$

④ $1\frac{3}{7}-\frac{4}{7}=$

$=$

⑤ $1\frac{2}{9}-\frac{7}{9}=$

$=$

まとめテスト

月　　日 名前

まとめ ⑬

分　数

/50点

① 数直線のめもりを分数で読みましょう。

(各5点／20点)

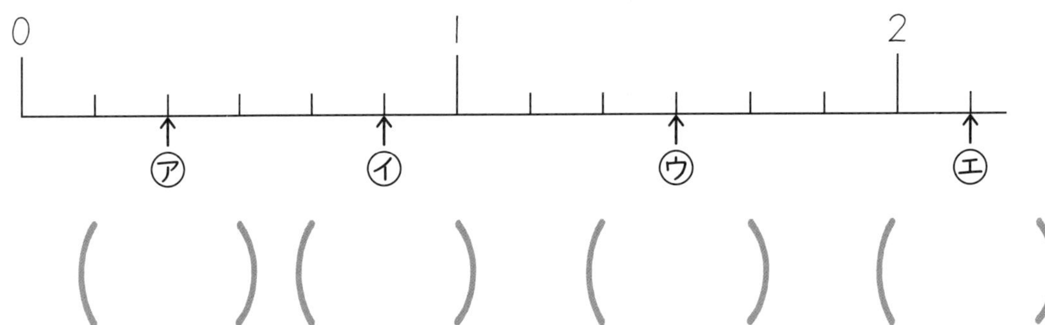

㋐(　　)　㋑(　　)　㋒(　　)　㋓(　　)

② 仮分数は帯分数か整数に、帯分数は仮分数に直しましょう。

(各5点／30点)

① $\frac{7}{4}$　(　　)

② $\frac{10}{3}$　(　　)

③ $\frac{12}{5}$　(　　)

④ $1\frac{1}{6}$　(　　)

⑤ $2\frac{3}{7}$　(　　)

⑥ $3\frac{1}{2}$　(　　)

月　日 名前

まとめ ⑭

分数

① 等しい分数をつくりましょう。

（各5点／10点）

① $\frac{2}{3}=\frac{\square}{6}$　　② $\frac{3}{4}=\frac{\square}{12}$

② 次の計算をしましょう。

（各5点／30点）

① $\frac{3}{7}+\frac{2}{7}=$　　② $\frac{4}{9}+\frac{5}{9}=$

③ $\frac{7}{8}+\frac{6}{8}=$　　④ $\frac{4}{5}-\frac{1}{5}=$

⑤ $1\frac{1}{6}-\frac{5}{6}=$　　⑥ $1\frac{3}{10}-\frac{7}{10}=$

③ 3mのロープから$\frac{5}{8}$mを切りました。残り（のこ）は何mですか。

（10点）

式

答え

角①

おぼえているかな

１つの点を通る２本の直線がつくる形を角といいます。

- 角をつくる直線を辺（へん）といいます。
- 辺があう所をちょう点といいます。

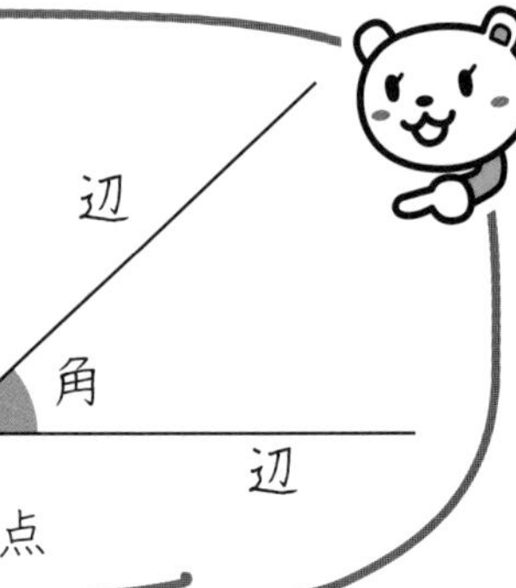

1 角の大きさをくらべましょう。大きい方の記号をかきましょう。

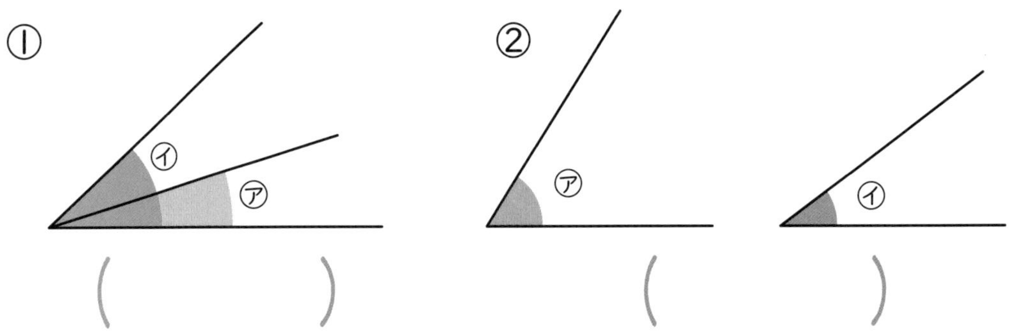

（　　　）　　（　　　）

辺の開きぐあいを、角の大きさといいます。
角の大きさと、辺の長さは関係（かんけい）ありません。

2 角の大きいじゅんに、記号をかきましょう。

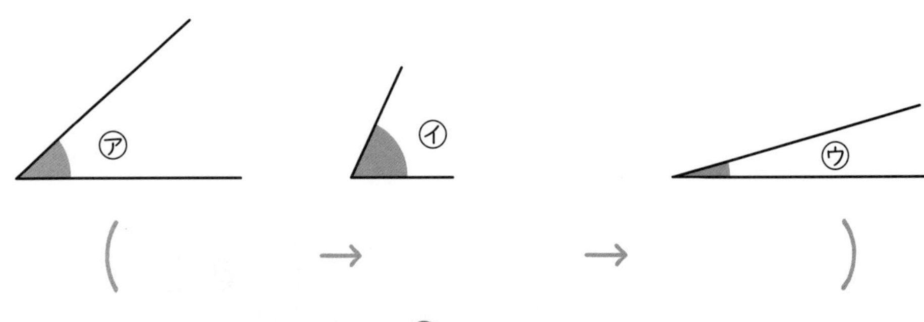

（　　　→　　　→　　　）

月　　日 名前

角 ②

分度器

角の大きさをはかるには、分度器を使います。

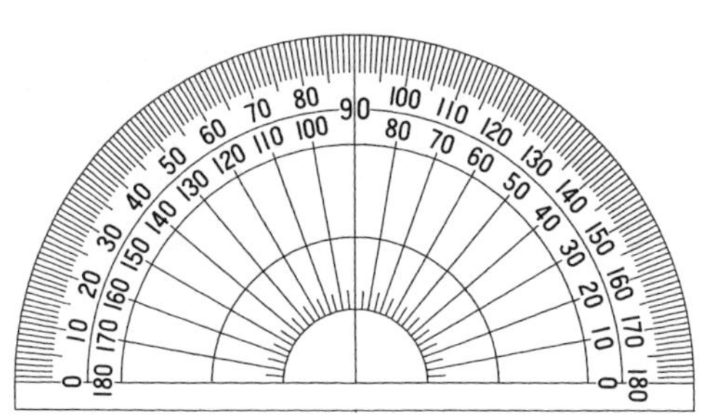

度(°) は、角の大きさの単位です。
角の大きさのことを角度ともいいます。
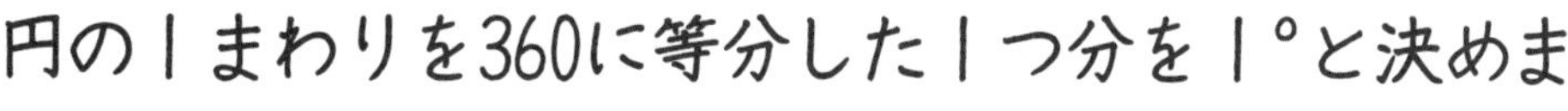
円の１まわりを360に等分した１つ分を１°と決めました。だから、１回転の角度は360°です。

次の問題に答えましょう。

① 直角は何度ですか。　（　　　　　）

② 半回転の角は何直角で何度ですか。

（　　　直角で　　　　）

③ １回転の角は何直角で何度ですか。

（　　　直角で　　　　）

角 ③

角をはかる

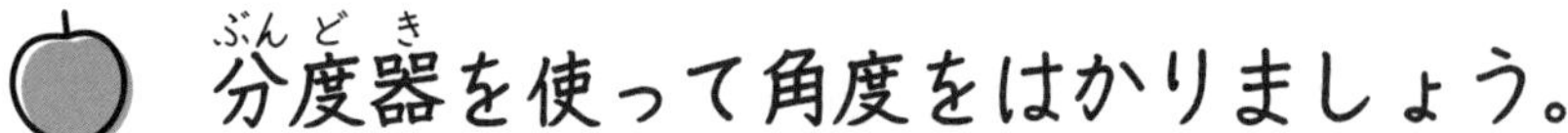

分度器(ぶんどき)を使って角度をはかりましょう。

① 分度器の中心をちょう点にあわせる。

② 0°の線を、角の1つの辺(へん)に重ねる。

③ 「0」の方からの角度を読む。

①（　　　　）

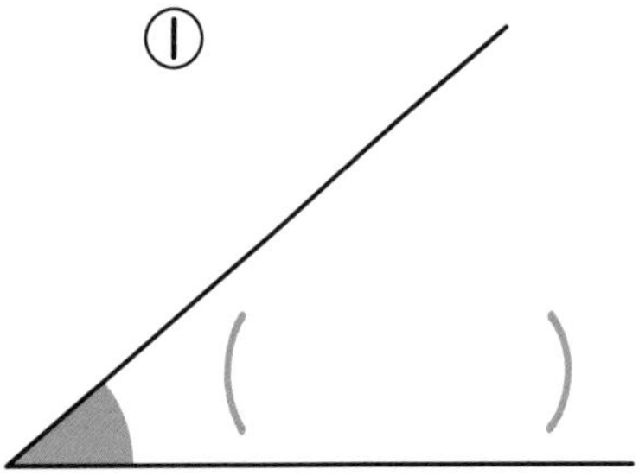

②（　　　　）

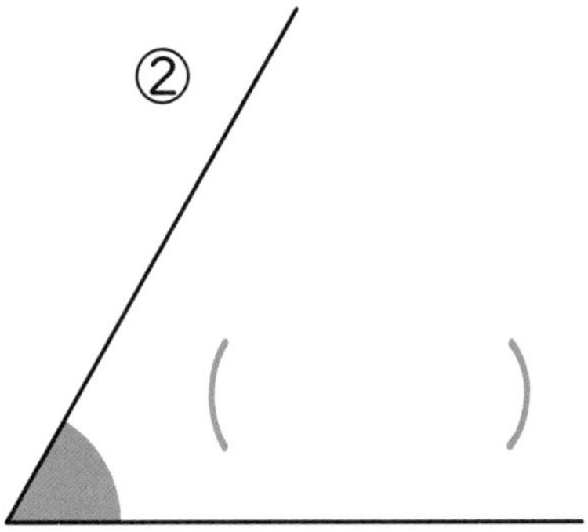

③（　　　　）

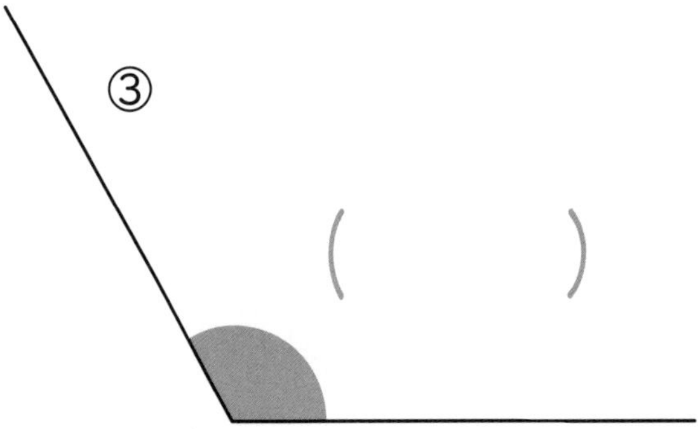

④（　　　　）

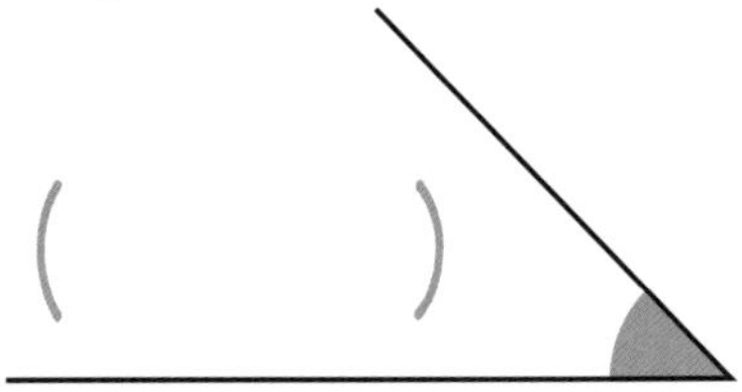

⑤（　　　　）

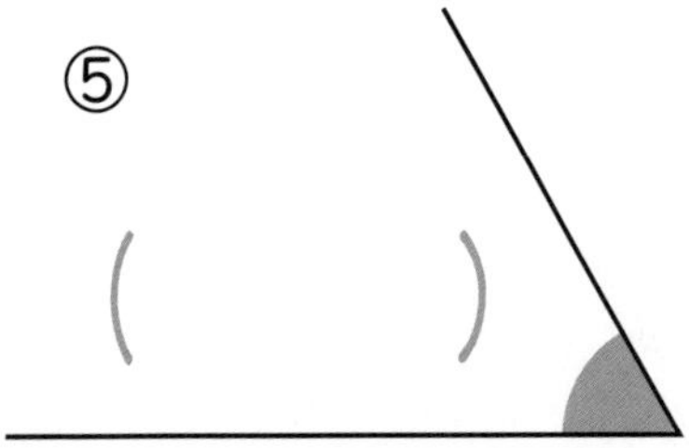

⑥（　　　　）

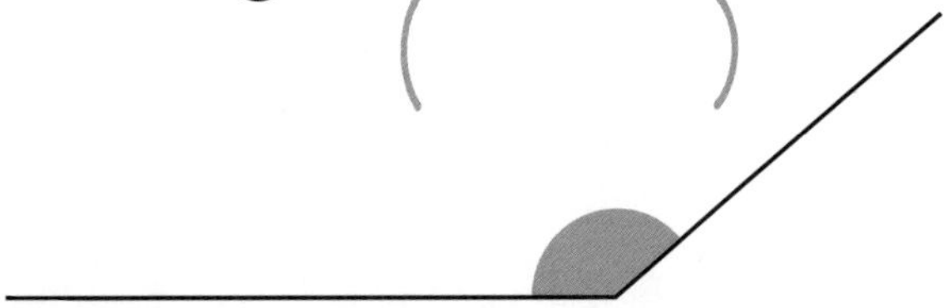

月　日 名前

角 ④

角度を計算で求める

の角度を、計算で求(もと)めましょう。

①

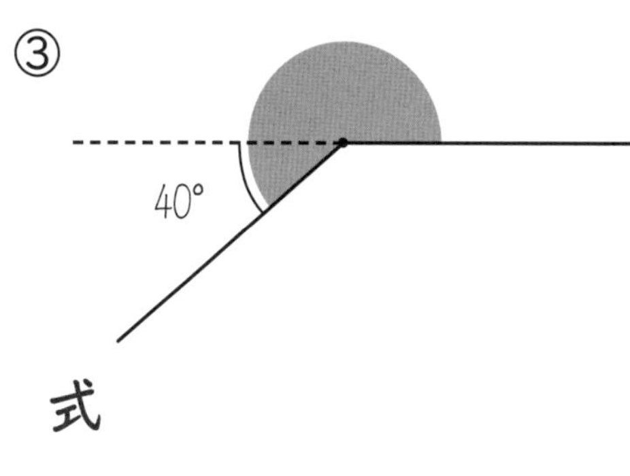

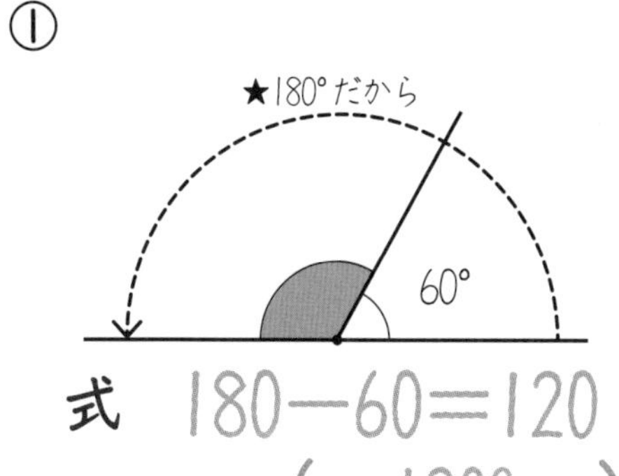

式 180−60＝120

（ 120° ）

②

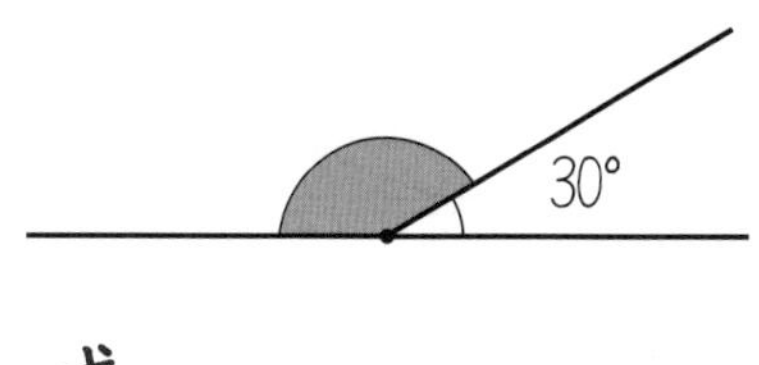

式

（　　　）

③

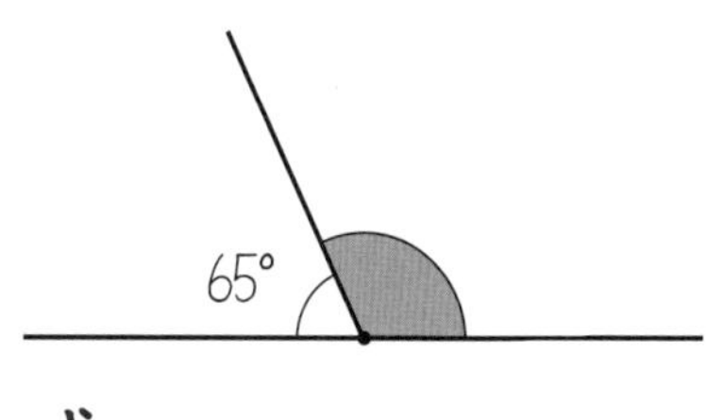

式

（　　　）

④

65°

式

（　　　）

⑤

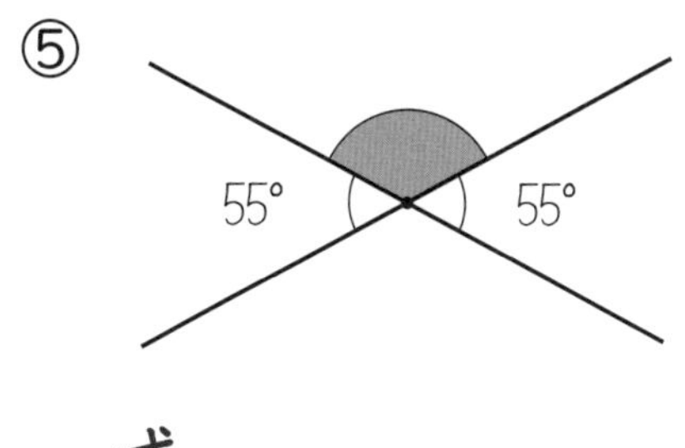

式

（　　　）

⑥

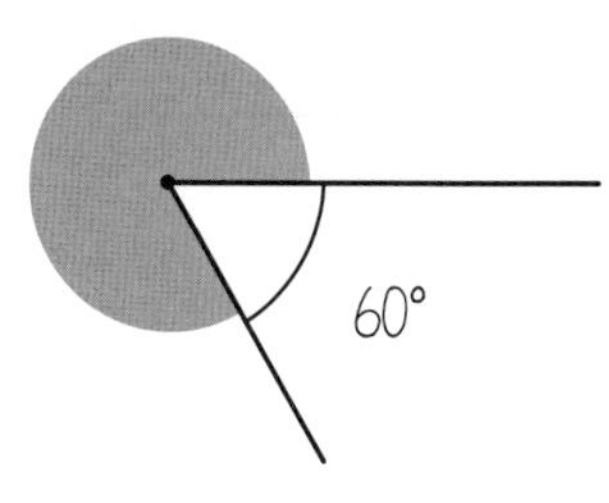

式

（　　　）

月　　日 名前

角 ⑤

角をつくる

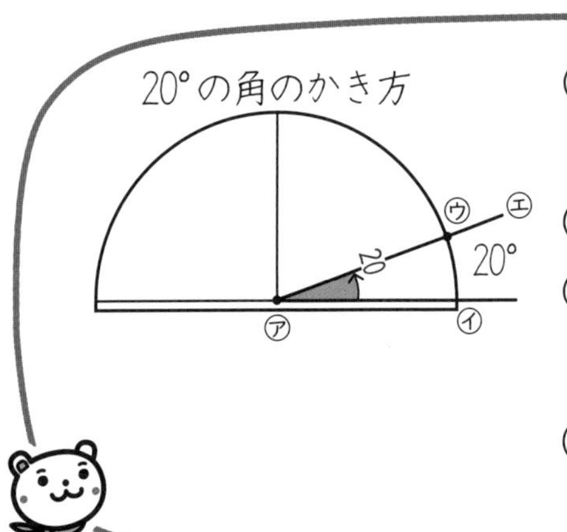

㋐ 分度器（ぶんどき）の中心を線のはしにおく。
㋑ 0°の線を線にあわせる。
㋒ 20°のめもりの所に点（・）を打つ。
㋓ 点と角のちょう点を通る直線をひく。

角をかきましょう。

① 30°

② 60°

③

④ 45°

⑤ 90°

⑥ 150°

月　　日 名前

角 ⑥

角をつくる

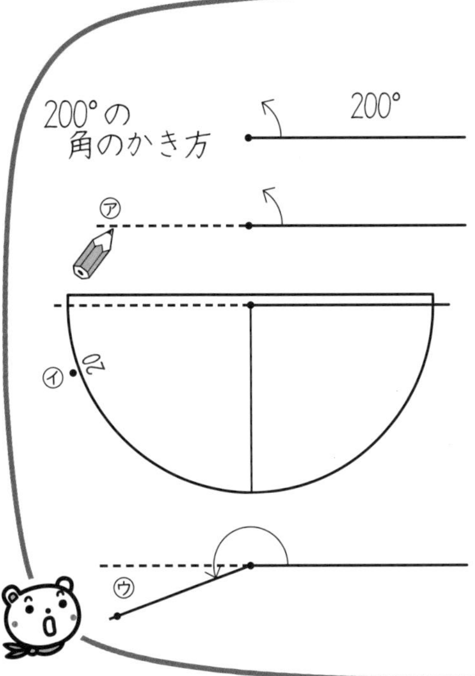

㋐　始まりの直線をのばす。
200－180＝20　だから
分度器をさかさにしてあわせ、

㋑　20°のめもりの所に点（・）を打つ。

㋒　点と角のちょう点を通る直線をひく。
直線（180°）に20°の角をたした大きさになる。

角をかきましょう。（180°より大きい角①）

①

220°

②

300°

角 ⑦

角をつくる

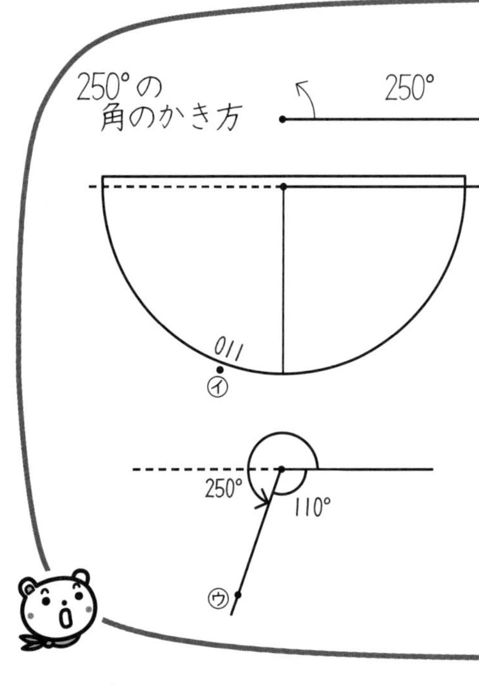

㋐　360－250＝110
　だから、250°と反対がわに110°をはかる。

㋑　110°の所に点（・）を打つ。

㋒　点と角のちょう点を通る直線をひく。

180°をこえると、反対がわになります。

角をかきましょう。（180°より大きい角②）

①

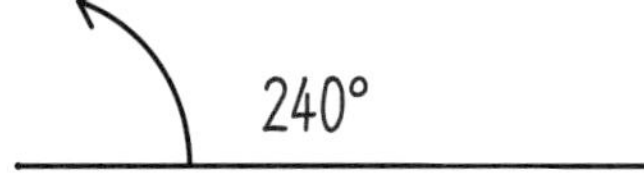

②

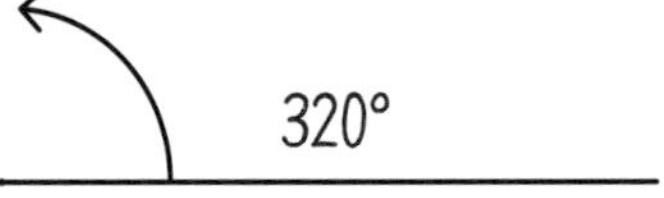

月　　日 名前

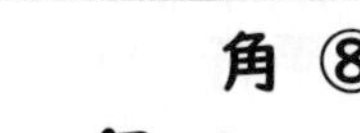

角 ⑧

三角じょうぎ

1 三角じょうぎの角度をかきましょう。

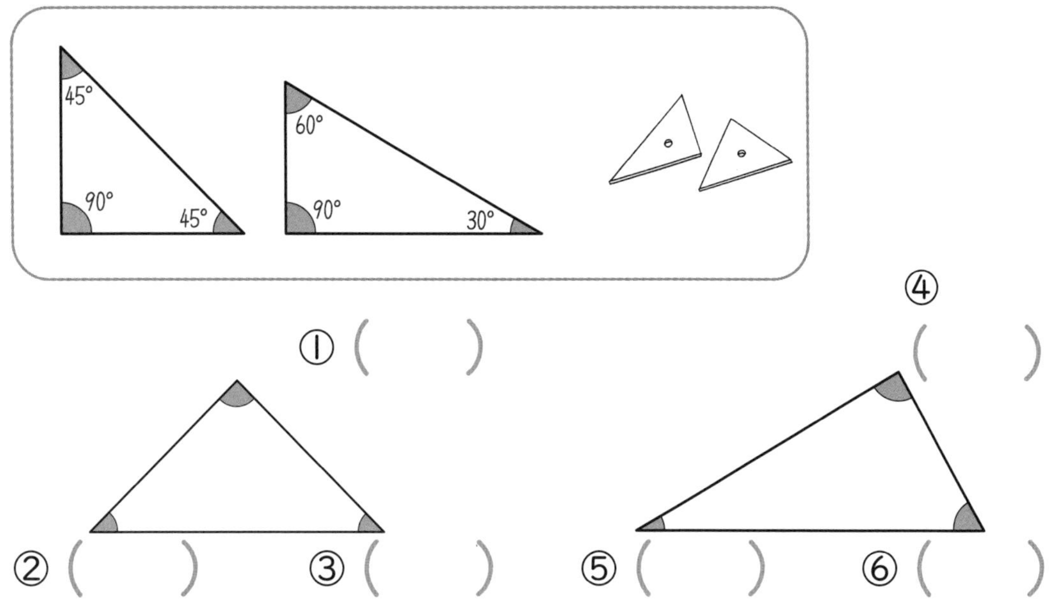

2 三角じょうぎでできる次の角度は、何度ですか。

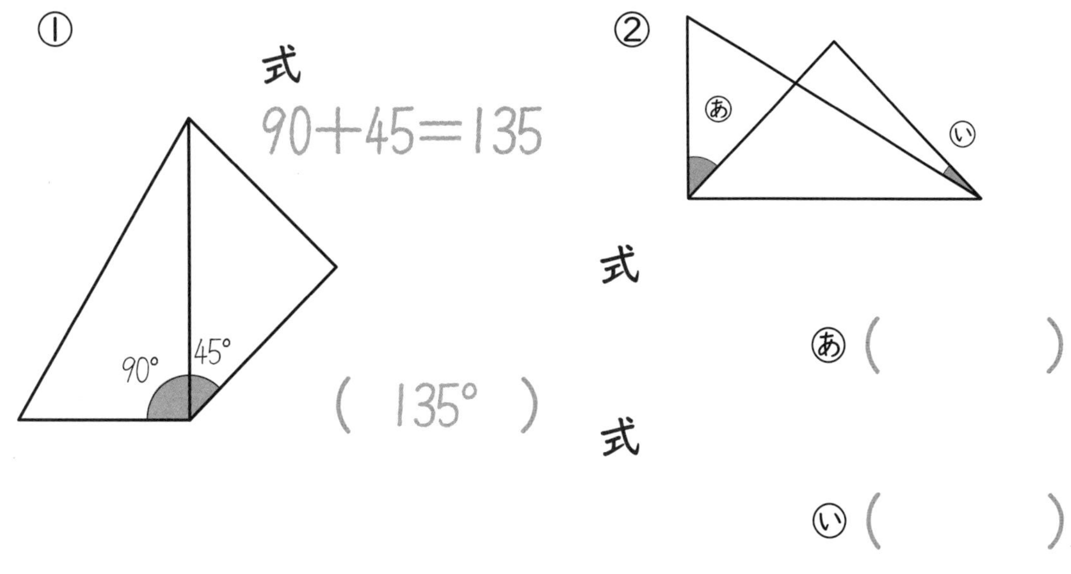

月　　日 名前

垂直と平行 ①

垂直とは

2本の直線の交わり方を調べましょう。

㋐

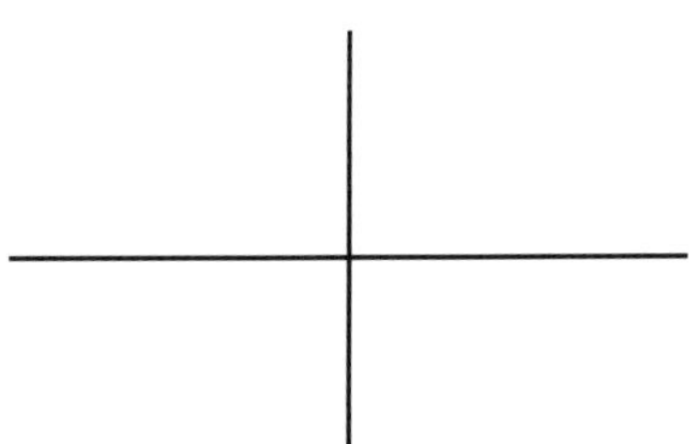

㋑

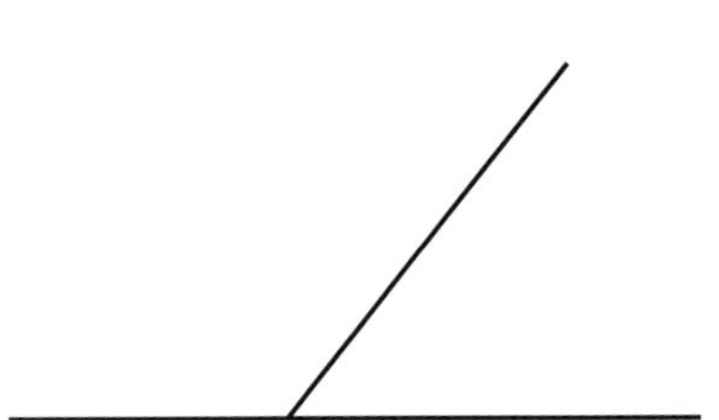

㋒

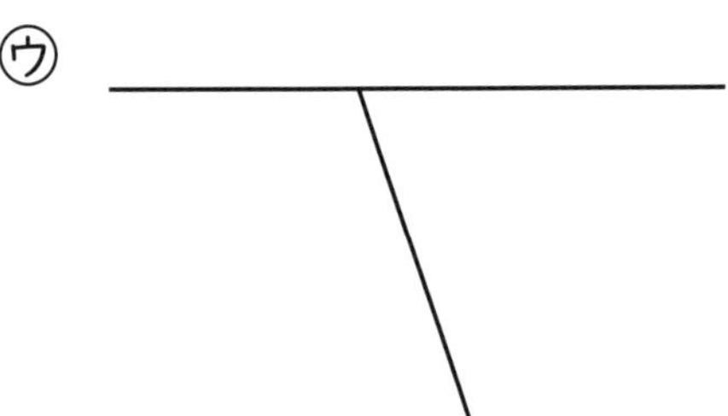

㋓

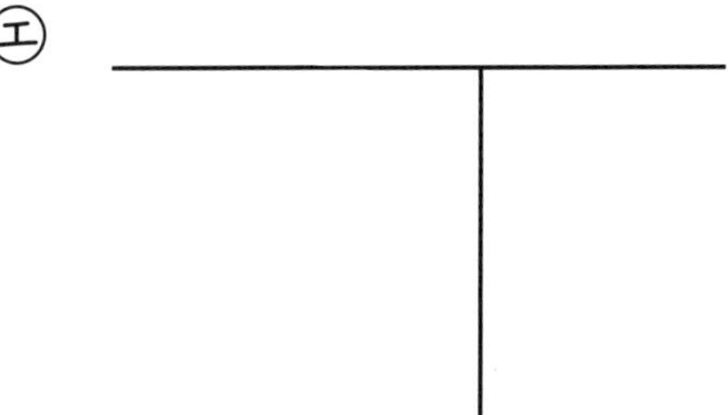

㋔

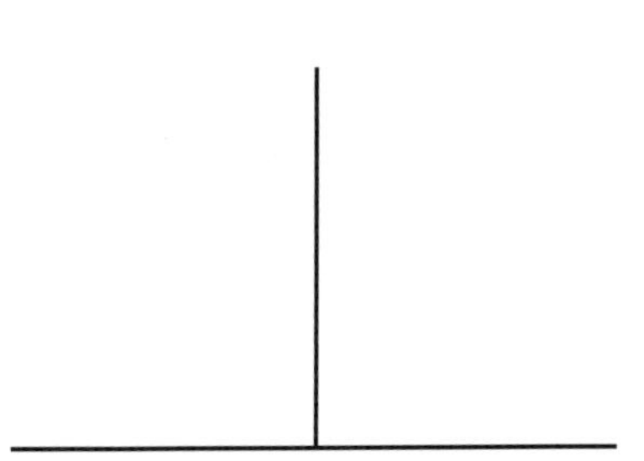

㋕

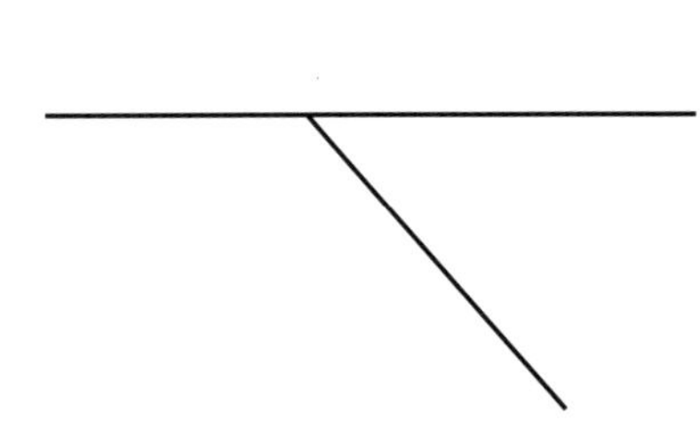

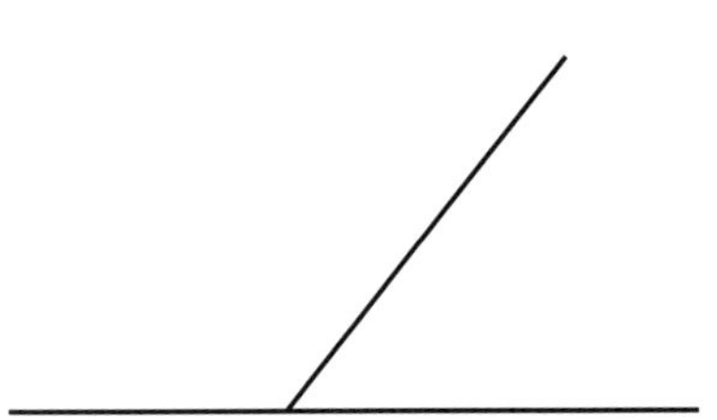

① 直角に交わっているもの (　　　　　　　　)

② 直角に交わっていないもの (　　　　　　　　)

月　　日 名前

垂直と平行 ②

垂直とは

２本の直線が直角に交わるとき、この２本の直線は垂直（すいちょく）であるといいます。

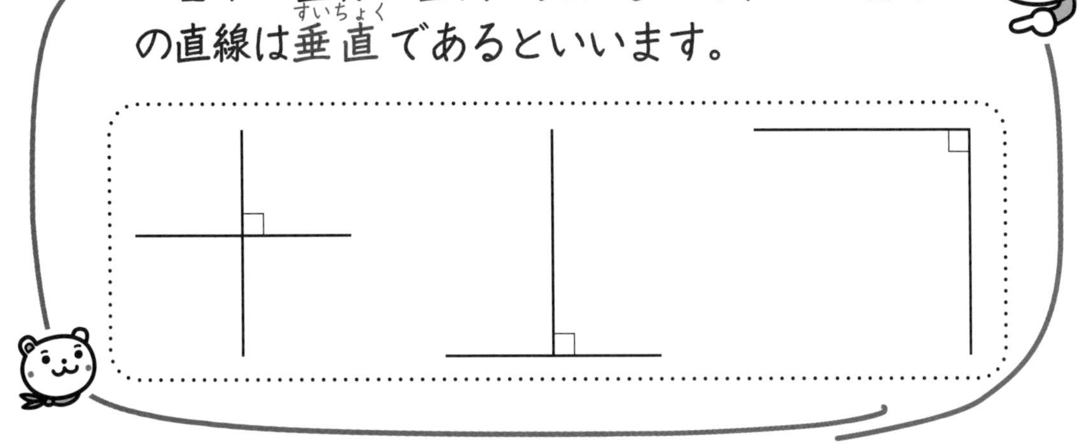

㋐ 直角の印（しるし）です。

㋑ ２本の直線がはなれていたら、線をのばして考えます。

この２本の直線も垂直です。

紙を折（お）って、垂直な直線をつくりましょう。

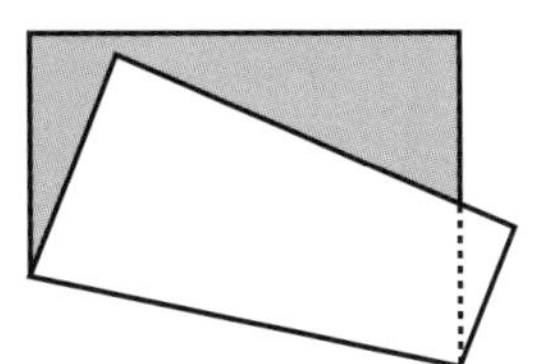

◉紙を２つに折る。

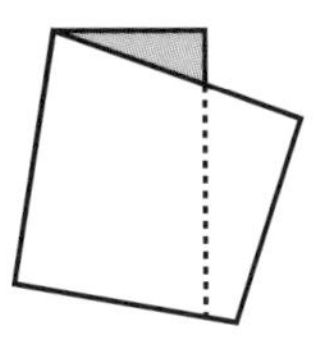

◉折り目をきちんと重ねて、もう一度折る。

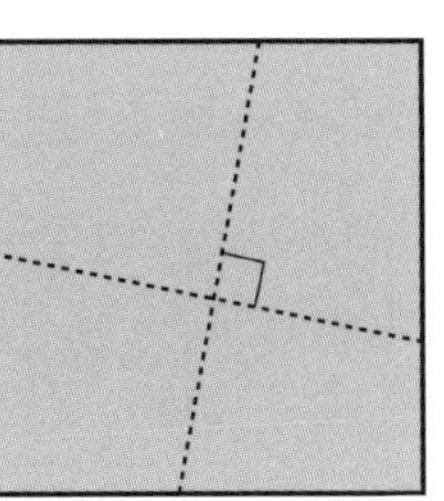

◉広げる。

垂直と平行 ③

垂直な直線をかく

点アを通って、直線A（エー）に垂直（すいちょく）な直線をかきましょう。

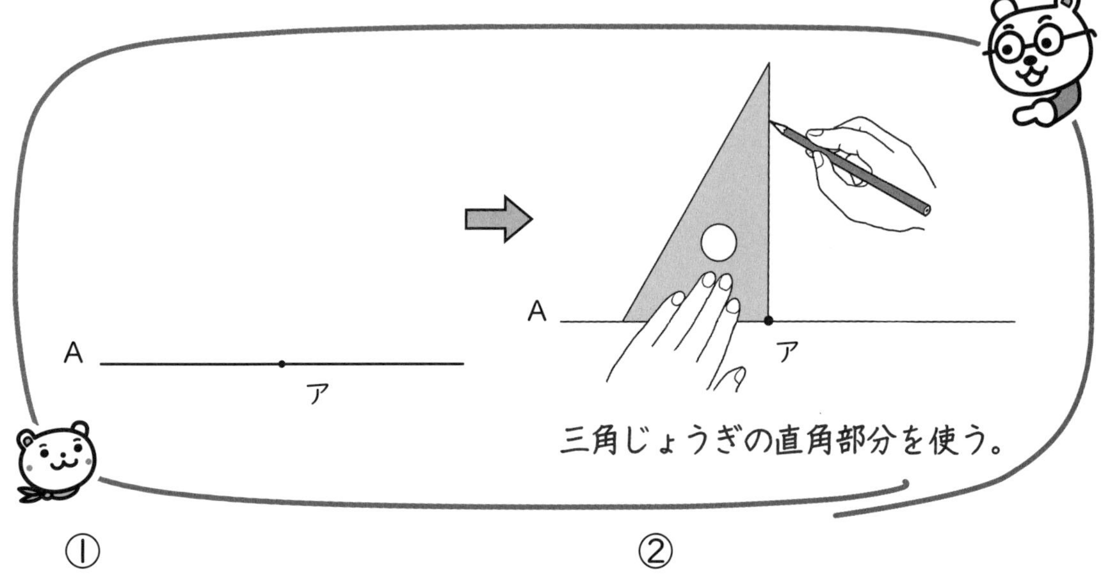

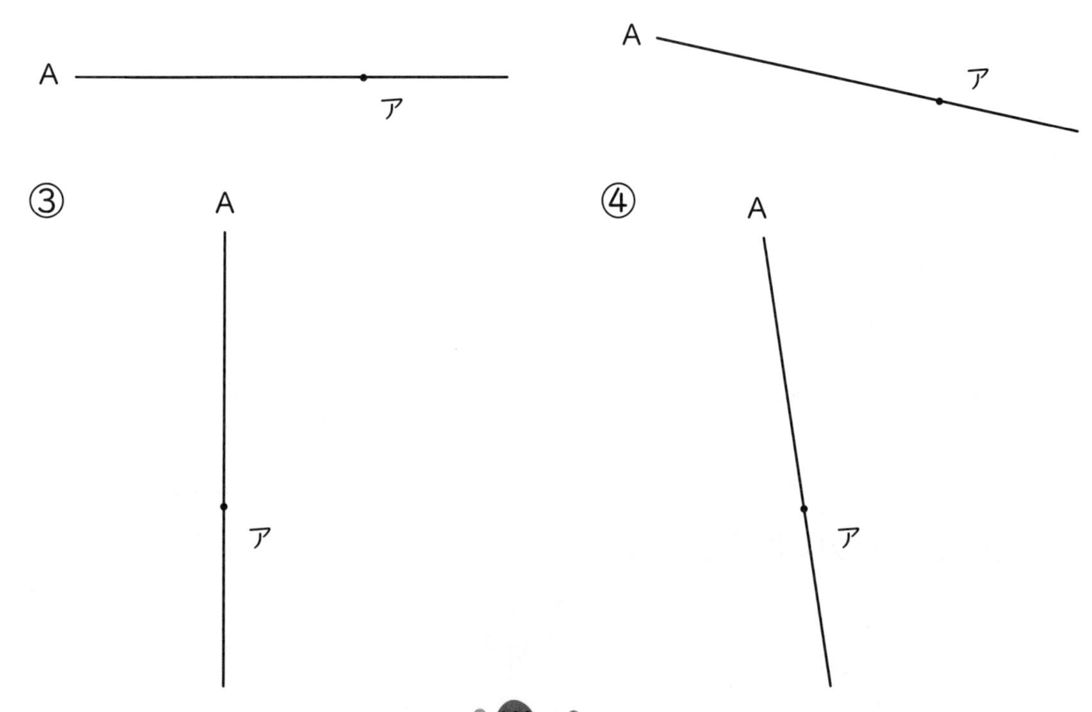

月　　日 名前

垂直と平行 ④

垂直な直線をかく

点アを通って、直線Aに垂直な直線をかきましょう。

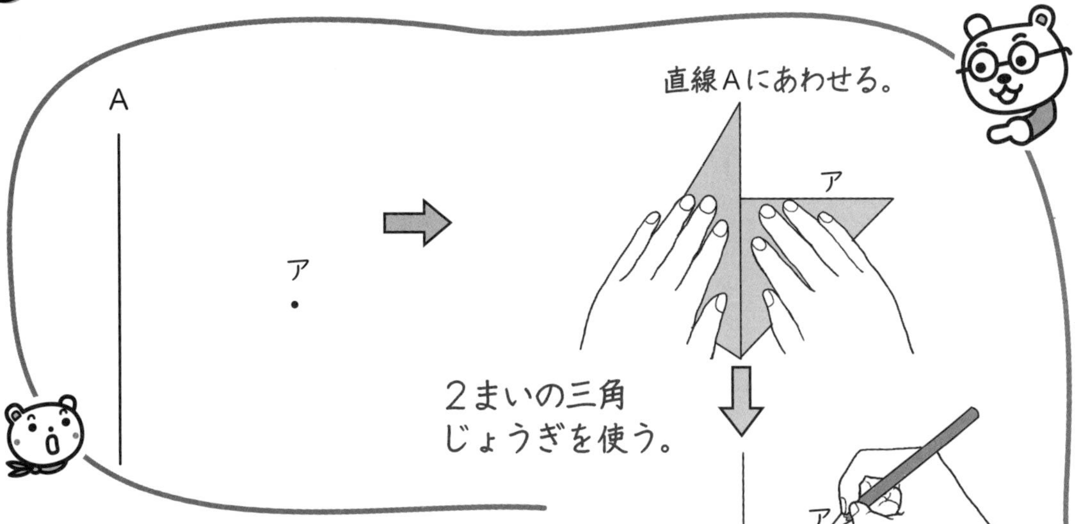

A

ア

直線Aにあわせる。

ア

2まいの三角じょうぎを使う。

ア

1まいの三角じょうぎをおさえる。

①

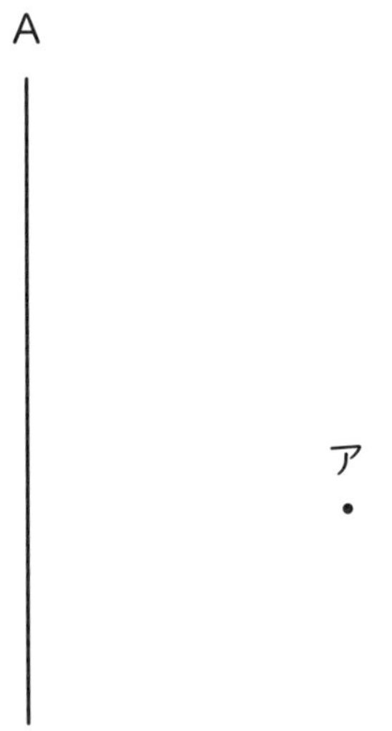

A

ア

②

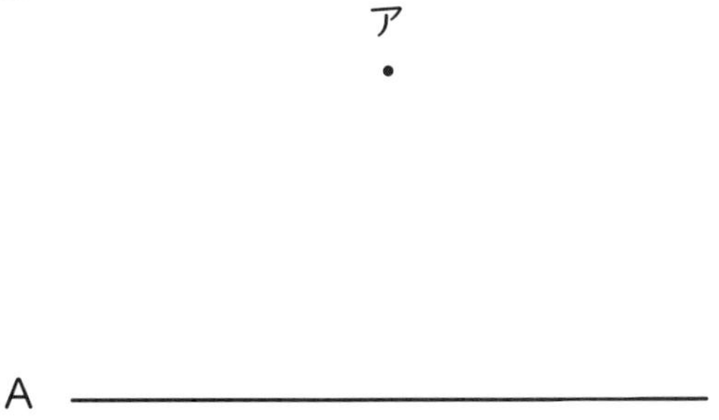

ア

A

③

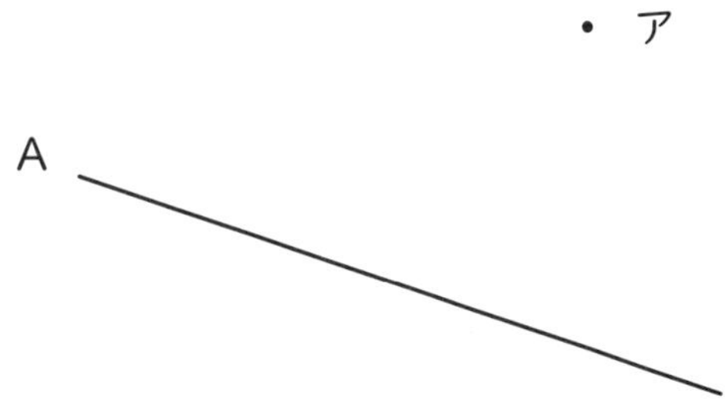

ア

A

月　　日 名前

垂直と平行 ⑤

平行とは

① 直線A（エー）に垂直（すいちょく）な直線の記号に○をつけましょう。

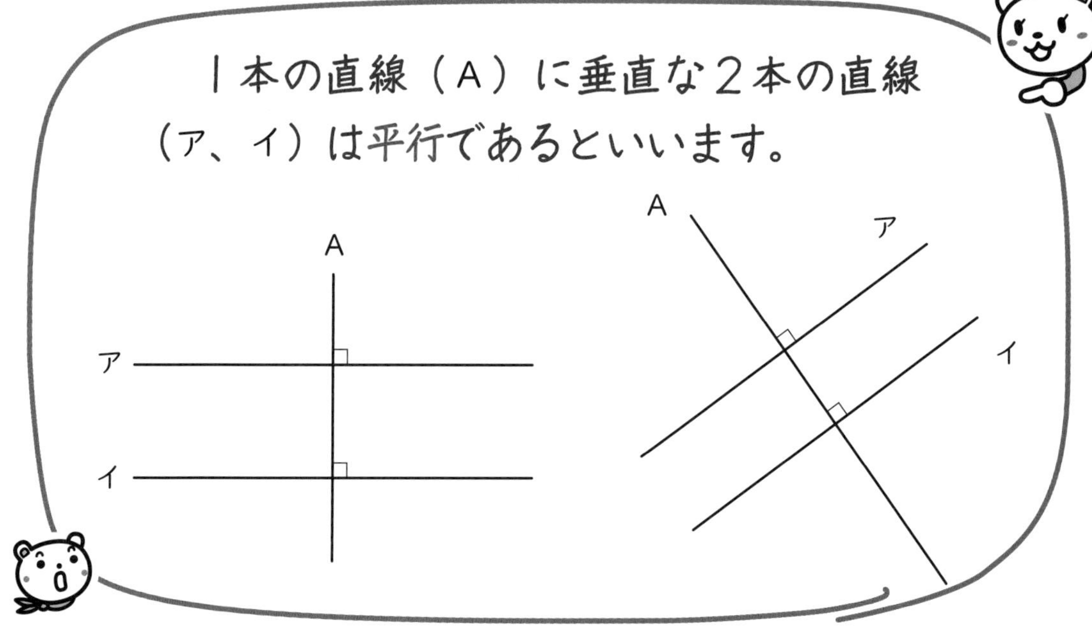

② 図で、平行になっている直線は、どれとどれですか。

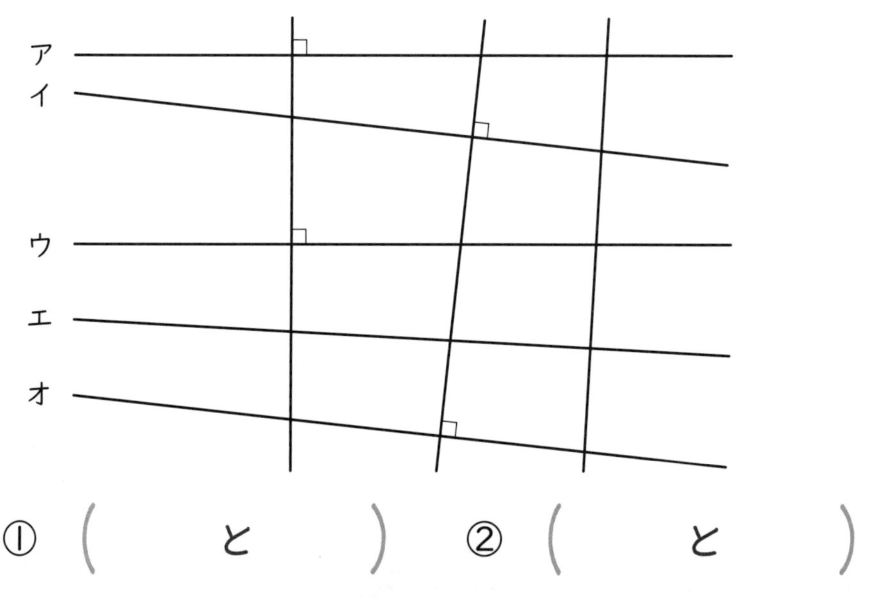

①（　　と　　）　②（　　と　　）

月　　日 名前

垂直と平行 ⑥

平行とは

1 直線Aと直線B（ビー）は、平行です。この２本の直線に垂直な線をひきました。直線Aと直線Bのはばを調べましょう。

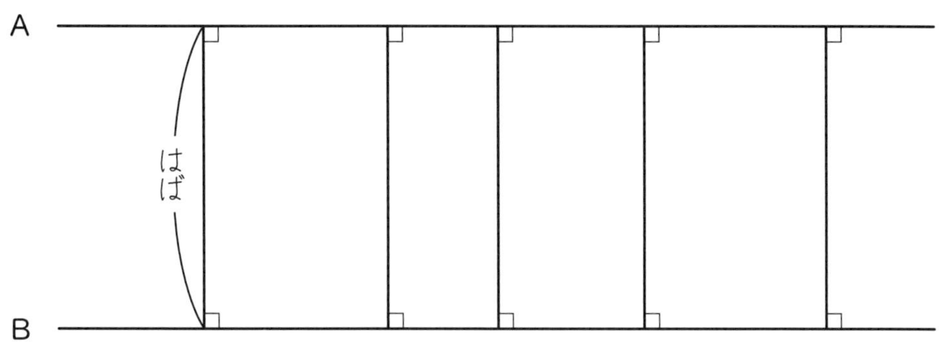

平行な直線のはばは、どこも等しくなっています。
また、平行な直線どうしは、どこまでのばしても交わりません。

2 直線Aと直線Bは、平行です。この２本の直線に交わる直線をひいて、角度を調べました。平行な直線は、ほかの直線と等しい角度で交わります。（　　）は何度ですか。

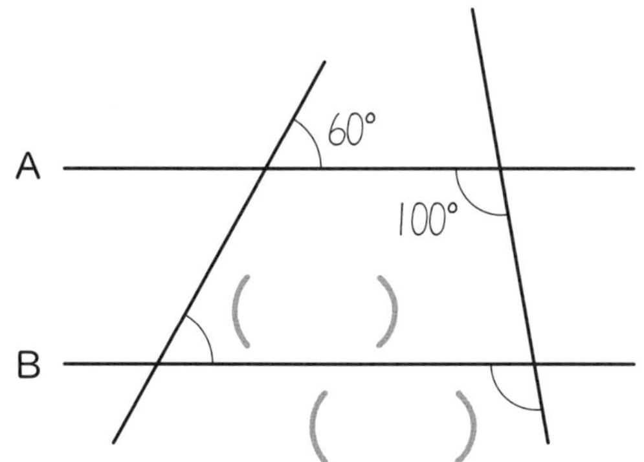

月　日 名前

垂直と平行 ⑦

平行な直線をかく

点アを通って、直線A(エー)に平行な直線をかきましょう。

A

ア

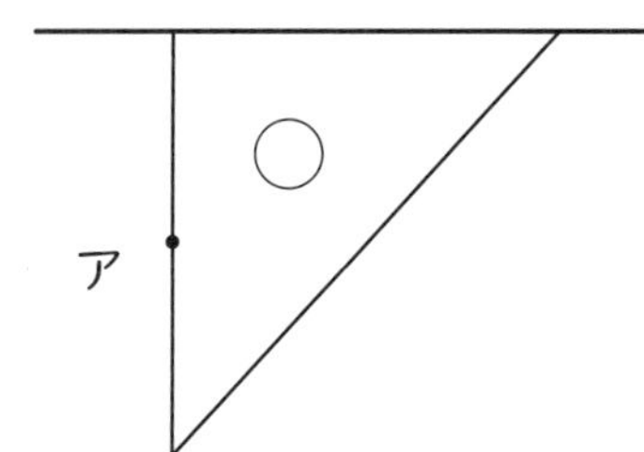

・直線Aと点アに三角じょうぎをあわせる。

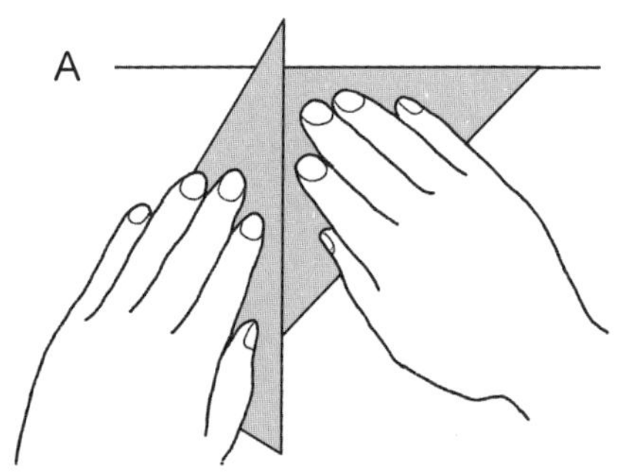

・もう1つの三角じょうぎをあわせる。

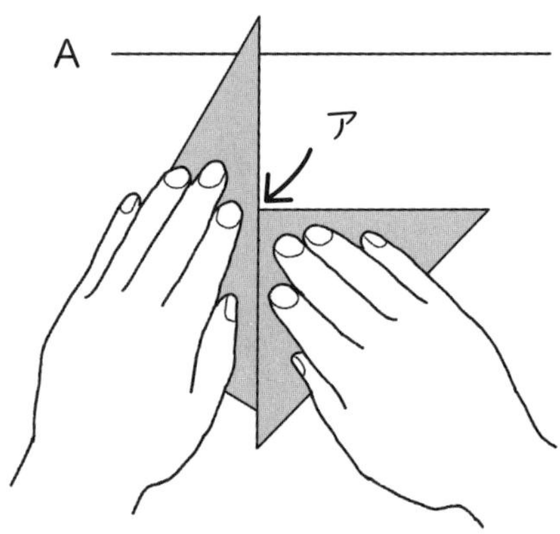

・右の三角じょうぎを、点アまで下げる。

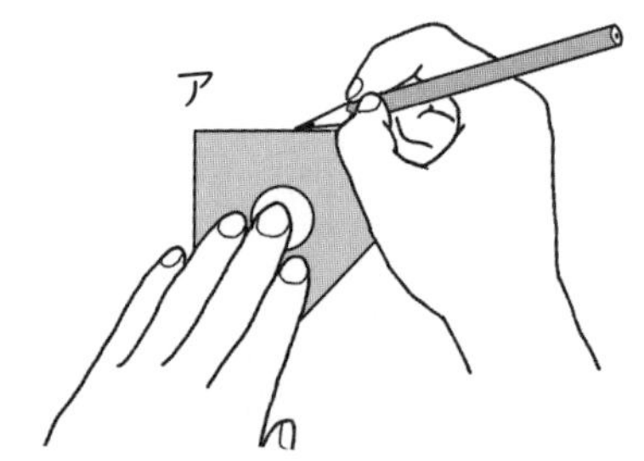

・左手で、右の三角じょうぎをおさえて、線をひく。

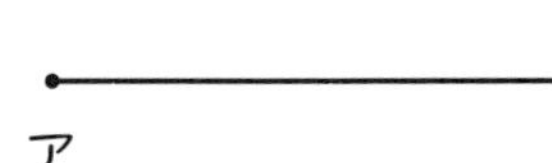

A

ア

・できあがり

月　日 名前

垂直と平行 ⑧

平行な直線をかく

点アを通って、直線Aに平行な直線をかきましょう。

①

A

ア

②

ア

A

③

A

ア

④

A

ア

まとめテスト　　月　　日 名前

まとめ ⑮

垂直と平行

/50点

1 次の図を見て答えましょう。

（1つ10点／50点）

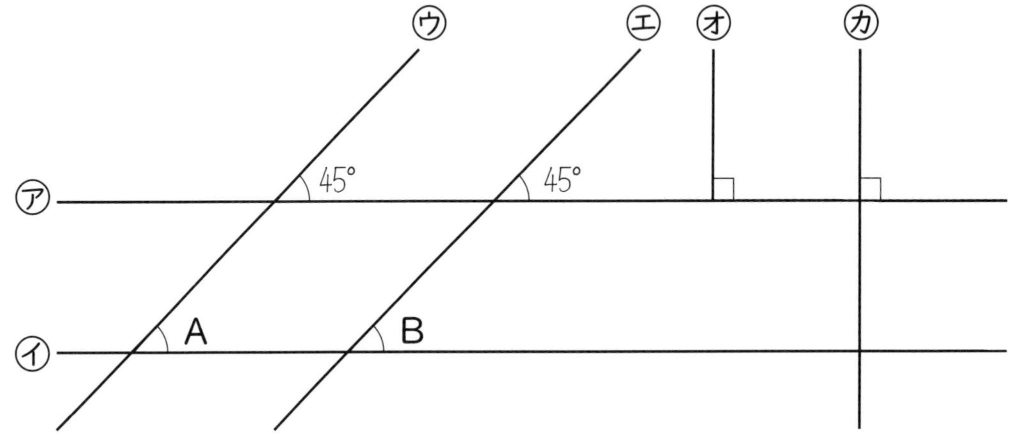

① ㋐の直線に垂直な直線の記号をかきましょう。

（　　　　　　　　）

② ㋔に平行な直線の記号をかきましょう。

（　　　　　　　　）

③ ㋒と㋓の直線の関係は何であるといえますか。

（　　　　　　　　）

④ 角Aの角度は何度ですか。

（　　　　）

⑤ 角Bの角度は何度ですか。

（　　　　）

まとめテスト

月　　日 名前

まとめ ⑯

垂直と平行

1 点アを通り、直線Aに垂直な直線をかきましょう。

（1つ10点／20点）

①

A

ア

②

ア

A

2 点アを通り直線Aに平行な直線をかきましょう。

（1つ10点／20点）

①

ア

A

②

A

ア

3 下のように三角じょうぎを使って直線をひきます。

直線Aに対して垂直な直線のひき方ですか。それとも平行な直線のひき方ですか。○をつけましょう。

（10点）

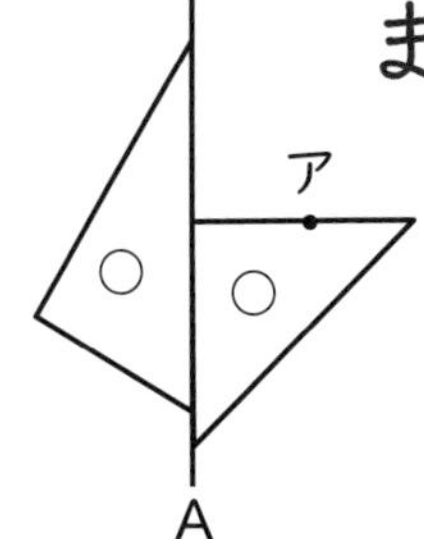

（　　）垂直な直線

（　　）平行な直線

月　　日 名前

いろいろな四角形 ①

平行四辺形

向かいあった辺(へん)が２組とも平行な四角形を平行四辺形(へいこうしへんけい)といいます。

平行四辺形は、次のようになっています。

① 向かいあった辺の長さは等しい。
② 向かいあった角の大きさは等しい。

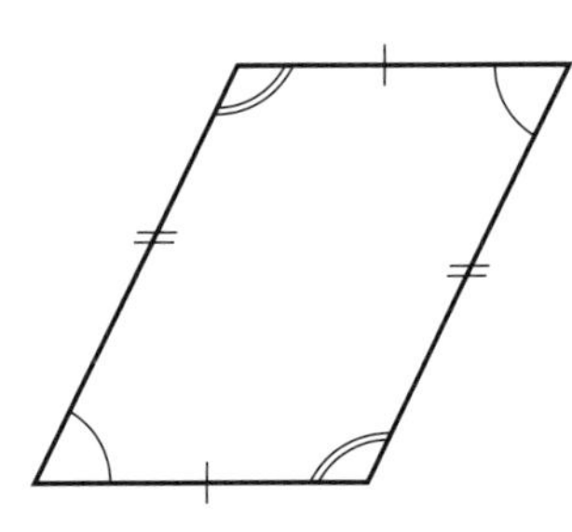

・ や、 は、長さが等しいという印(しるし)です。

・ や、 は、角度が等しいという印です。

続(つづ)きをかいて、平行四辺形をしあげましょう。

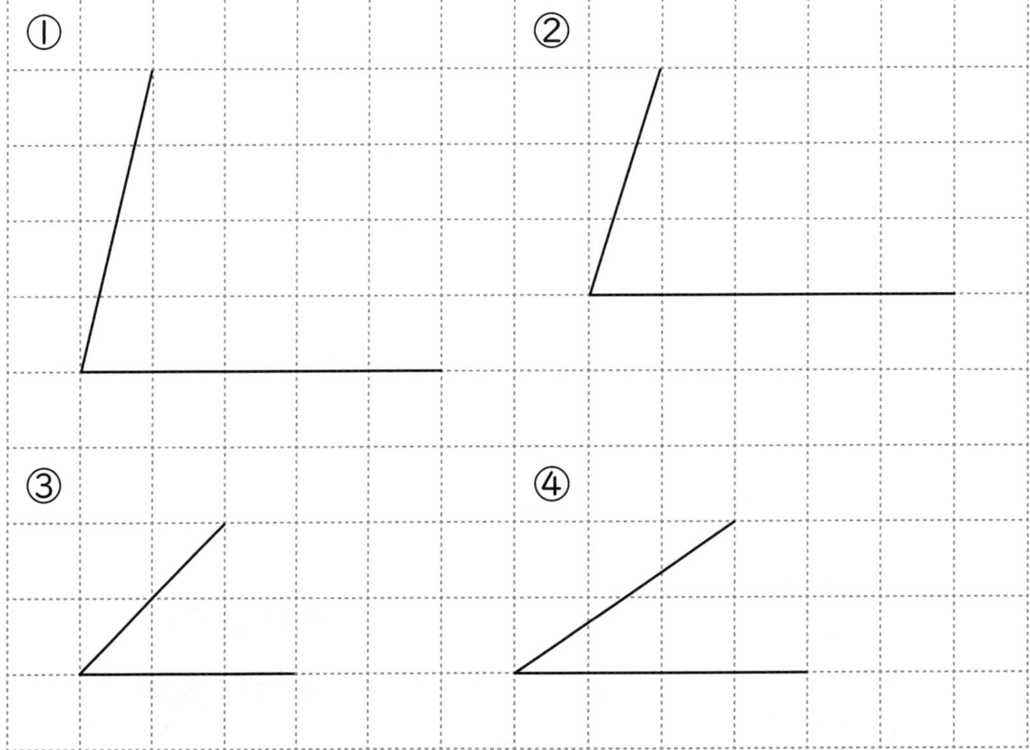

月　日 名前

いろいろな四角形 ②

平行四辺形

平行四辺形のかき方

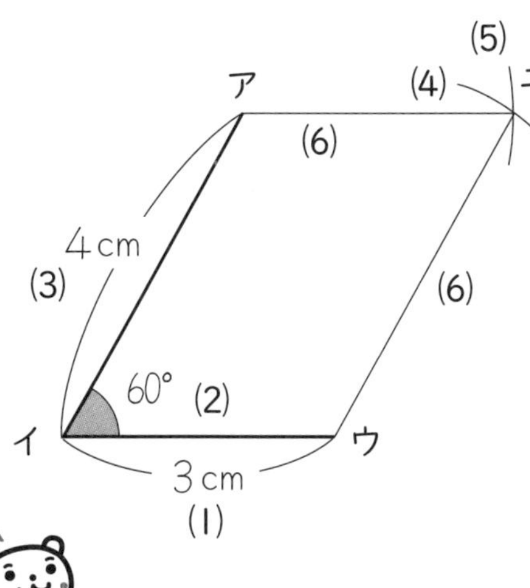

(1)　イウ（3cm）の線をひく。
(2)　イから60°をはかり、線をひく。
(3)　イアの長さを4cmにする。
(4)　ウから4cmのところにコンパスで印をつける。
(5)　アから3cmのところにコンパスで印をつける。
(6)　（(4)と(5)が交わったところがエになる。）アエ、ウエを結ぶ。

次の平行四辺形をコンパス、分度器を使ってかきましょう。

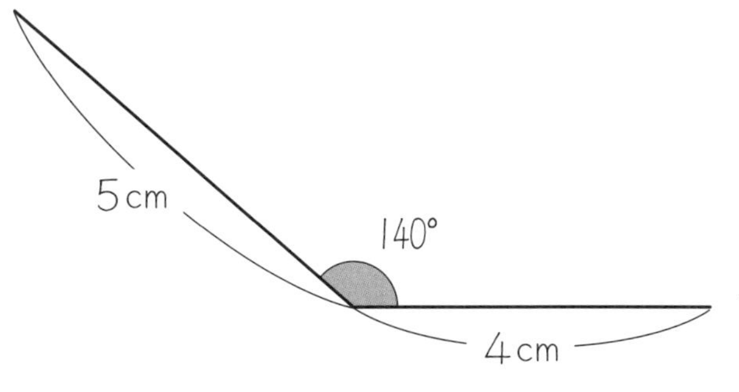

①

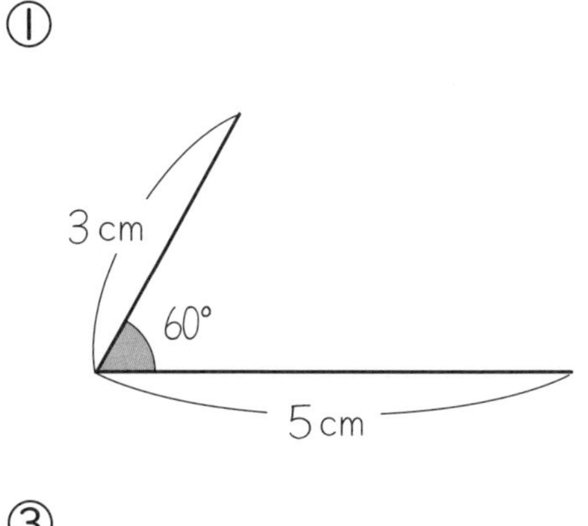

②

③

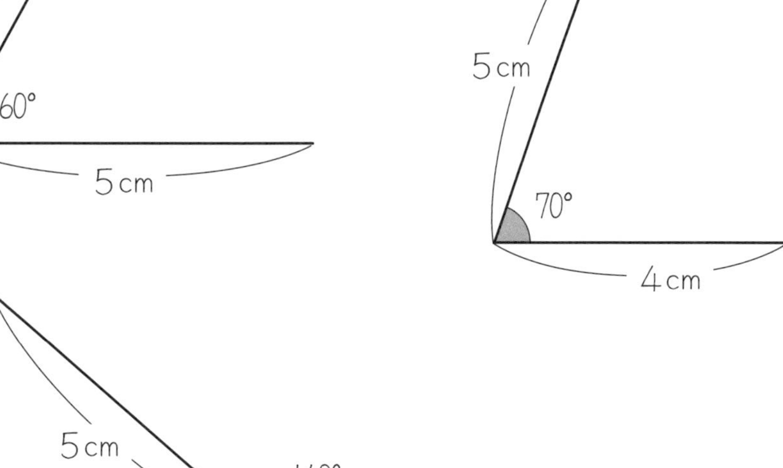

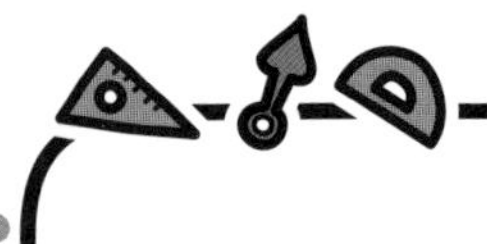

月　　日 名前

いろいろな四角形 ③

台　形

1 下の台形と同じ台形を、右にかきましょう。

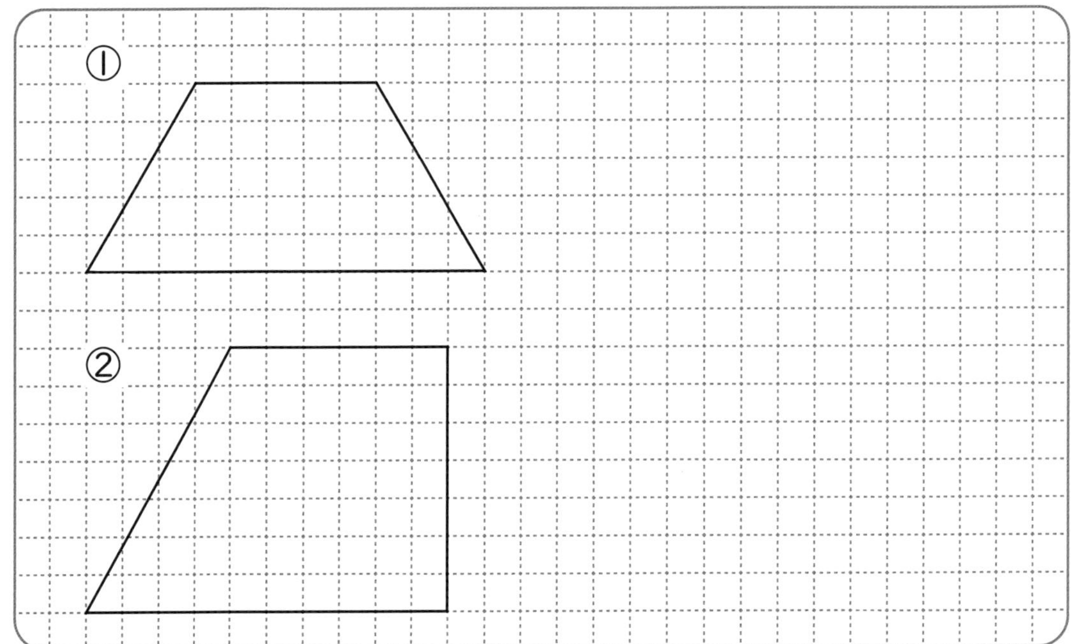

2 続(つづ)きをかいて、台形をしあげましょう。

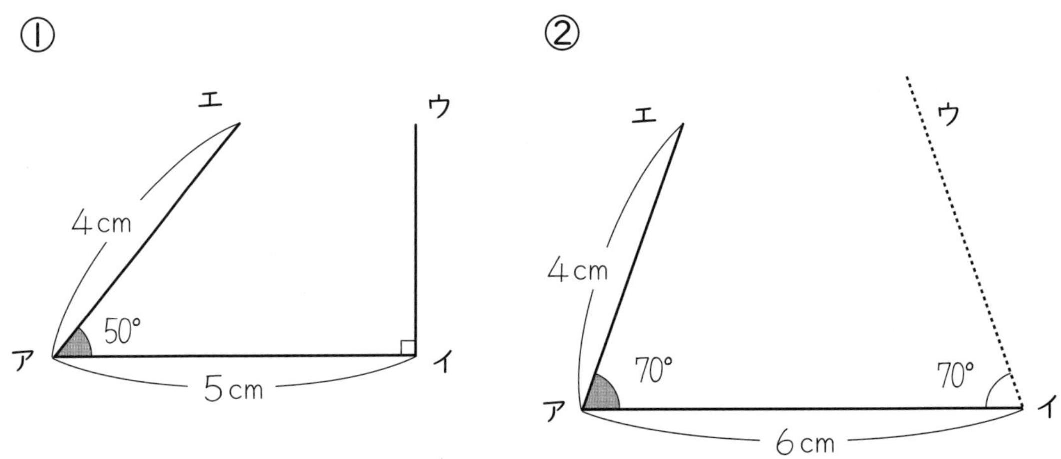

いろいろな四角形 ④

台　形

台形のかき方

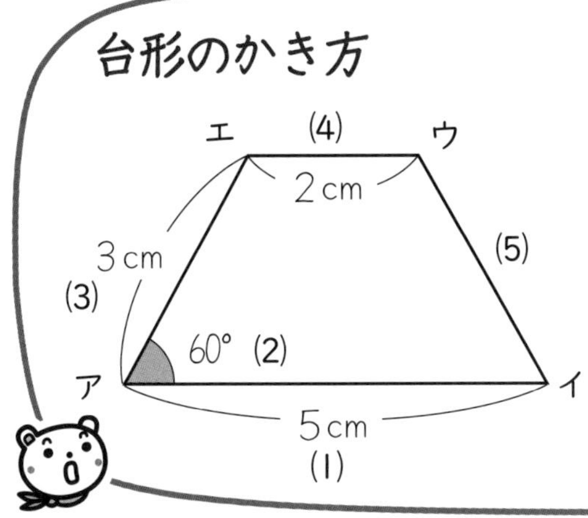

(1)　アイ（5cm）の線をひく。

(2)　分度器(ぶんどき)で60°をはかり、印(しるし)をつける。

(3)　アエを3cmにして線をひく。

(4)　アイに平行な直線エウを長さ2cmにしてひく。

(5)　ウとイを結(むす)ぶ。

次の台形をかきましょう。

①

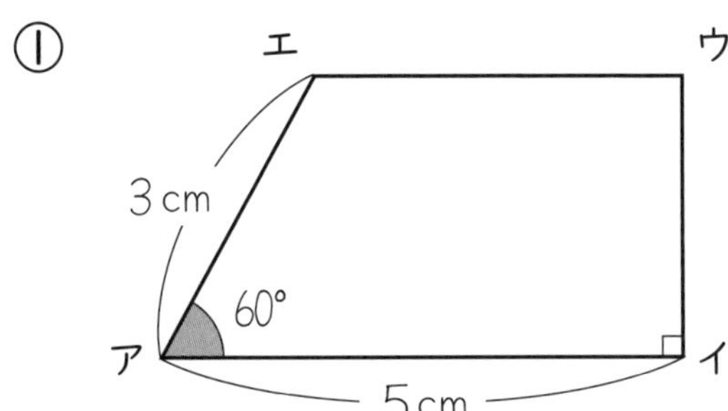

②

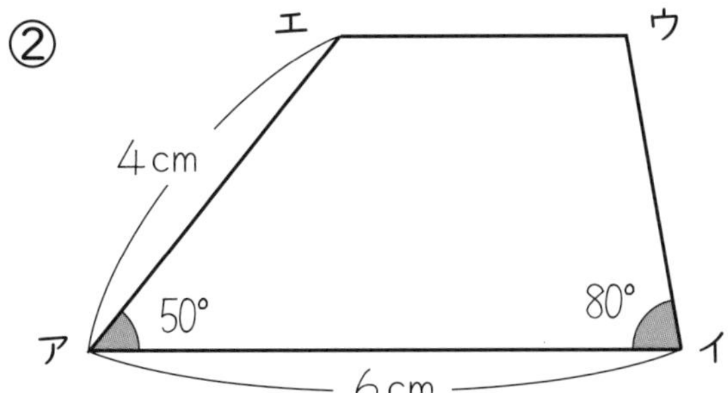

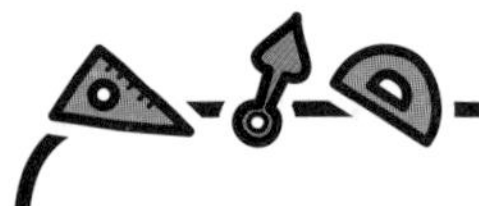

月　　日 名前

いろいろな四角形 ⑤

ひし形

① 同じ大きさの長方形を、図のように重ねました。辺の長さをくらべましょう。

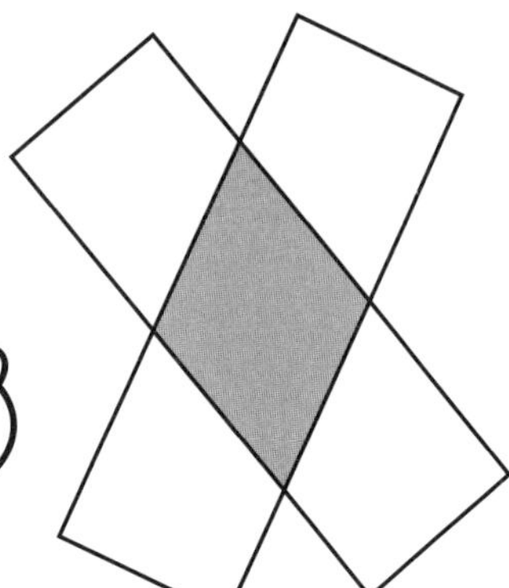

４つの辺の長さが、みな等しい四角形を、ひし形といいます。

ひし形は、向かいあった角の大きさは等しく、向かいあった辺は平行です。

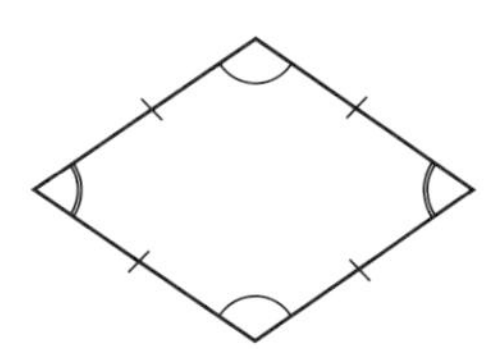

② 続きをかいて、ひし形をしあげましょう。

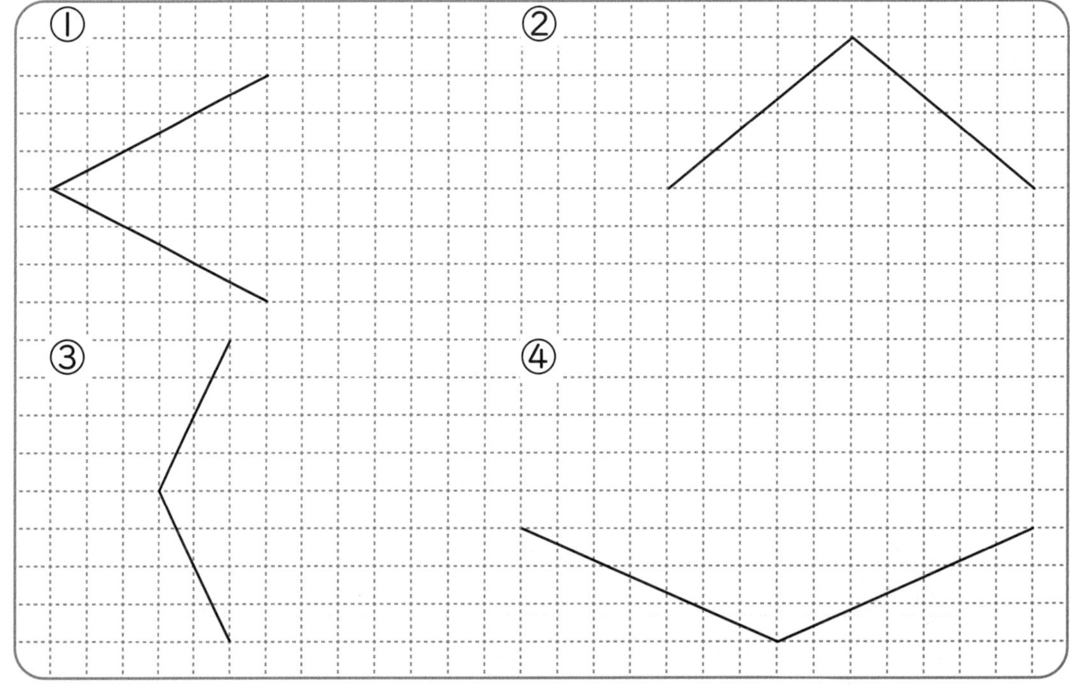

いろいろな四角形 ⑥

ひし形

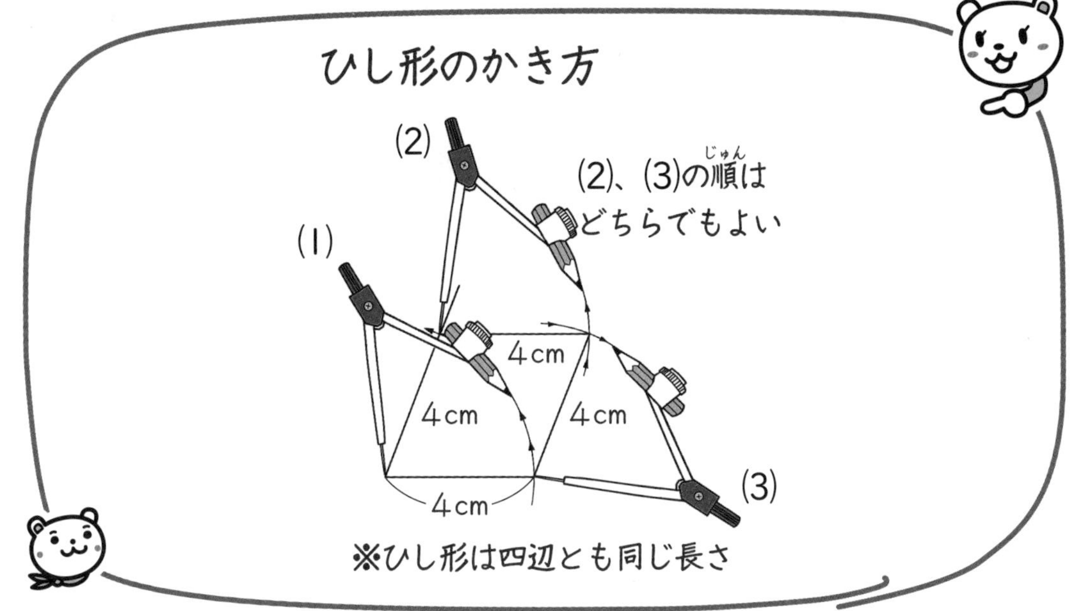

コンパスを使って、ひし形の続きをしあげましょう。

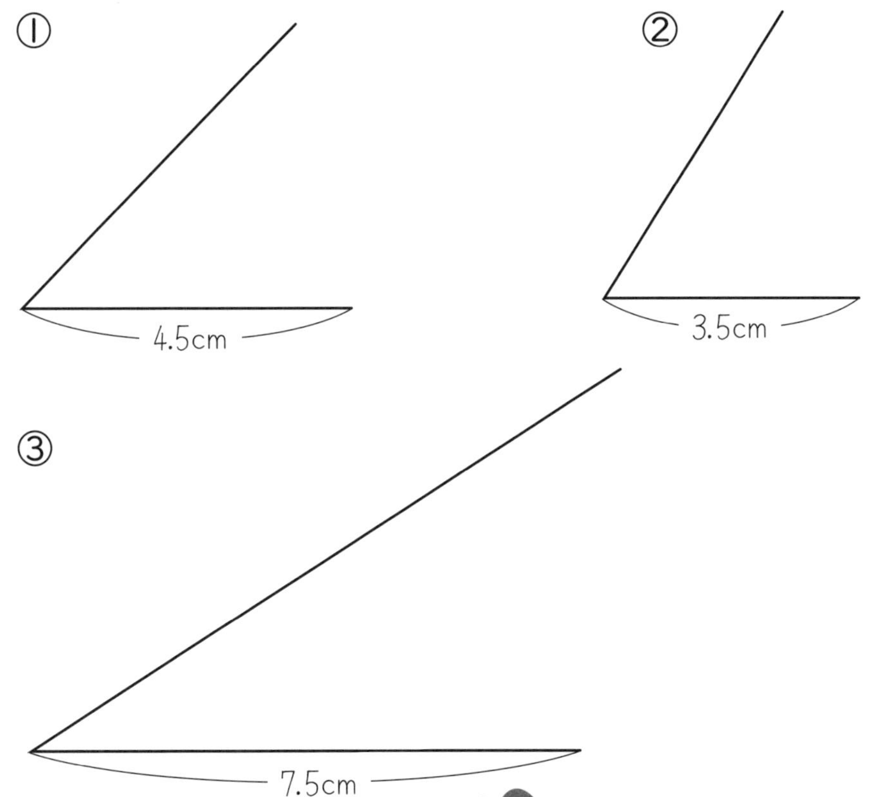

月　　　日 名前

いろいろな四角形 ⑦

対角線

次の四角形の名前を、（　　）にかきましょう。また、対角線をひきましょう。

①

（　　　　　　）

②

（　　　　　　）

③

（　　　　　　）

④

（　　　　　　）

⑤

（　　　　　　）

月　　日 名前

いろいろな四角形 ⑧

対角線

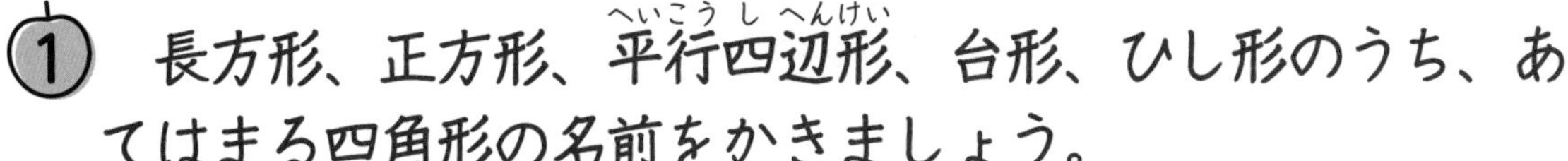

1 長方形、正方形、平行四辺形（へいこうしへんけい）、台形、ひし形のうち、あてはまる四角形の名前をかきましょう。

① 対角線の長さが等しい四角形

(　　　　　) (　　　　　)

② 対角線の長さがちがう四角形

(　　　　　) (　　　　　) (　　　　　)

③ 対角線が交わった点から、４つのちょう点までの長さが、４本とも等しい四角形

(　　　　　) (　　　　　)

④ 対角線が直角に交わる四角形

(　　　　　) (　　　　　)

2 対角線が等しい長さになっています。何という四角形ができますか。

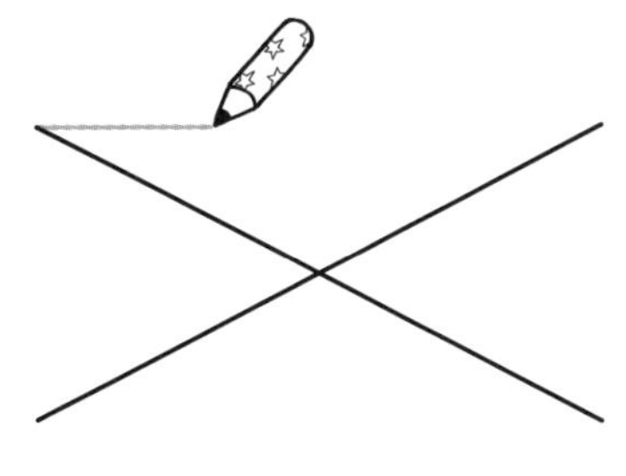

(　　　　　)

まとめテスト　月　日　名前

まとめ ⑰

いろいろな四角形

① 次の四角形の名前をかきましょう。（1つ5点／25点）

（　　　）（　　　）（　　　）

（　　　）（　　　）

② 次のせいしつをもっている四角形を下の［　］からすべて選び、記号をかきましょう。（1つ5点／25点）

① 平行な辺が２組ある四角形。（　　　）

② ４つの辺の長さが等しい四角形。（　　　）

③ ４つの角が等しい四角形。（　　　）

④ 対角線の長さがいつも等しい四角形。（　　　）

⑤ 対角線が垂直に交わる四角形。（　　　）

㋐長方形　㋑正方形　㋒台形　㋓ひし形　㋔平行四辺形

まとめテスト　　月　　日 名前

まとめ ⑱

いろいろな四角形

1 次の図形をしあげましょう。

（1つ10点／20点）

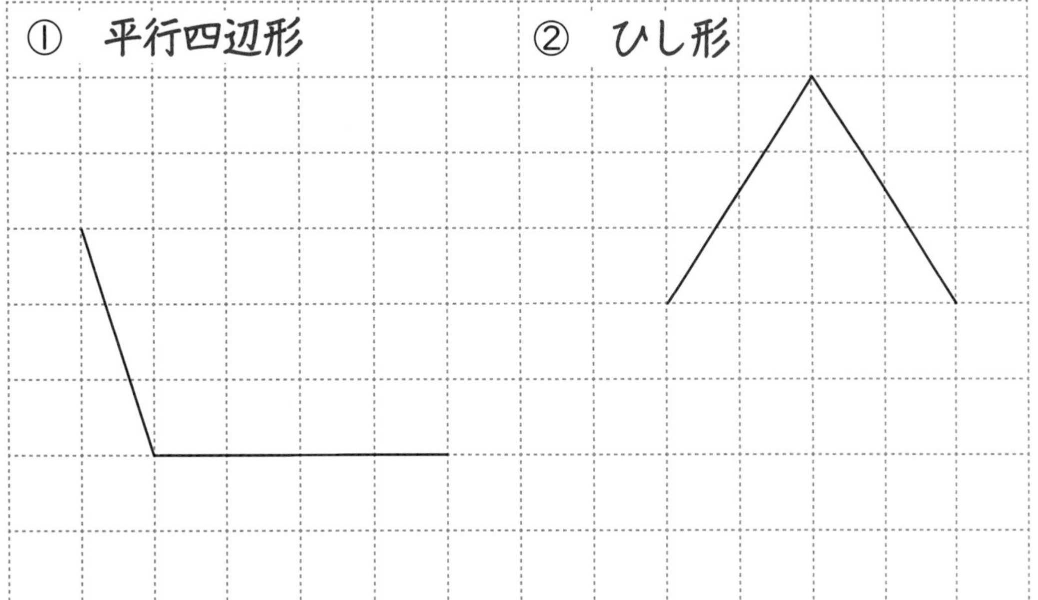

2 次の台形をかきましょう。

（10点）

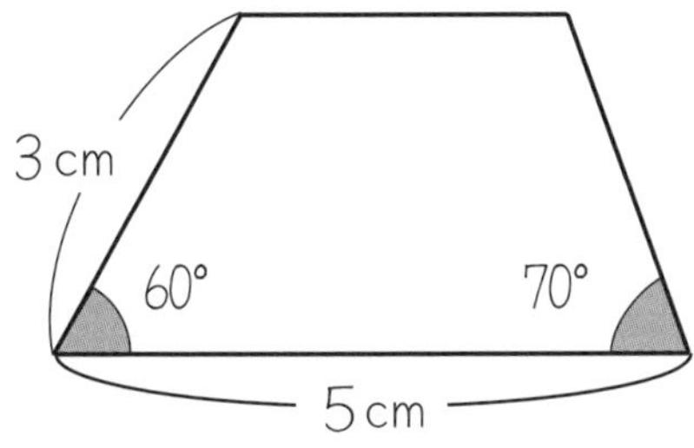

3 下のような対角線をもつ四角形の名前をかきましょう。

（1つ10点／20点）

①

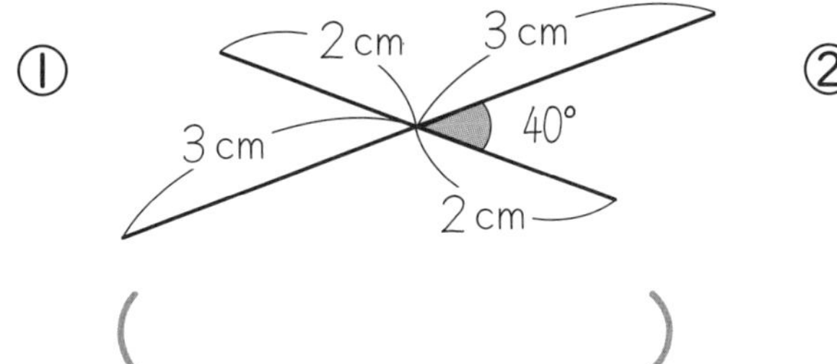

（　　　　　　）

②

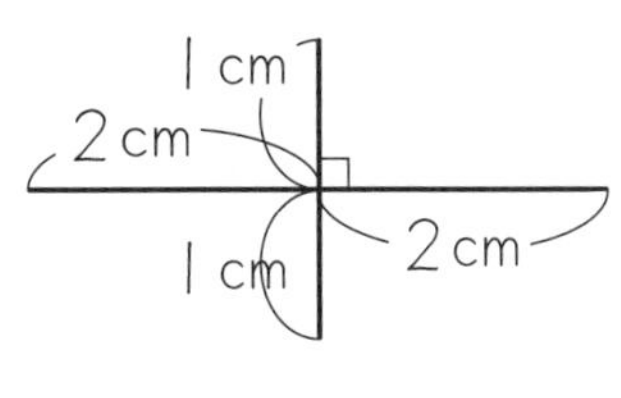

（　　　　　　）

月　　日 名前

立　体 ①

直方体・立方体

1 （　　）にあてはまる言葉をかきましょう。

① 長方形や長方形と正方形でかこまれた立体を

（　　　　）といいます。

② 正方形だけでかこまれた立体を（　　　　）といいます。

③ 平らな面のことを（　　　　）といいます。

2 次の立体の部分の名前をかきましょう。

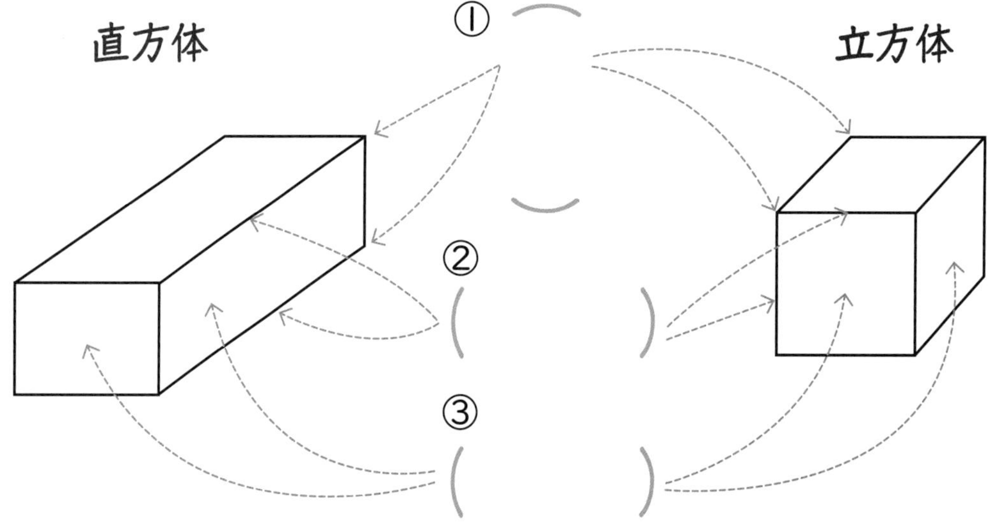

3 表に数をかきましょう。

	直方体	立方体
面の数		
辺（へん）の数		
ちょう点の数		

月　　日 名前

立体②

見取図

1 次の（　　）にあてはまる言葉をかきましょう。

右の図のように、全体の形がわかるように表した図を（　　　　）といいます。

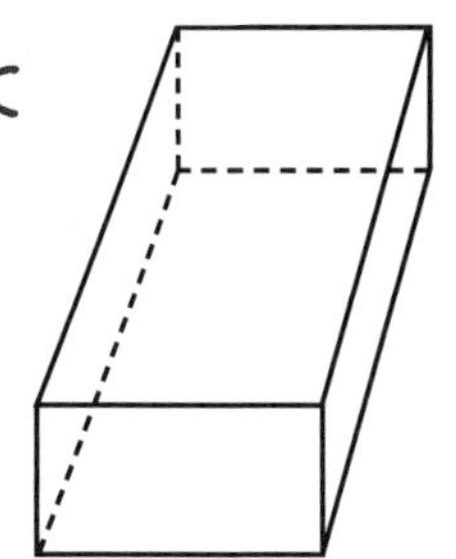

2 次の図に線を加(くわ)えて、見取図を完成(かんせい)させましょう。

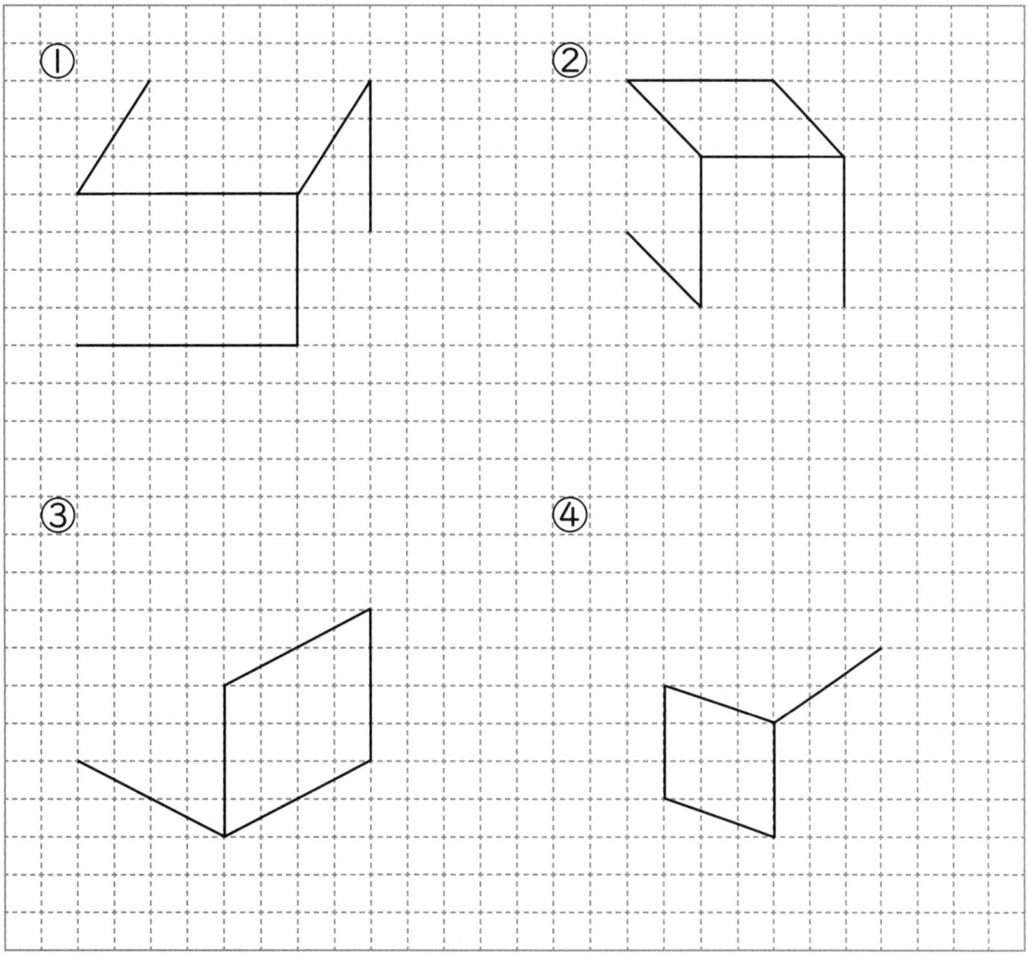

①

②

③

④

月　日 名前

立　体 ③

展開図

1　次の(　　)にあてはまる言葉をかきましょう。

2　次の図を切り取って、組み立ててできる立体の名前を(　　)にかきましょう。

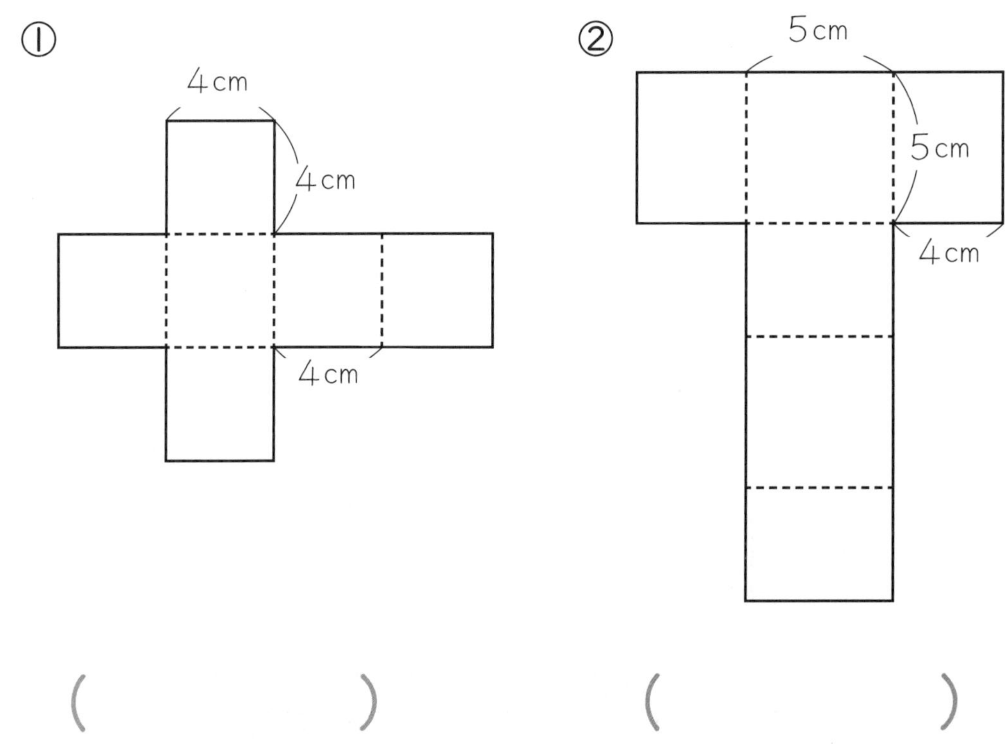

(　　　　　)　　(　　　　　)

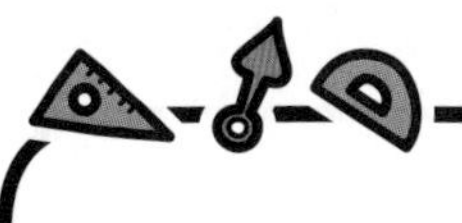

月　　日 名前

立 体 ④
展開図

次の立体の展開図の続(つづ)きをかきましょう。

① 単位(たんい)cm　　② 単位cm

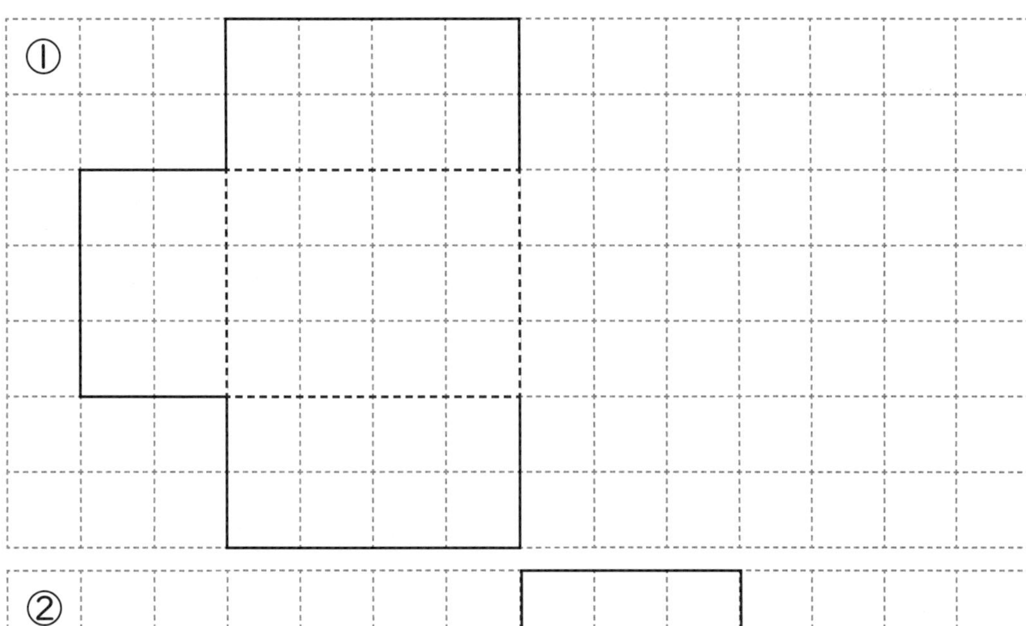

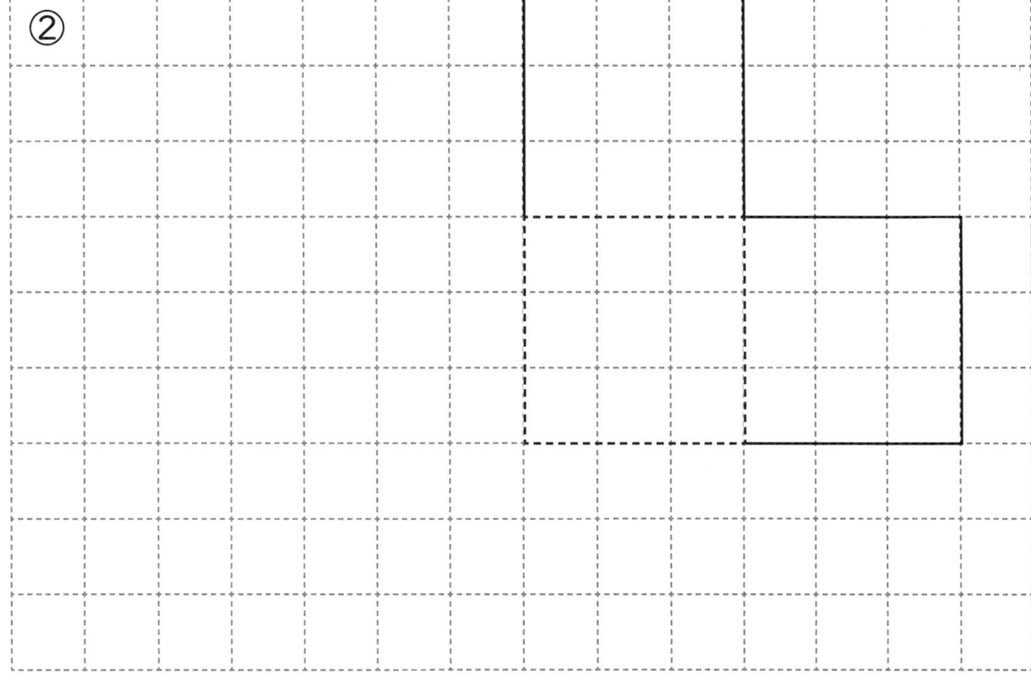

月　　日 名前

立体⑤
辺の垂直・平行

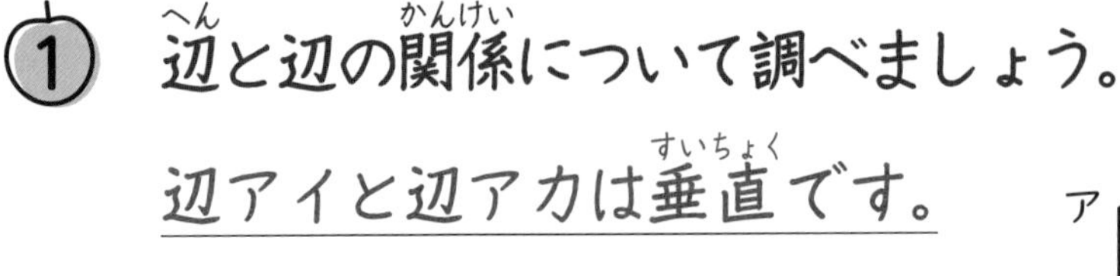

1 辺(へん)と辺の関係(かんけい)について調べましょう。

辺アイと辺アカは垂直(すいちょく)です。

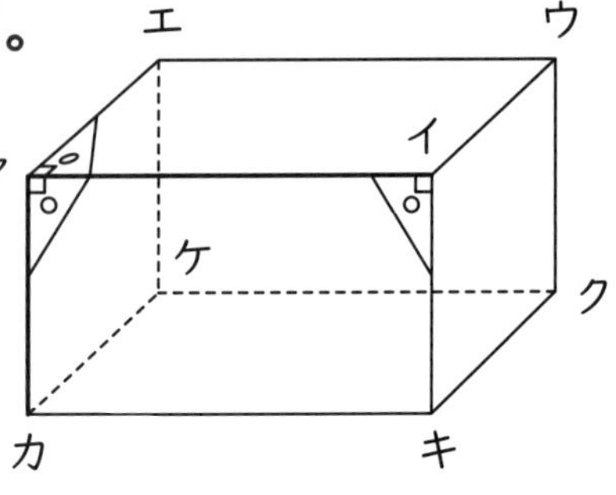

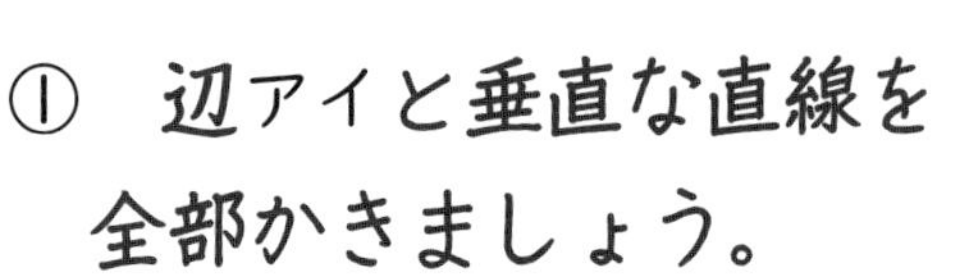

① 辺アイと垂直な直線を全部かきましょう。

辺（アカ）

辺（　　　）　辺（　　　）　辺（　　　）

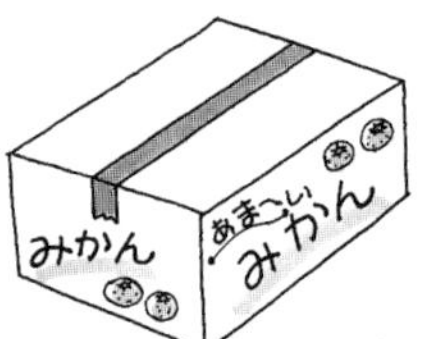

② 辺アカと垂直な直線を全部かきましょう。

辺（　　　）　辺（　　　）　辺（　　　）　辺（　　　）

2 辺と辺の関係について調べましょう。

辺アイと辺カキは平行です。

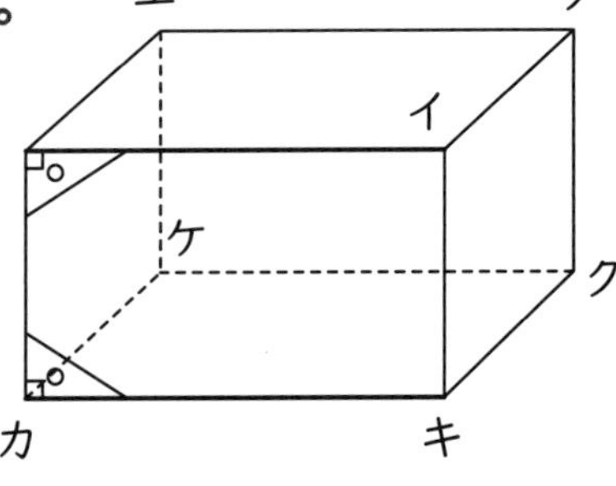

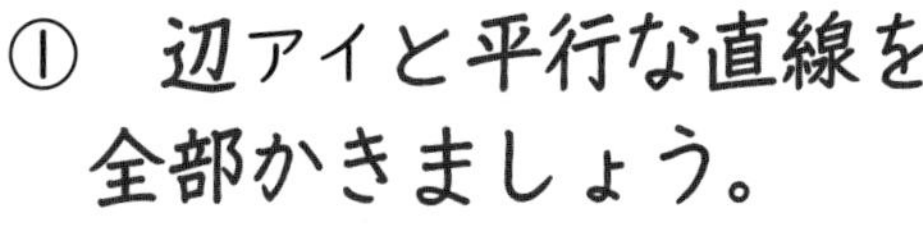

① 辺アイと平行な直線を全部かきましょう。

辺（カキ）　辺（　　　）　辺（　　　）

② 辺アカと平行な直線を全部かきましょう。

辺（　　　）　辺（　　　）　辺（　　　）

③ 辺イウと平行な直線を全部かきましょう。

辺（　　　）　辺（　　　）　辺（　　　）

月　　日 名前

立 体 ⑥

辺と面の垂直

辺と面の関係について調べましょう。

面㋐と辺イキは垂直です。

① 面㋐と垂直な辺を全部かきましょう。

辺（ イキ ） 辺（　　　）

辺（　　　） 辺（　　　）

② 面㋑と垂直な辺を全部かきましょう。

辺（　　　） 辺（　　　） 辺（　　　） 辺（　　　）

③ 面アカケエと垂直な辺を全部かきましょう。

辺（　　　） 辺（　　　） 辺（　　　） 辺（　　　）

④ 面イキクウと垂直な辺を全部かきましょう。

辺（　　　） 辺（　　　） 辺（　　　） 辺（　　　）

⑤ 面アカキイと垂直な辺を全部かきましょう。

辺（　　　） 辺（　　　） 辺（　　　） 辺（　　　）

⑥ 面エケクウと垂直な辺を全部かきましょう。

辺（　　　） 辺（　　　） 辺（　　　） 辺（　　　）

月　　日 名前

立体⑦
面の垂直・平行

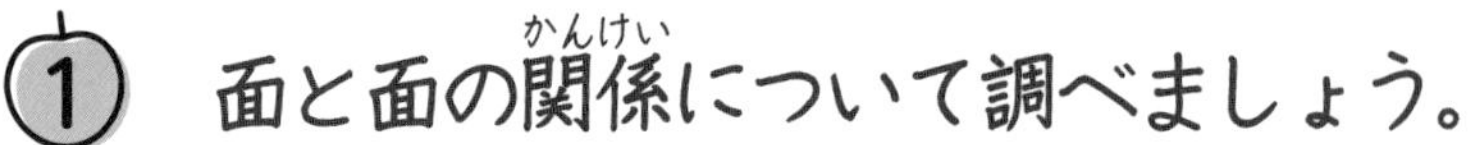

1 面と面の関係(かんけい)について調べましょう。

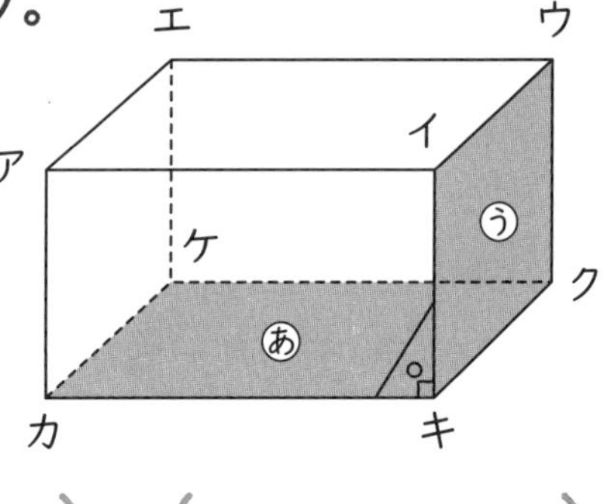

面あと面うは垂直(すいちょく)です。

① 面あと垂直な面を全部かきましょう。

面（ う＝イキクウ ）

面（ アカキイ ）面（　　　　）面（　　　　）

② 面アイウエと垂直な面を全部かきましょう。

面（　　　　）面（　　　　）

面（　　　　）面（　　　　）

2 面と面の関係について調べましょう。

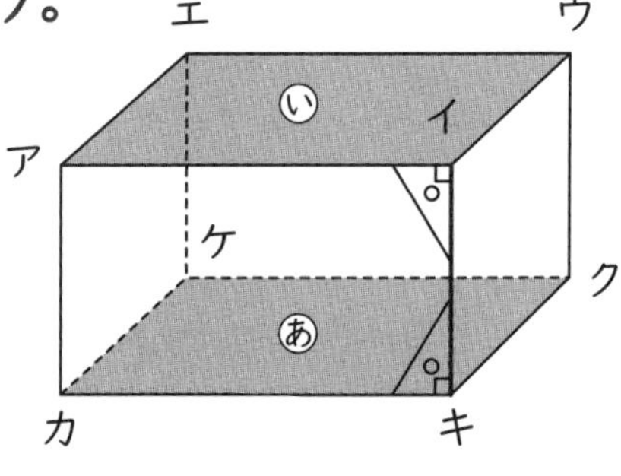

面あと面いは平行です。

① 面アカキイと平行な面をかきましょう。

面（　　　　）

② 面イキクウと平行な面をかきましょう。

面（　　　　）

直方体や立方体を両手ではさんだとき、手のひらにあたる２つの面は平行です。

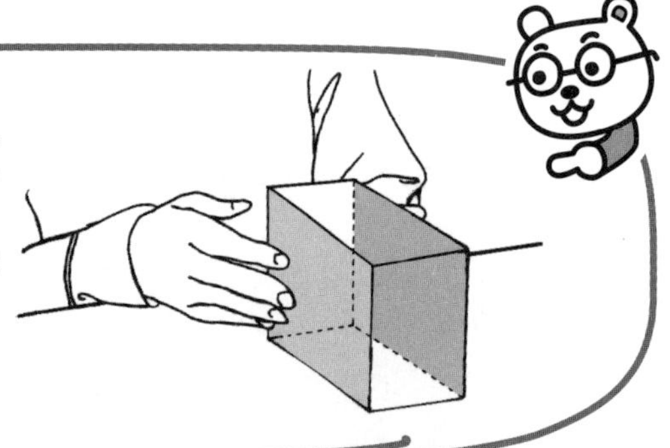

月　　日 名前

立体⑧

ものの位置

1 展開図（てんかいず）を組み立てました。

① ㋒と垂直になる面は、どれですか。

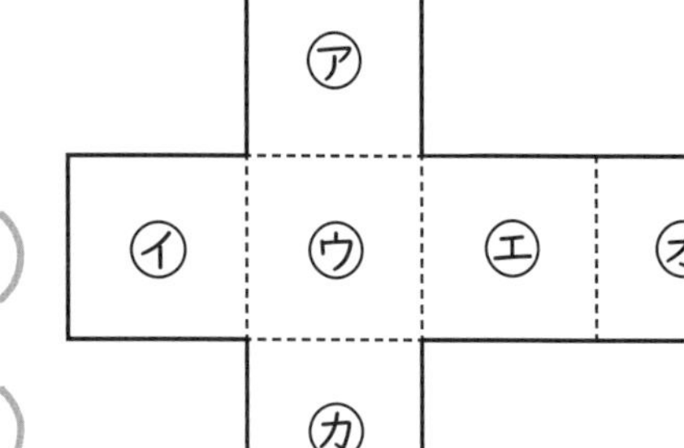

面（　　　）面（　　　）

面（　　　）面（　　　）

② ㋒と平行になる面は、どれですか。

面（　　　）

2 直方体のちょう点の位置（いち）を、㋐をもとに長さの組で表しましょう。

イ　横＿＿＿　たて＿＿＿　高さ＿＿＿

ウ　横＿＿＿　たて＿＿＿　高さ＿＿＿

エ　横＿＿＿　たて＿＿＿　高さ＿＿＿

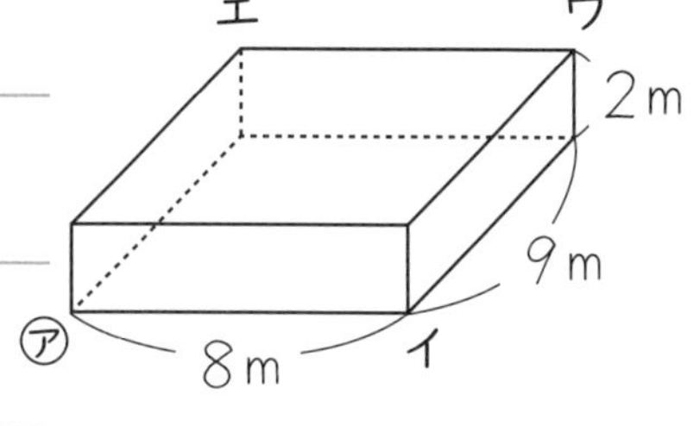

3 マイクの位置を、㋐をもとに長さの組で表しましょう。

横＿＿＿　たて＿＿＿

高さ＿＿＿

まとめテスト　　月　　日 名前

まとめ ⑲

立　体

／50点

① (　　)にあてはまる言葉をかきましょう。（1つ5点／20点）

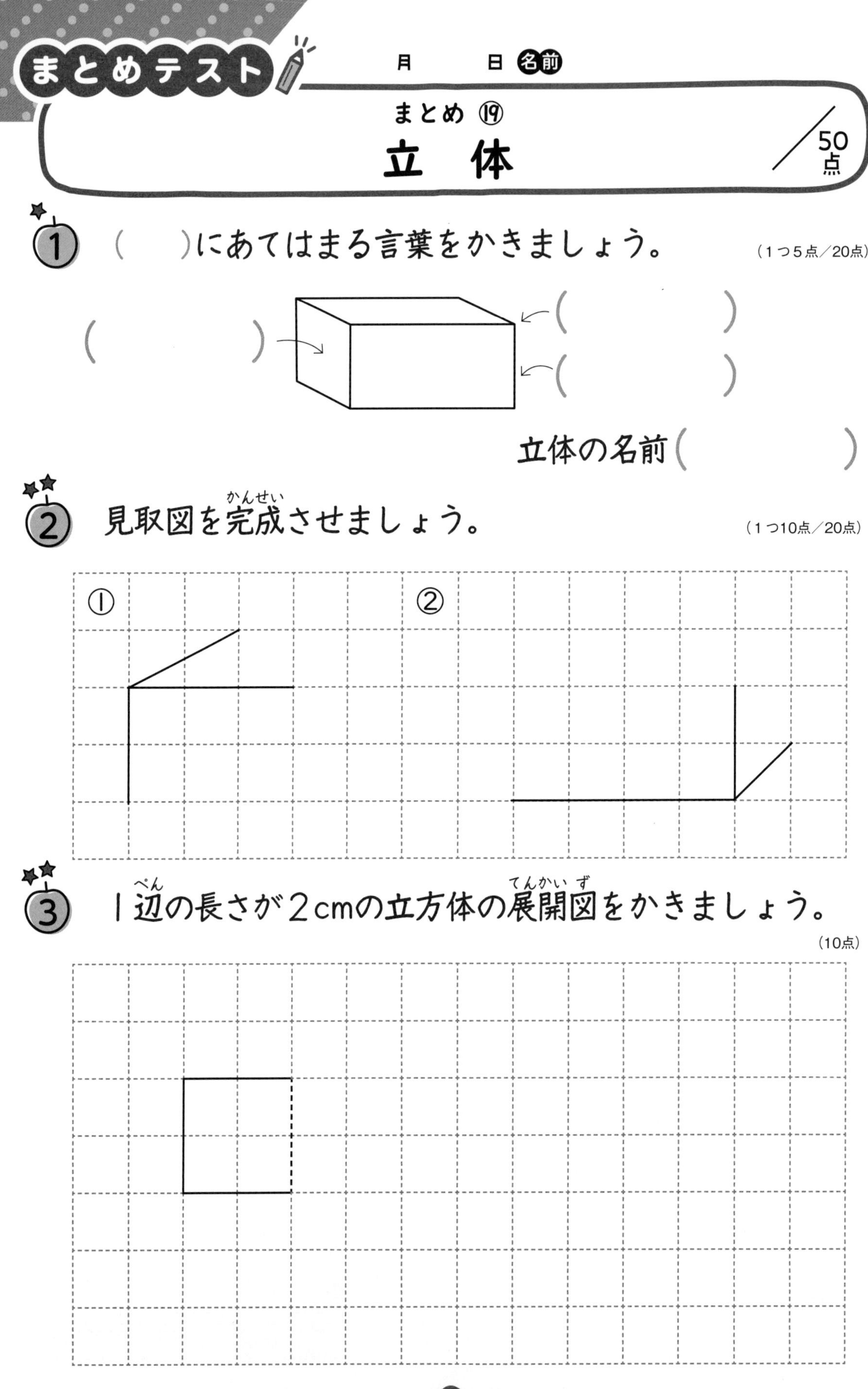

立体の名前（　　　　）

② 見取図を完成させましょう。（1つ10点／20点）

① ②

③ 1辺の長さが2cmの立方体の展開図をかきましょう。（10点）

まとめテスト　　月　　日 名前

まとめ ⑳

立　体

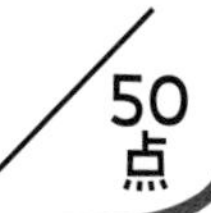

次の直方体について答えましょう。　（各10点／50点）

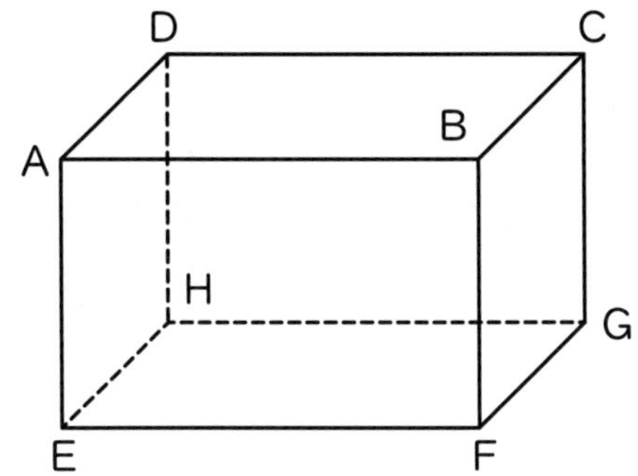

① 面ABCDに平行な面はどれですか。

面（　　　　　）

② 面ABCDに垂直（すいちょく）な面はどれですか。

面（　　　　　）　面（　　　　　）

面（　　　　　）　面（　　　　　）

③ 辺ADに平行な辺はどれですか。

辺（　　　）　辺（　　　）　辺（　　　）

④ 辺ADに垂直な辺はどれですか。

辺（　　　）　辺（　　　）

辺（　　　）　辺（　　　）

⑤ 辺AEに垂直な面はどれですか。

面（　　　　　）　面（　　　　　）

月　　日 名前

面　積 ①
cm^2（平方センチメートル）

1 広さをくらべましょう。

あ 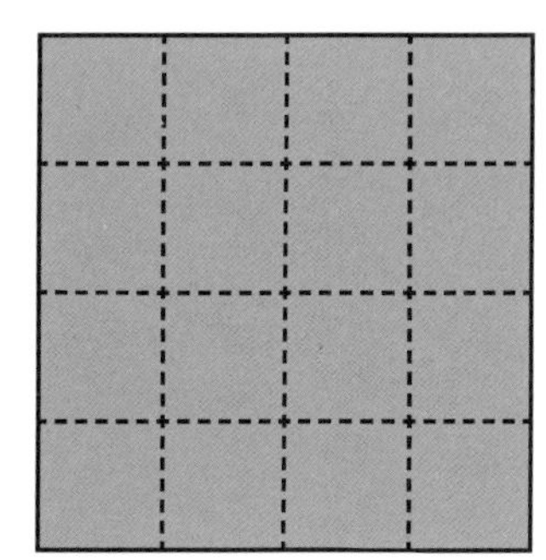

い 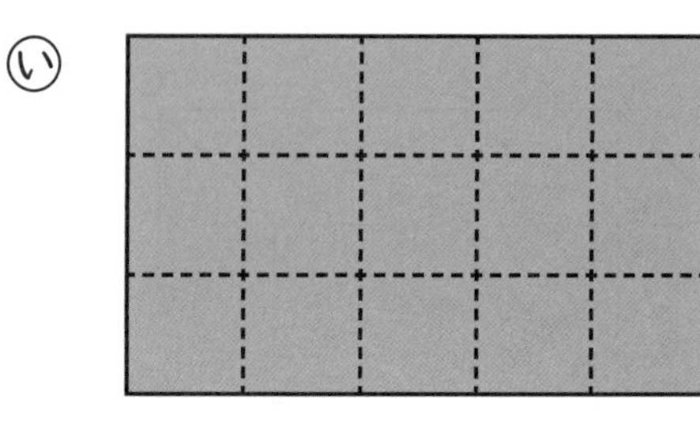

① がいくつありますか。

あ（　　　　）　い（　　　　）

② どちらが広いですか。（　　　　　　）

1辺（へん）が1cmの正方形の面積（めんせき）を一平方センチメートル（1cm^2）といいます。
cm^{2}は、面積の単位（たんい）です。

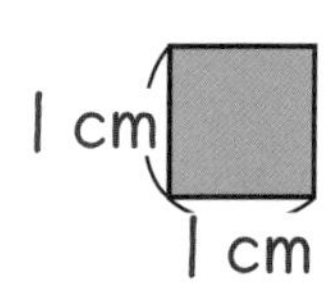

2 cm^{2}のかき方を練習しましょう。

1cm^2　cm^2　cm^2　cm^2　cm　c

3 次の6つの形は、全部1cm^{2}です。なぜそうなのか考えましょう。（⬚は1cm^{2}です。）

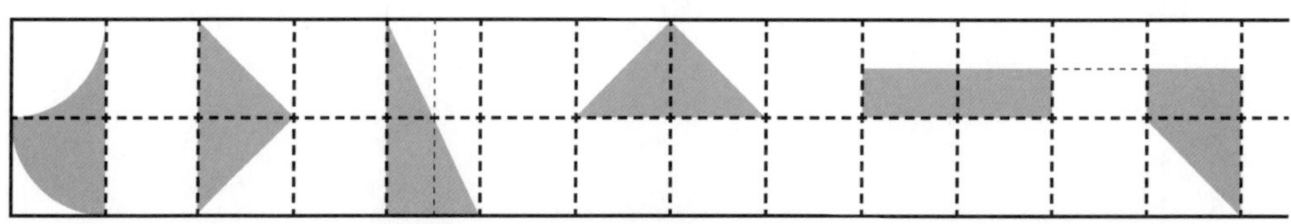

月　　日 名前

面　積②

長方形・正方形の面積

長方形の面積を求める公式
長方形の面積＝たて×横
正方形の面積＝１辺×１辺

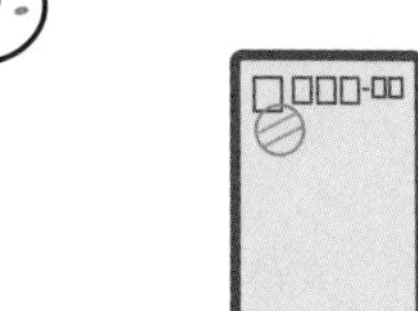

1 長方形の面積を求めましょう。

①

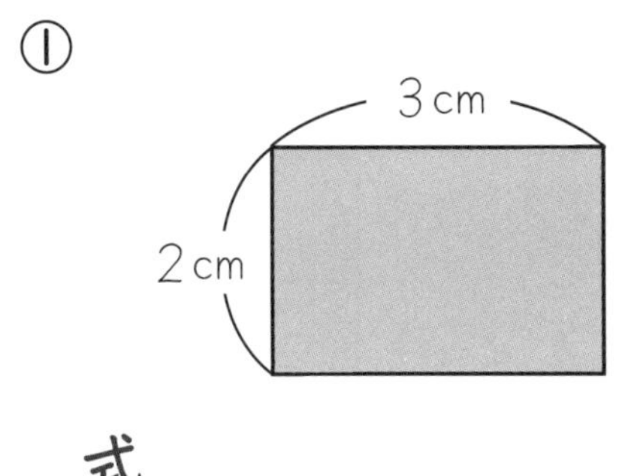

式

答え　　　　cm²

②

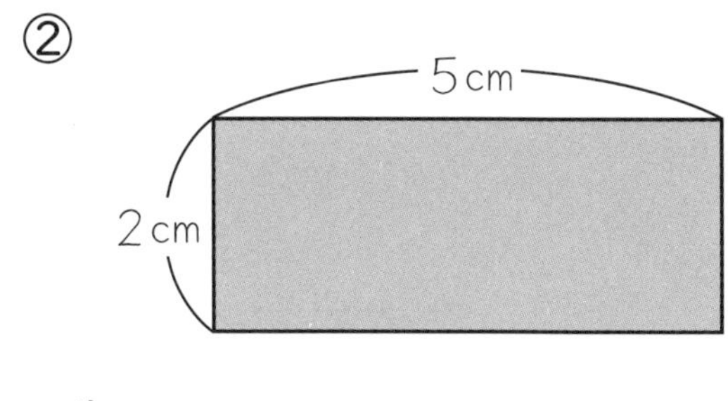

式

答え

2 正方形の面積を求めましょう。

①

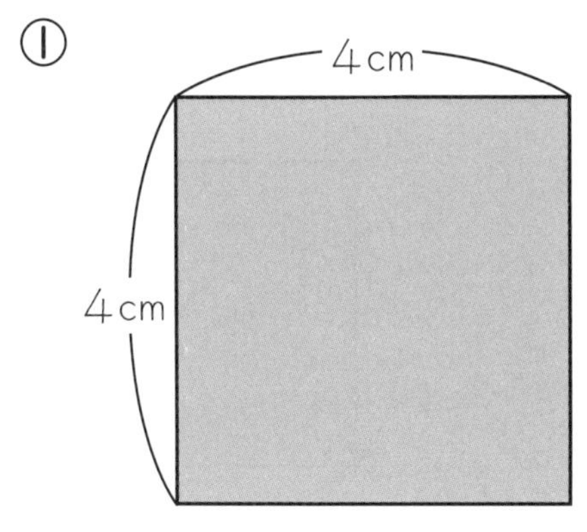

式

答え

②

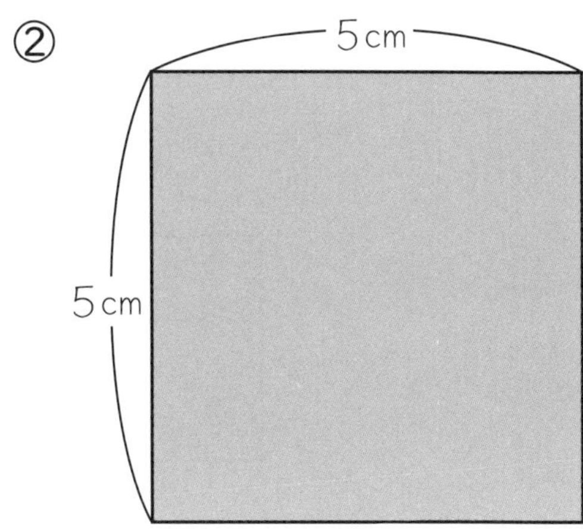

式

答え

月　　日 名前

面　積③

長さを求める

□の長さを求(もと)めましょう。

①

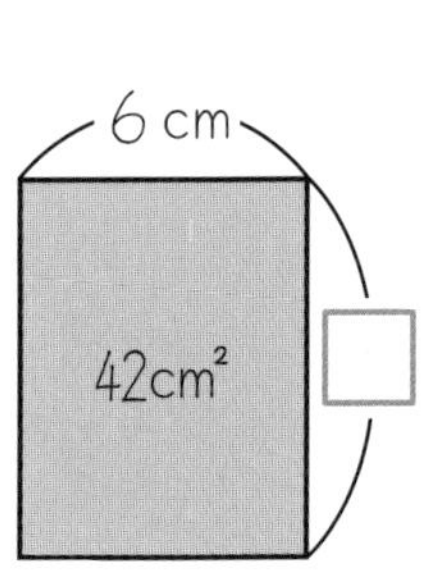

たて　横　面積(めんせき)
□×6＝42
だから
42÷6＝7

答え

②

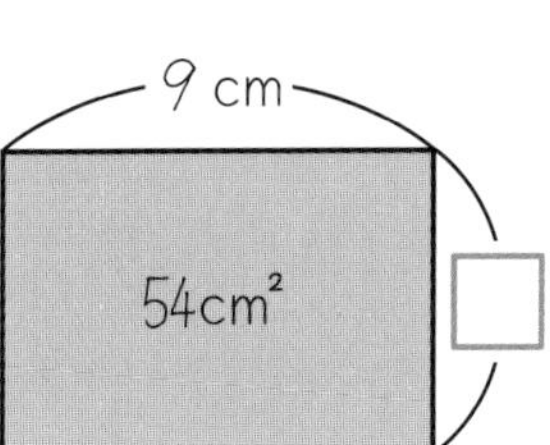

式

答え

③

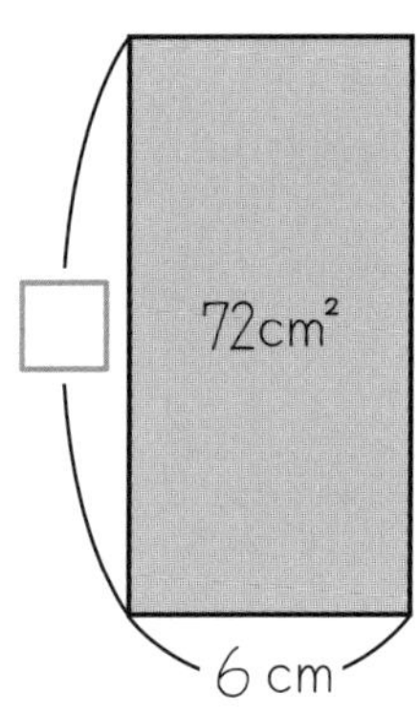

式

答え

④

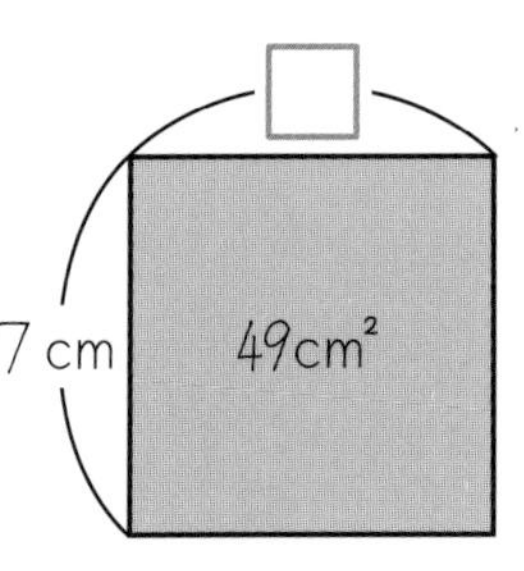

式

答え

⑤

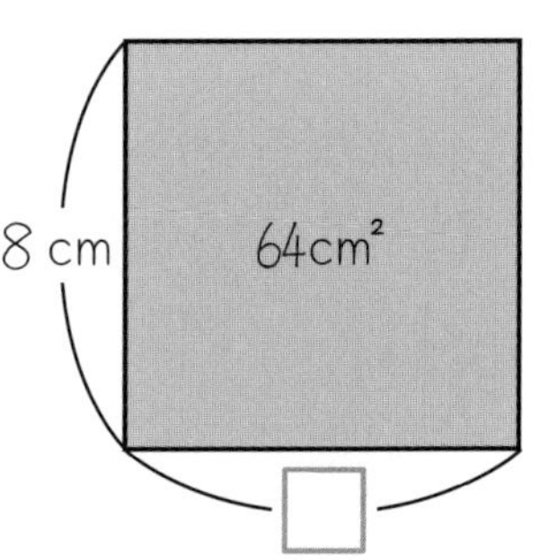

式

答え

月　　日 名前

面　積 ④

面積の求め方

次の面積を求めましょう。

①

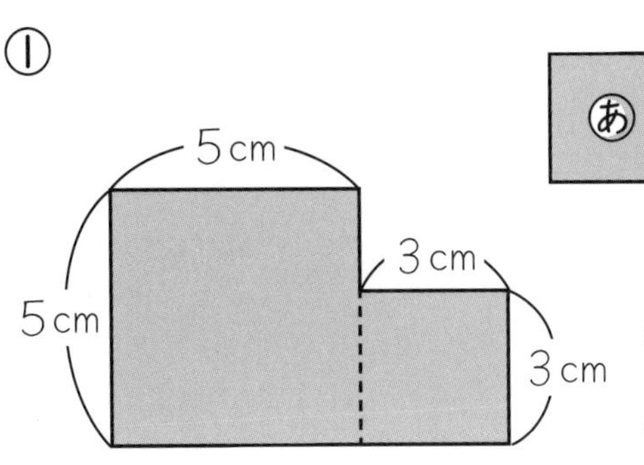

あ い

・線をひいて2つに分ける。
・それぞれの面積を計算する。
・面積をたす。

・5×5＝25　… あ
・3×3＝9　… い
・25＋9＝34　… あ＋い

答え　34cm²

②

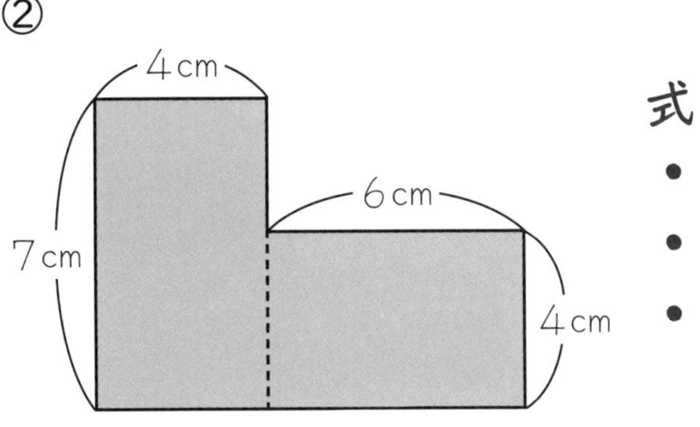

式
・
・
・

答え

③

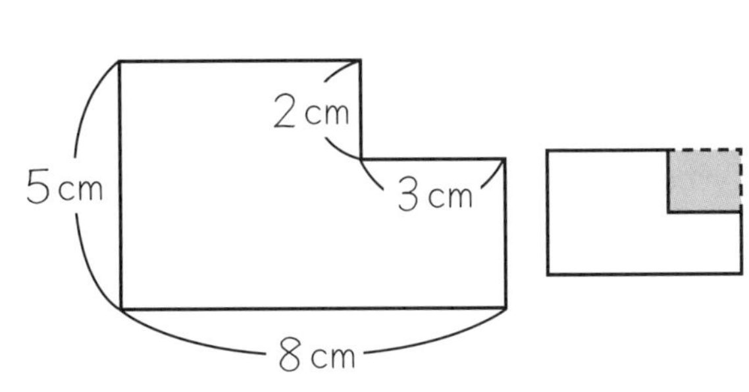

・線をひいて、大きな長方形にする。
・その長方形の面積と小さな長方形の面積を計算する。
・小さな長方形の面積をひく。

・5×8＝40
・2×3＝6
・40－6＝34

答え　34cm²

面積⑤
m^2（平方メートル）

1辺が1mの正方形の面積を一平方メートル（1m^2）といいます。m^2も面積の単位です。

① たて7m、横8mの教室の面積は、何m^2ですか。

式

答え＿＿＿＿＿＿

② 面積を求めましょう。

①

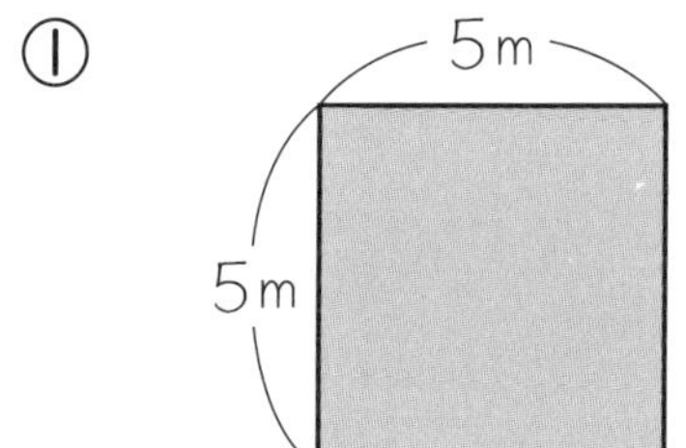

式

答え＿＿＿＿＿＿

②

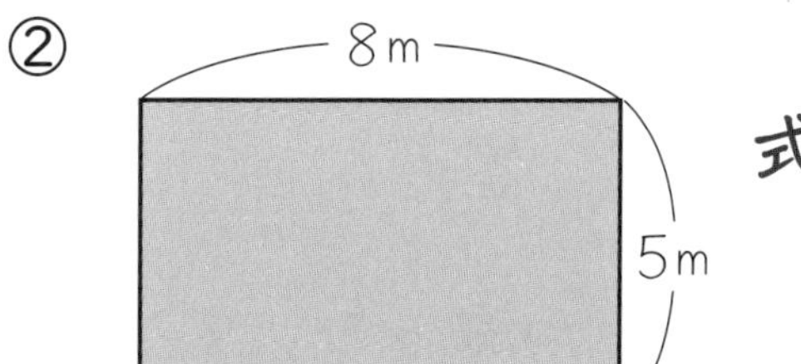

式

答え＿＿＿＿＿＿

③ 1m^2は、何cm^2ですか。

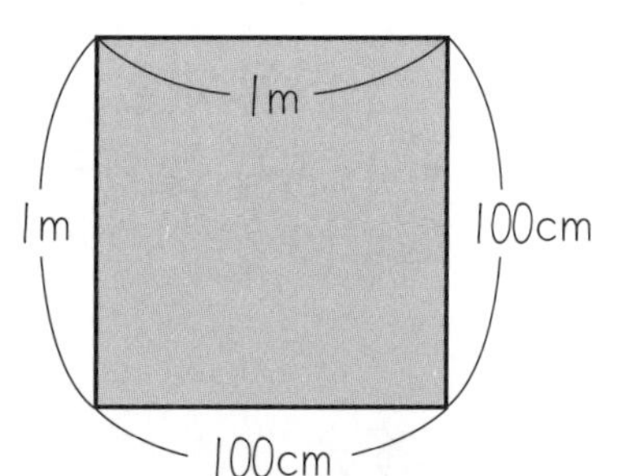

式

100×100＝10000

1m^2＝［　　　　cm^2］

km²（平方キロメートル）

1辺が1kmの正方形の面積を一平方キロメートル（1km²）といいます。km²も面積の単位です。

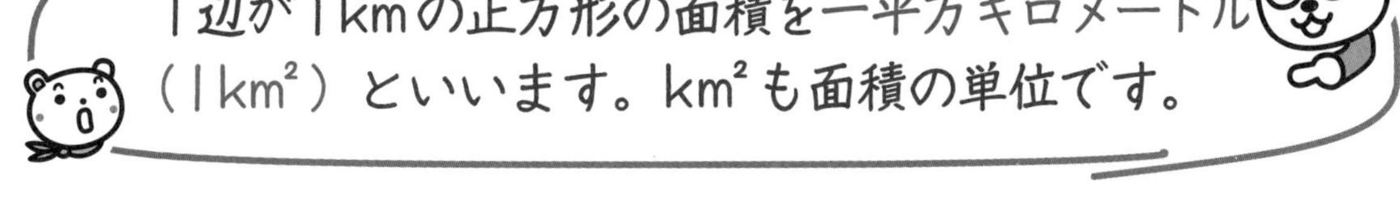

① たて2km、横3kmのうめたて地の面積は、何km²ですか。

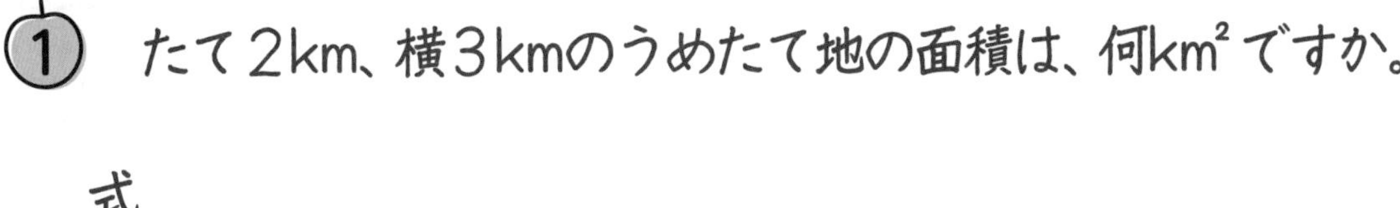

式

答え ＿＿＿＿＿＿

② 面積を求めましょう。

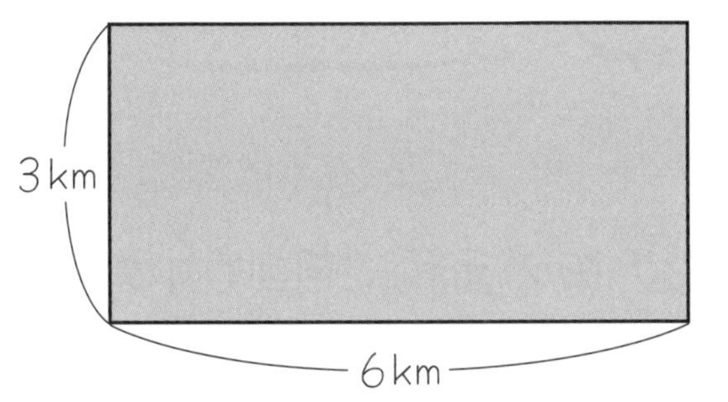

式

答え ＿＿＿＿＿＿

③ 1km²は、何m²ですか。

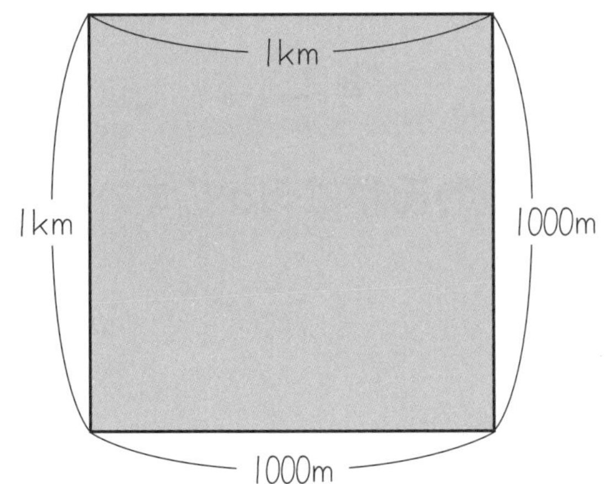

式

1000×1000＝1000000

1km² ＝［　　　　m²］

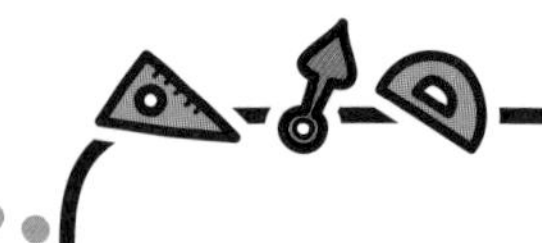

月　　日 名前

面積⑦
a（アール）

① 田や畑の面積（めんせき）を、1辺（べん）が10mの正方形いくつ分かで表すことがあります。

1辺が10mの正方形の面積を1アールといい、1aとかきます。

② たて30m、横40mの長方形の田の面積は何aですか。

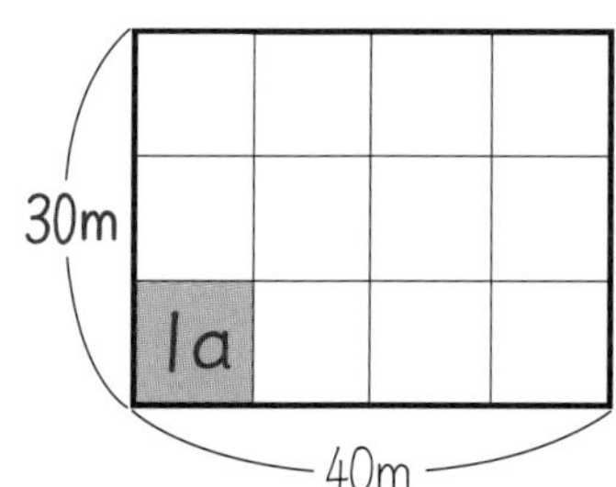

式 30×40＝1200
1200m²＝12a

答え

③ たて50m、横60mの長方形の田の面積は何aですか。

式

答え

月　　日 名前

面　積 ⑧
ha（ヘクタール）

① 広い田や牧場(ぼくじょう)などの面積を、1辺が100mの正方形いくつ分かで表すことがあります。

1辺が100mの正方形の面積を1ヘクタールといい、1haとかきます。

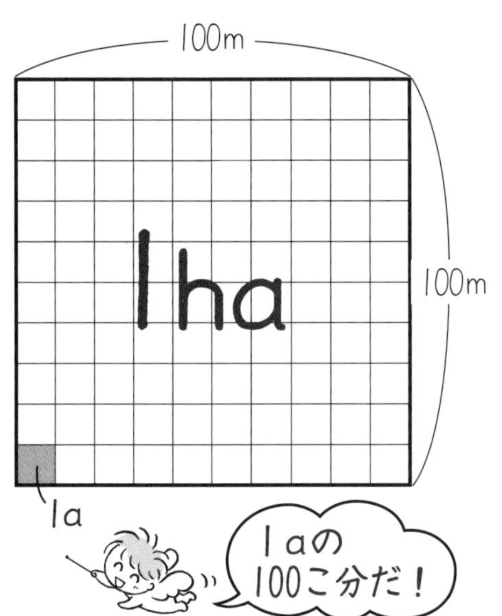

② たて400m、横500mの長方形の田の面積は何haですか。

式　400×500

答え

③ たて800m、横700mの牧場の面積は何haですか。

式

答え

まとめテスト

月　日　名前

まとめ ㉑

面　積

/50点

1 次の面積(めんせき)を求(もと)めましょう。（1つ10点／20点）

①

式

答え

②

式

答え

2 たて20m、横30mの長方形の土地の面積は何aですか。（10点）

式

答え

3 たて300m、横400mの長方形の土地の面積は何haですか。（10点）

式

答え

4 たて3km、横6kmの長方形の土地の面積は何km^2ですか。（10点）

式

答え

月　　日 名前

まとめ ㉒

面　積

50点

1 （　　）にあてはまる数や面積の単位（たんい）をかきましょう。

（1つ5点／20点）

① 1m^2 ＝（　　　　　）cm^2

② 1辺（ぺん）が10mの正方形の面積。
100m^2 ＝1（　　　　　）

③ 1辺が100mの正方形の面積。
10000m^2 ＝1（　　　　　）

④ 1辺が1000mの正方形の面積。
1000000m^2 ＝1（　　　　　）

2 次の長方形のたての長さを求めましょう。

（1つ10点／20点）

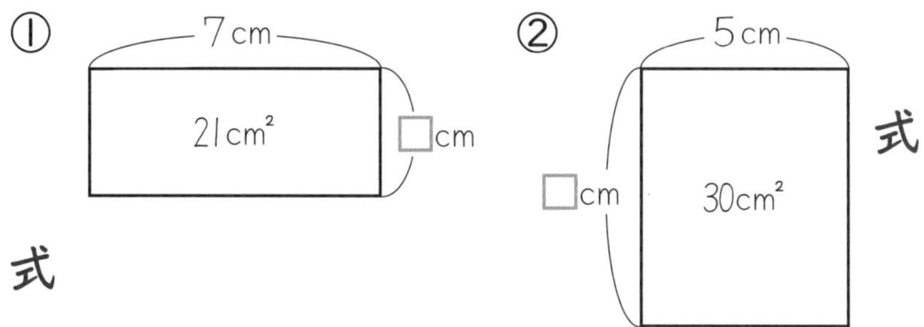

式

答え

式

答え

3 次の面積を求めましょう。

（10点）

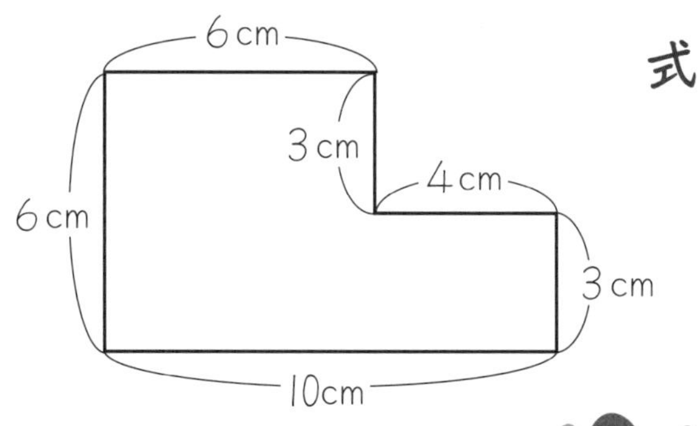

式

答え

月　　日 名前

折れ線グラフと表 ①

グラフを読む

折（お）れ線グラフを見て、下の問題に答えましょう。

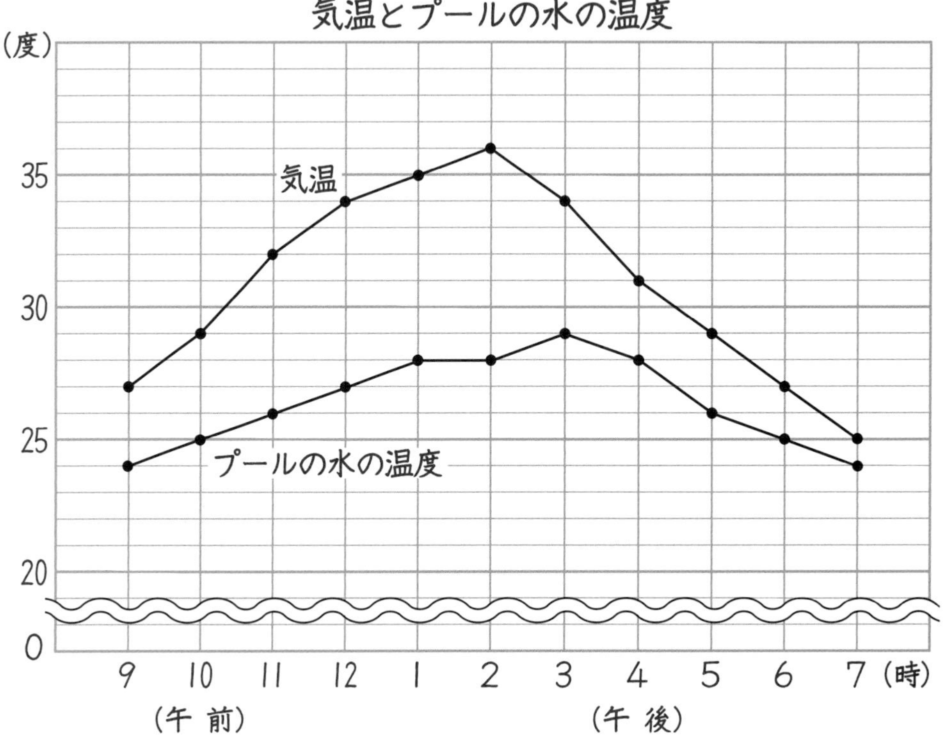

① 気温が一番高かったのは何時ですか。　(午　　　　)

② プールの水の温度が一番高かったのは、何時ですか。　(　　　　)

③ 気温とプールの水の温度の差（さ）が一番大きかったのは何時ですか。　(　　　　)

④ 1時間で気温が一番高く変化（へんか）したのは何時から何時ですか。　(　　から　　)

⑤ 気温と水の温度では、どちらの変化のしかたが大きいですか。　(　　　　)

折れ線グラフと表 ②

グラフを読む

1 ㋐、㋑は、グラフの一部です。

① 体重がへったのは、どちらですか。

（　　　　）

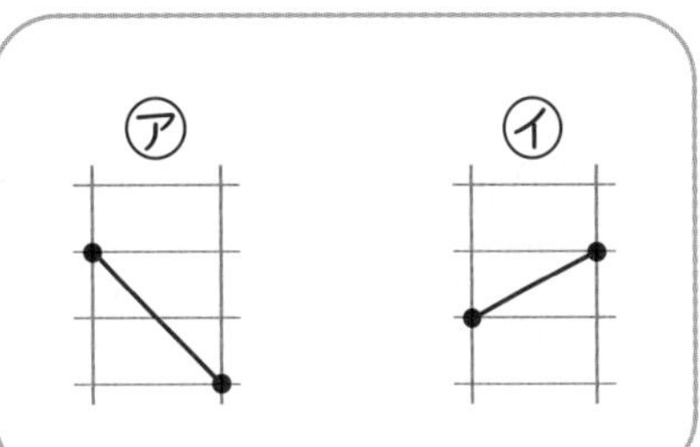

② 温度が変(か)わらないのは、どちらですか。

（　　　　）

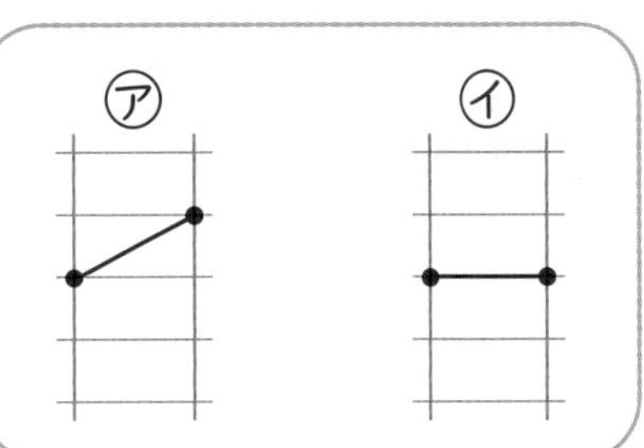

③ 身長がたくさんのびたのは、どちらですか。

（　　　　）

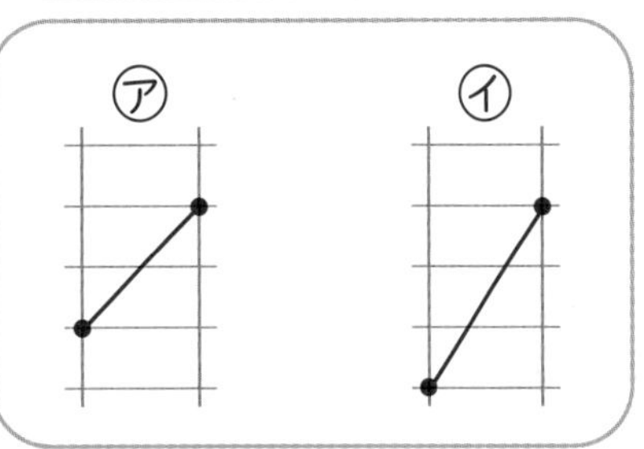

2 折れ線グラフで表したほうがよいものに○をしましょう。

① （　　）毎月１日にはかった自分の体重

② （　　）学級会で調べた好(す)きなスポーツとその人数

③ （　　）黒板の横の温度計ではかった１時間ごとの記録(きろく)

④ （　　）５月１日の児童(じどう)数の10年間の記録

⑤ （　　）学級のいろいろな場所の気温

折れ線グラフと表 ③

グラフをつくる

表を折(お)れ線グラフに表しましょう。

① 気温調べ（1月15日）

②時こく(時)	午前9	10	11	12	午後1	2	3
③気　温(度)	9	12	15	16	16	13	11

折れ線グラフのかき方

① グラフの表題をかく。

② 横じくに、時こくをかく（単位(たんい)・時）。

③ たてじくに最高(さいこう)気温の16度が表せるようにめもりをつける（単位・度）。

④ 表を見て、点を打つ。

⑤ 点を直線でつなぐ。

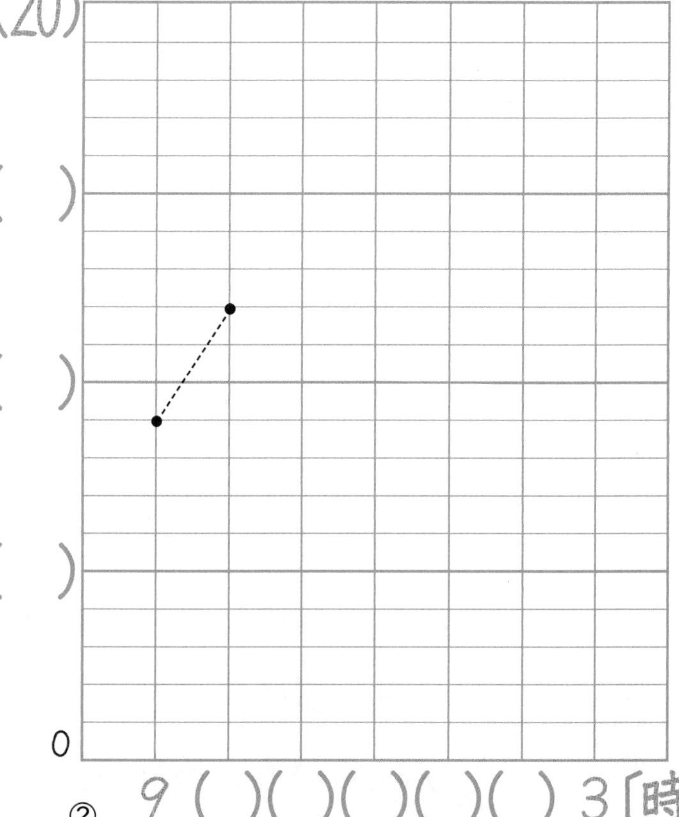

折れ線グラフと表 ④

グラフをつくる

表を折れ線グラフに表しましょう。

ともこさんの体重の変化

学　年（年）	1	2	3	4	5	6
体　重（kg）	18	20	22	25	27	31

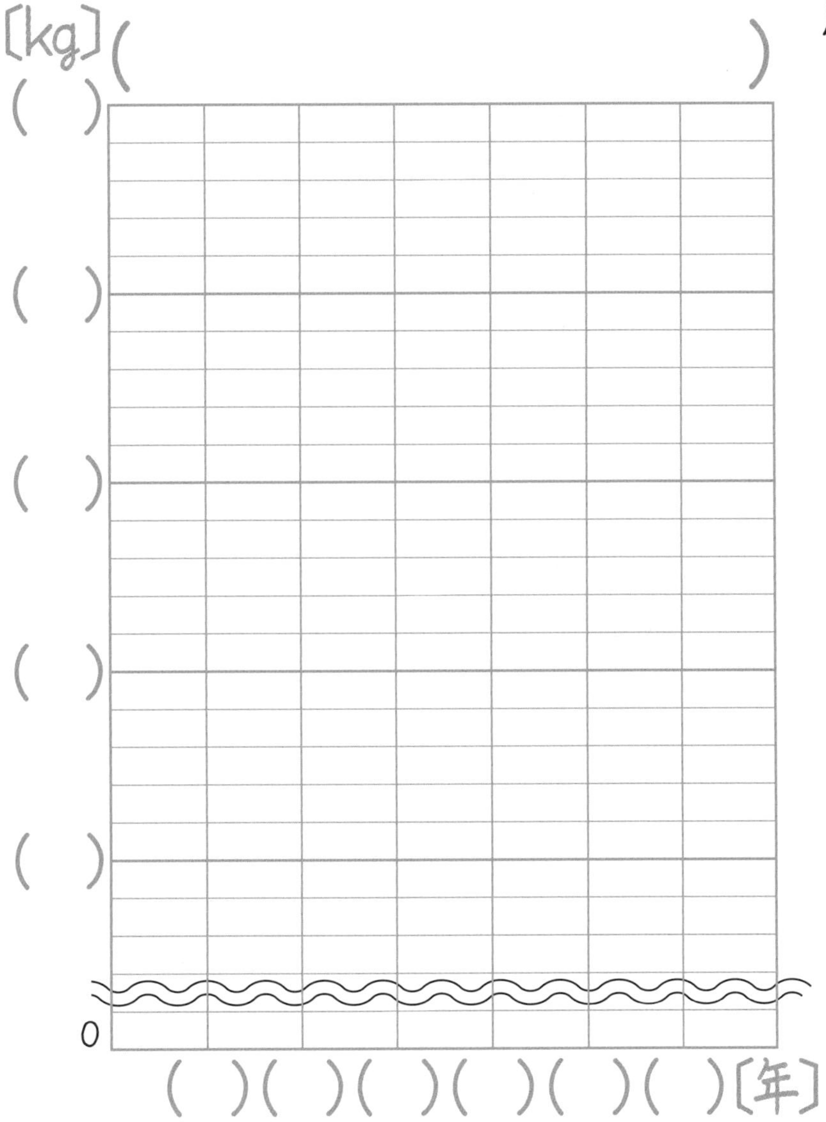

〔kg〕（　　　　　　　　　　）

（　）

（　）

（　）

（　）

（　）

0

（　）（　）（　）（　）（　）（　）〔年〕

月　　日　名前

折れ線グラフと表 ⑤

表の整理

下の表は、5月のある週に、けがをしてほけん室へ来た人の記録(きろく)です。

番号	学年	けがの種類(しゅるい)	番号	学年	けがの種類
1	1年	すりきず	8	3年	鼻血
2	4年	つき指	9	5年	つき指
3	1年	すりきず	10	1年	すりきず
4	6年	すりきず	11	2年	すりきず
5	5年	ねんざ	12	4年	ねんざ
6	3年	つき指	13	6年	つき指
7	1年	すりきず	14	2年	鼻血

① けがの種類と学年別(べつ)の表に整理しましょう。

けがの種類と学年

けが / 学年	すりきず		つき指		ねんざ		鼻血		合計
1年	正	4		0					
2年									
3年									
4年									
5年									
6年									
合計									

月　　日 名前

折れ線グラフと表 ⑥

表の整理

高橋さんの学級では、兄や姉がいるかどうかを調べて表をつくりました。㋐〜㋔に人数を入れて、問題に答えましょう。

		姉		合計
		いる	いない	
兄	いる	8（人）	5	㋐ 13
	いない	7	9	㋑
合計		㋒	㋓	㋔

① 兄も姉もいる人は、何人ですか。　（　　　人）

② 兄がいる人は、何人ですか。　（　　　）

③ 姉がいる人は、何人ですか。　（　　　）

④ 兄も姉もいない人は、何人ですか。　（　　　）

⑤ 学級は、全部で何人ですか。　（　　　）

初級算数習熟プリント　小学4年生

2023年２月20日　第１刷　発行

著　者　金井（かない）　敬之（のりゆき）

発行者　面屋　洋

企　画　フォーラム・A

発行所　清風堂書店
〒530-0057　大阪市北区曽根崎２-11-16
TEL 06-6316-1460／FAX 06-6365-5607

振替　00920-6-119910

制作編集担当　蒔田　司郎
表紙デザイン　ウエナカデザイン事務所

学力の基礎をきたえどの子も伸ばす研究会

HPアドレス　http://gakuryoku.info/

常任委員長　岸本ひとみ
事務局　〒675-0032 加古川市加古川町備後 178－1－2－102 岸本ひとみ方 ☎・Fax 0794－26－5133

① めざすもの

私たちは、すべての子どもたちが、日本国憲法と子どもの権利条約の精神に基づき、確かな学力の形成を通して豊かな人格の発達が保障され、民主平和の日本の主権者として成長することを願っています。しかし、発達の基盤ともいうべき学力の基礎を鍛えられないまま落ちこぼれている子どもたちが普遍化し、「荒れ」の情況があちこちで出てきています。

私たちは、「見える学力、見えない学力」を共に養うこと、すなわち、基礎の学習をやり遂げさせることと、読書やいろいろな体験を積むことを通して、子どもたちが「自信と誇りとやる気」を持てるようになると考えています。

私たちは、人格の発達が歪められている情況の中で、それを克服し、子どもたちが豊かに成長するような実践に挑戦します。

そのために、つぎのような研究と活動を進めていきます。

① 「読み・書き・計算」を基軸とした学力の基礎をきたえる実践の創造と普及。
② 豊かで確かな学力づくりと子どもを励ます指導と評価の探究。
③ 特別な力量や経験がなくても、その気になれば「いつでも・どこでも・だれでも」ができる実践の普及。
④ 子どもの発達を軸とした父母・国民・他の民間教育団体との協力、共同。

私たちの実践が、大多数の教職員や父母・国民の方々に支持され、大きな教育運動になるよう地道な努力を継続していきます。

② 会　　員

- 本会の「めざすもの」を認め、会費を納入する人は、会員になることができる。
- 会費は、年 4000 円とし、7月末までに納入すること。①または②

①郵便振替　口座番号　００９２０－９－３１９７６９
名　　称　学力の基礎をきたえどの子も伸ばす研究会

②ゆうちょ銀行
店番０９９　店名〇九九店（ゼロキュウキュウ）　当座０３１９７６９

- 特典　研究会をする場合、講師派遣の補助を受けることができる。
  大会参加費の割引を受けることができる。
  学力研ニュース、研究会などの案内を無料で送付してもらうことができる。
  自分の実践を学力研ニュースなどに発表することができる。
  研究の部会を作り、会場費などの補助を受けることができる。
  地域サークルを作り、会場費の補助を受けることができる。

③ 活　　動

全国家庭塾連絡会と協力して以下の活動を行う。

- 全国大会　全国の研究、実践の交流、深化をはかる場とし、年１回開催する。通常、夏に行う。
- 地域別集会　地域の研究、実践の交流、深化をはかる場とし、年１回開催する。
- 合宿研究会　研究、実践をさらに深化するために行う。
- 地域サークル　日常の研究、実践の交流、深化の場であり、本会の基本活動である。
  可能な限り月１回の月例会を行う。
- 全国キャラバン　地域の要請に基づいて講師派遣をする。

全国家庭塾連絡会

① めざすもの

私たちは、日本国憲法と子どもの権利条約の精神に基づき、すべての子どもたちが確かな学力と豊かな人格を身につけて、わが国の主権者として成長することを願っています。しかし、わが子も含めて、能力があるにもかかわらず、必要な学力が身につかないままになっている子どもたちがたくさんいることに心を痛めています。

私たちは学力研が追究している教育活動に学びながら、「全国家庭塾連絡会」を結成しました。

この会は、わが子に家庭学習の習慣化を促すことを主な活動内容とする家庭塾運動の交流と普及を目的としています。

私たちの試みが、多くの父母や教職員、市民の方々に支持され、地域に根ざした大きな運動になるよう学力研と連携しながら努力を継続していきます。

② 会　　員

本会の「めざすもの」を認め、会費を納入する人は会員になれる。
会費は年額 1500 円とし（団体加入は年額 3000 円）、7月末までに納入する。
会員は会報や連絡交流会の案内、学力研集会の情報などをもらえる。

事務局　〒564-0041　大阪府吹田市泉町４－29－13　影浦邦子方　☎・Fax 06－6380－0420
郵便振替　口座番号　００９００－１－１０９９６９　　名称　全国家庭塾連絡会

初級
算数4年生
習熟プリント
答え

月　日 名前

大きな数 ①

おぼえているかな

1 (　　)にあてはまる数をかきましょう。

① 100万を4こ、10万を7こ、1万を6こあわせた数。
(4760000)

② 1000万を5こ、100万を3こ、10万を2こあわせた数。
(53200000)

③ 360000は、1万を(36)こ集めた数。

④ 360000は、1000を(360)こ集めた数。

⑤ 1億(おく)より1小さい数。
(99999999)

⑥ 99999999より1大きい数。
(100000000)

2 どちらの数が大きいですか。不等号(ふとうごう)(>、<)を使って表しましょう。

① 34560 [<] 53640　② 13万 [>] 25000

③ 1億 [>] 9800万　④ 678340 [<] 590万

⑤ 9070万 [<] 9700万　⑥ 980万 [<] 1億

月　日 名前

大きな数 ②

おぼえているかな

1 数直線のめもりを読みましょう。

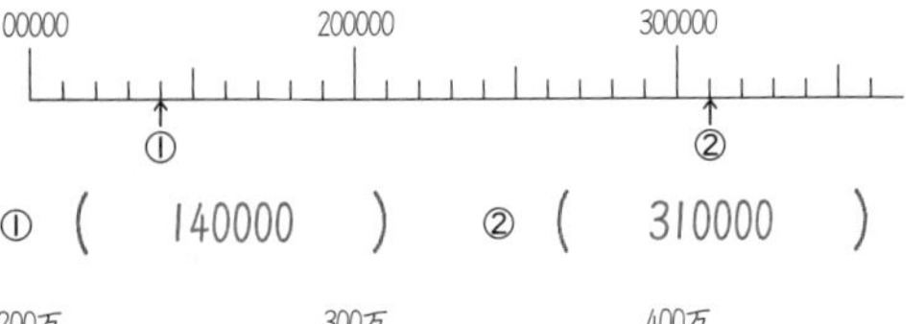

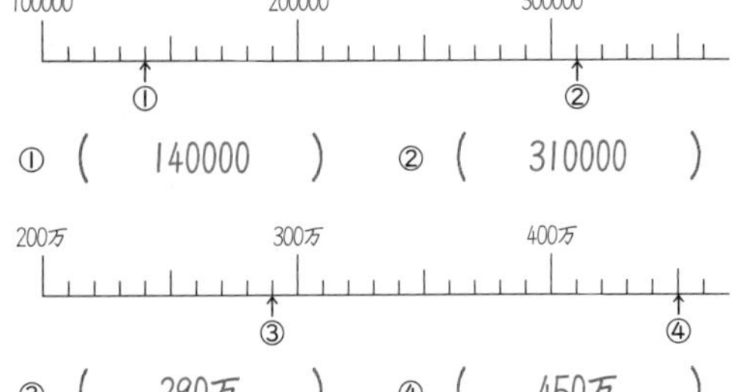

① (140000)　② (310000)

200万　300万　400万

③ (290万)　④ (450万)

2 次の数を10倍にした数をかきましょう。

① 48 (480)　② 150 (1500)

③ 3万 (30万)　④ 40万 (400万)

3 次の数を10でわった数をかきましょう。

① 240 (24)　② 500 (50)

③ 180万 (18万)　④ 20万 (2万)

月　日 名前

大きな数 ③

一億

1 日本の人口は、およそ125190000人です。
4けたごとに区切っている位(くらい)のものさしをあててみましょう。 (総務省(そうむしょう) 2022年)

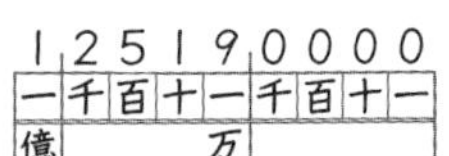

1	2	5	1	9	0	0	0	0
一	千	百	十	一	千	百	十	一
億				万				

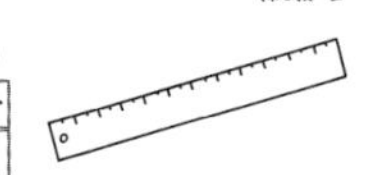

千万を10こ集めた数は、1億(おく)です。
数字で100000000とかきます。
(※0が8こつきます。)

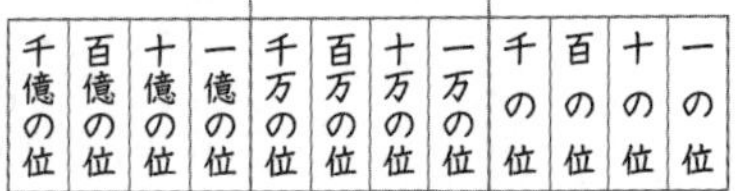

千億の位	百億の位	十億の位	一億の位	千万の位	百万の位	十万の位	一万の位	千の位	百の位	十の位	一の位

2 中国とインドの人口を漢字でかきましょう。(UNFPA 2022年)

① 中国の人口　1448500000(人)

		1	4	4	8	5	0	0	0	0	0
千	百	十	一	千	百	十	一	千	百	十	一
			億				万				

(十四億四千八百五十万)

② インドの人口　1406600000(人)

		1	4	0	6	6	0	0	0	0	0
千	百	十	一	千	百	十	一	千	百	十	一
			億				万				

(十四億六百六十万)

月　日 名前

大きな数 ④

大きい数の読み方

次の数の読み方を漢字でかきましょう。

①

	9	8	7	6	5	4	3	2	1	9	8
千	百	十	一	千	百	十	一	千	百	十	一
			億				万				

(九百八十七億六千五百四十三万二千百九十八)

②

1	4	5	3	2	2	1	3	8	6	9	7
千	百	十	一	千	百	十	一	千	百	十	一
			億				万				

(千四百五十三億二千二百十三万八千六百九十七)

③

2	5	6	4	3	1	3	4	9	7	2	8
千	百	十	一	千	百	十	一	千	百	十	一
			億				万				

(二千五百六十四億三千百三十四万九千七百二十八)

④

	6	7	5	4	2	4	5	0	0	3	9
千	百	十	一	千	百	十	一	千	百	十	一
			億				万				

(六百七十五億四千二百四十五万三十九)

⑤

	7	8	6	5	3	0	0	3	4	5	0
千	百	十	一	千	百	十	一	千	百	十	一
			億				万				

(七百八十六億五千三百万三千四百五十)

月　日 名前

大きな数 ⑤

一兆

① 日本国の予算は、107596400000000円です。4けたごとに区切っている位のものさしをあててみましょう。

1	0	7	5	9	6	4	0	0	0	0	0	0	0	0	(円)
千	百	十	一	千	百	十	一	千	百	十	一	千	百	十	一
兆				億				万							

千億を10こ集めた数は、1兆です。
数字で1000000000000とかきます。
(※0が12こつきます。)
整数は、4けたごとに位が大きく変わります。

日本国の予算は、107兆5964億円です。　（総務省　2022年）

千兆の位	百兆の位	十兆の位	一兆の位	千億の位	百億の位	十億の位	一億の位	千万の位	百万の位	十万の位	一万の位	千の位	百の位	十の位	一の位

② 光は、1秒間に30万km（地球の周りの7.5倍）進みます。
七夕のとき話題になる、織女星（おりひめ星）までのきょりを読んでみましょう。

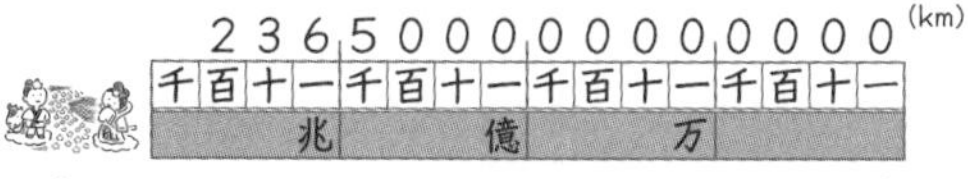

2	3	6	5	0	0	0	0	0	0	0	0	0	0	0	0 (km)
千	百	十	一	千	百	十	一	千	百	十	一	千	百	十	一
兆				億				万							

（　二百三十六兆五千億km　）

月　日 名前

大きな数 ⑥

大きい数の読み方

次の数の読み方を漢字でかきましょう。

①

2	5	6	4	3	1	3	4	9	2	8	8	2	5	6	4
千	百	十	一	千	百	十	一	千	百	十	一	千	百	十	一
兆				億				万							

（二千五百六十四兆三千百三十四億九千二百八十八万二千五百六十四）

②

9	8	7	6	5	4	3	2	1	9	8	7	6	5	4	3
千	百	十	一	千	百	十	一	千	百	十	一	千	百	十	一
兆				億				万							

（九千八百七十六兆五千四百三十二億千九百八十七万六千五百四十三）

③

	7	8	0	2	3	5	6	0	0	4	1	0	0	8	6
千	百	十	一	千	百	十	一	千	百	十	一	千	百	十	一
兆				億				万							

（　七百八十兆二千三百五十六億四十一万八十六　）

④

1	8	0	0	0	4	6	7	0	1	5	2	0	0	0	0
千	百	十	一	千	百	十	一	千	百	十	一	千	百	十	一
兆				億				万							

（　千八百兆四百六十七億百五十二万　）

⑤

2	9	3	4	0	0	0	0	1	3	7	8	0	0	7	3
千	百	十	一	千	百	十	一	千	百	十	一	千	百	十	一
兆				億				万							

（　二千九百三十四兆千三百七十八万七十三　）

月　日 名前

大きな数 ⑦

10倍、100倍、1000倍、十分の一

数のしくみを考えましょう。

① 47億の10倍、100倍、1000倍、10000倍の数は、次のようになります。

	百	十	一 兆	千	百	十	一 億	
もとの数						4	7	47億
10倍					4	7	0	470億
100倍				4	7	0	0	4700億
1000倍			4	7	0	0	0	4兆7000億
10000倍		4	7	0	0	0	0	47兆

整数を10倍するごとに、数字の位は、
それぞれ、1けたずつ上がります。

• 47億の10000倍は、47兆です。

② 380億を10でわった数は、次のようになります。

	一 兆	千	百	十	一 億	
もとの数			3	8	0	380億
10でわった数				3	8	38億

整数を10でわると、数字の位が、
それぞれ、1けたずつ下がります。

月　日 名前

大きな数 ⑧

10倍、100倍、1000倍、十分の一

次の数をわくにかきましょう。

①

	千	百	十	一 兆	千	百	十	一 億
10でわった数							1	6
もとの数						1	6	0
10倍					1	6	0	0
100倍				1	6	0	0	0
1000倍			1	6	0	0	0	0
10000倍		1	6	0	0	0	0	0

②

	千	百	十	一 兆	千	百	十	一 億
100でわった数						2	7	5
10でわった数					2	7	5	0
もとの数				2	7	5	0	0
10倍			2	7	5	0	0	0
100倍		2	7	5	0	0	0	0
1000倍	2	7	5	0	0	0	0	0

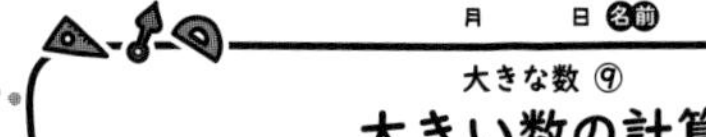

月　日 名前

大きな数 ⑨

大きい数の計算

次の計算をしましょう。

① 36兆＋12兆＝48兆

```
  3 6 兆
＋ 1 2 兆
  4 8 兆
```

② 48兆－15兆＝33兆

```
  4 8 兆
－ 1 5 兆
  3 3 兆
```

③ 5億×10＝50億

```
   5 億
× 1 0
  5 0 億
```

④ 7兆×10＝70兆

```
   7 兆
× 1 0
  7 0 兆
```

⑤ 42億×100＝4200億

```
  4 2 億
×   1 0 0
  4 2 0 0 億
```

⑥ 123億×1000＝12兆3000億

```
  1 2 3 億
×     1 0 0 0
  1 2 3 0 0 0 億
```

⑦ 560兆÷10＝56兆

560兆

⑧ 4200兆÷100＝42兆

4200兆

月　日 名前

大きな数 ⑩

大きい数の計算

□にあてはまる数をかきましょう。

① 1000万を10こ集めた数は［1億］です。

② 1000億を10こ集めた数は［1兆］です。

③ 1億は、1万を［10000］こ集めた数です。

④ 1兆は、1億を［10000］こ集めた数です。

⑤ 1億を30こと、1万を2700こあわせた数は、［30億2700万］です。

⑥ 1000億を20こ、100億を40こあわせた数は、［2兆4000億］です。

⑦ 1兆を40こと、1億を3840こあわせた数は、［40兆3840億］です。

⑧ 10兆を7こと、1000億を2こと、100億を4こあわせた数は、［70兆2400億］です。

まとめテスト　月　日 名前

まとめ ①

大きな数

／50点

① 次の数を漢字でかきましょう。（1つ5点／10点）

① 3248290000

（三十二億四千八百二十九万）

② 15687030000000

（十五兆六千八百七十億三千万）

② 次の数を数字でかきましょう。（1つ5点／10点）

① 四十六億五千八百七十万

（4658700000　46億5870万 でもよい）

② 九十八兆七千二百六十四億三千万

（98726430000000　98兆7264億3000万 でもよい）

③ 次の数をかきましょう。（1つ5点／30点）

① 250億の10倍（2500億）

② 74兆の100倍（7400兆）

③ 3兆6000億の10倍（36兆）

④ 890億の$\frac{1}{10}$（89億）

⑤ 5200兆の$\frac{1}{100}$（52兆）

⑥ 2兆4000万の$\frac{1}{10}$（2000億400万）

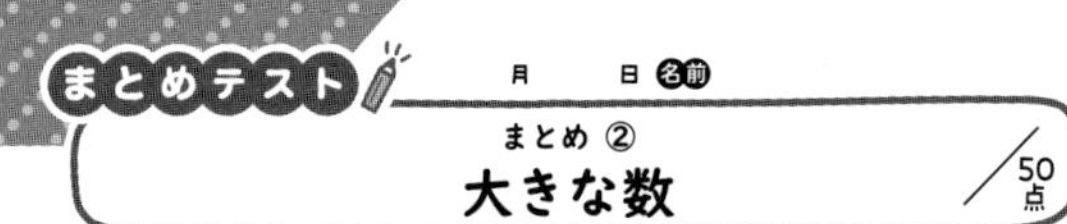

まとめテスト　月　日 名前

まとめ ②

大きな数

／50点

① （　）にあてはまる数をかきましょう。（1つ5点／20点）

① 1億を15こと、1万を3600こあわせた数。

（1536000000）

② 1兆を430こ、1億を2800こ、1万を500こあわせた数。

（430280005000000）

③ 1000億を10こ集めた数。（1兆）

④ 1兆は、1億を（1万）こ集めた数。

② 次の数を数字でかきましょう。（1つ5点／10点）

① 1億より1小さい数。

（99999999）

② 1兆より1億小さい数。

（999900000000）

③ 次の計算をしましょう。（1つ5点／20点）

① 35億＋25億＝60億

② 90兆－63兆＝27兆

③ 8億×100＝800億

④ 3600兆÷100＝36兆

月　日 名前

がい数 ①

四捨五入

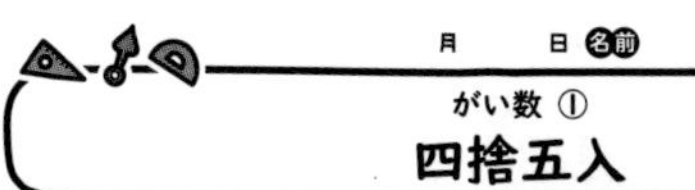

❶ 24万と25万の間の数について考えましょう。

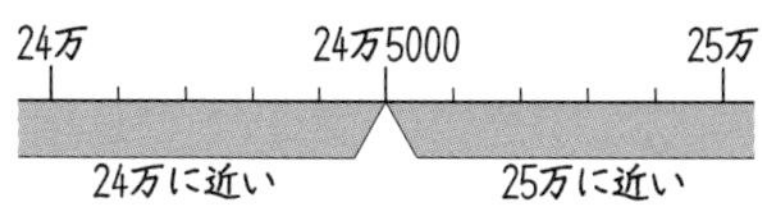

① 243999は（　24 万）に近い。

② 248001は（　25 万）に近い。

24万と25万の間の数のがい数を考えるとき、千の位（くらい）の数字がいくつかによって、24万にするか25万にするかを決めます。千の位の数が

0、1、2、3、4 … 切り捨（す）てて 約（やく）24万

5、6、7、8、9 … 切り上げて 約25万

このようなしかたを四捨五入（ししゃごにゅう）といいます。

四より小さい数は捨（す）てて五より大きい数は、次の位に入れる

❷ 百の位を四捨五入して、千の位までのがい数にしましょう。

① 4807　約 5000

② 6371　約 6000

月　日 名前

がい数 ②

四捨五入

● 四捨五入して、百の位までのがい数にしましょう。

① 1756　約 1800

- 1756 ・百の位の数字の上に○。
- 1756 ・1つ下の位の数字を□でかこむ。
- 1756（8） ・□の数字を四捨五入。（0～4は、切り捨て／5～9は、切り上げ）
- ・答えをかく。

② 856　約 900

③ 846　約 800

④ 7780　約 7800

⑤ 8231　約 8200

⑥ 3511　約 3500

⑦ 4768　約 4800

⑧ 6074　約 6100

⑨ 7025　約 7000

月　日 名前

がい数 ③

四捨五入

❶ 四捨五入（ししゃごにゅう）して、千の位（くらい）までのがい数にしましょう。

① 13526　約14000

- 13526 ・千の位の数字の上に○。
- 13526 ・1つ下の位の数字を□でかこむ。
- 13526（4） ・□の数字を四捨五入。（0～4は、切り捨（す）て／5～9は、切り上げ）
- ・答えをかく。

② 2106　約 2000

③ 4627　約 5000

④ 24956　約 25000

⑤ 40362　約 40000

❷ 四捨五入して、一万の位までのがい数にしましょう。

① 64765　約 60000

② 87078　約 90000

③ 142974　約 140000

④ 496002　約 500000

月　日 名前

がい数 ④

四捨五入

❶ 四捨五入して、上から2けたのがい数にしましょう。

① 7385　約7400

- 7385 ・上(左)から2つ目の数字に○。
- 7385 ・1つ下の位の数字に□。(上から3つ目)
- 7385（4） ・□の数字を四捨五入。答えをかく。

② 4653　約 4700

③ 9342　約 9300

④ 8567　約 8600

⑤ 3542　約 3500

⑥ 28635　約 29000

⑦ 44782　約 45000

❷ 四捨五入して、上から3けたのがい数にしましょう。

① 45681　約 45700

② 23542　約 23500

③ 527369　約 527000

④ 493501　約 494000

月　日 名前

がい数 ⑤

以上・以下・未満

・以上…ある数をふくんで、それより大きい数。
・以下…ある数をふくんで、それより小さい数。
・未満…ある数をふくまないで、それより小さい数。

★1から10までの整数で考えます。
5以上…5をふくんで5より大きい数。
（5、6、7、8、9、10）
5以下…5をふくんで5より小さい数。
（1、2、3、4、5）
5未満…5をふくまないで5より小さい数。
（1、2、3、4）

① 1から10までの整数で、あてはまる数をかきましょう。

① 8以上（8，9，10）
② 4以下（1，2，3，4）
③ 3未満（1，2）
④ 7以上9以下（7，8，9）

② 5から8までの整数のはんいを、次の2つで表しましょう。

① 5 以上 8 以下　② 5 以上 9 未満

月　日 名前

がい数 ⑥

見積もり

① 四捨五入して上から1けたのがい数にして答えを見積もりましょう。

① 278＋115 → 300＋100＝400

② 745－298 → 700－300＝400

③ 490×23 → 500×20＝10000

④ 583÷33 → 600÷30＝20

② 遠足の電車代は、1人320円です。
27人のクラスではおよそ何円になりますか。
上から1けたのがい数に表して計算しましょう。

320 → （300）× 27 → （30）＝（9000）

答え およそ9000円

まとめテスト　月　日 名前

まとめ ③

がい数

/50点

① 次の数の百の位と千の位を四捨五入しましょう。（1つ5点／10点）

35420　① 百の位（35000）
② 千の位（40000）

② 次の数を四捨五入して〔　〕のがい数にしましょう。（1つ5点／20点）

① 2368〔百の位まで〕（約2400）　② 45480〔百の位まで〕（約45500）

③ 6537〔千の位まで〕（約7000）　④ 76125〔千の位まで〕（約76000）

③ 次の数を四捨五入して〔　〕のがい数にしましょう。（1つ5点／20点）

① 5290〔上から1けた〕（約5000）　② 86750〔上から1けた〕（約90000）

③ 7475〔上から2けた〕（約7500）　④ 98470〔上から2けた〕（約98000）

まとめテスト　月　日 名前

まとめ ④

がい数

/50点

① 1から10までの整数であてはまる数をかきましょう。（1つ5点／30点）

① 7以上（7，8，9，10）
② 3以下（1，2，3）
③ 4未満（1，2，3）
④ 3以上7以下（3，4，5，6，7）
⑤ 5以上9以下（5，6，7，8，9）
⑥ 5以上9未満（5，6，7，8）

② 次の計算を上から1けたのがい数にして計算しましょう。（1つ5点／20点）

① 180＋420 → 200＋400＝600

② 778－315 → 800－300＝500

③ 224×49 → 200×50＝10000

④ 598÷33 → 600÷30＝20

月　日 名前

わり算（÷1けた）①

筆算のしかた

① 40÷5を筆算でしましょう。

筆算のかき方

① 40をかく　② ）をかく　③ ―をかく　④ 5をかく

	4	0

)	4	0

)	4	0

5)	4	0

筆算をしましょう

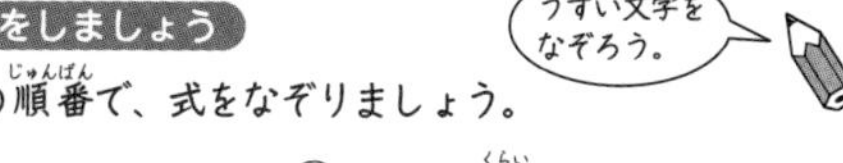

うすい文字をなぞろう。

② 上の順番（じゅんばん）で、式をなぞりましょう。

		8	←①たてる
5)	4	0	
	4	0	←②かける
		0	←③ひく

40の一の位（くらい）の上に、答えがくることをたしかめる。

① 答えに何をたてるか考える。
÷5だから、5のだん。
8をたてる

② 5×8をする。
かける
答えの40をかく。

③ わられる数40から②の答え40を**ひく**。

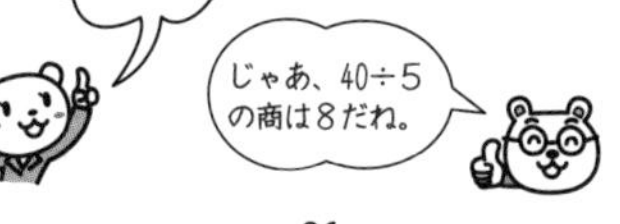

わり算の答えを商といいます。
じゃあ、40÷5の商は8だね。

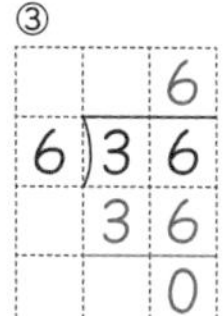

月　日 名前

わり算（÷1けた）②

商1けた（あまりなし・あり）

次の計算をしましょう。

①

		7
4)	2	8
	2	8
		0

②

		6
3)	1	8
	1	8
		0

③

		6
6)	3	6
	3	6
		0

④

		8
2)	1	6
	1	6
		0

⑤

		4
7)	3	0
	2	8
		2

⑥

		4
8)	3	7
	3	2
		5

⑦

		5
6)	3	4
	3	0
		4

⑧

		8
5)	4	3
	4	0
		3

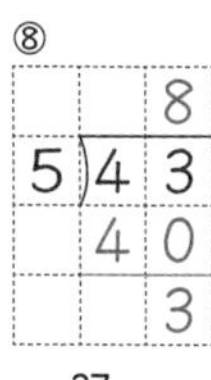

あまりもあるよ

月　日 名前

わり算（÷1けた）③

商2けた（あまりなし）

96÷4を筆算でしましょう。

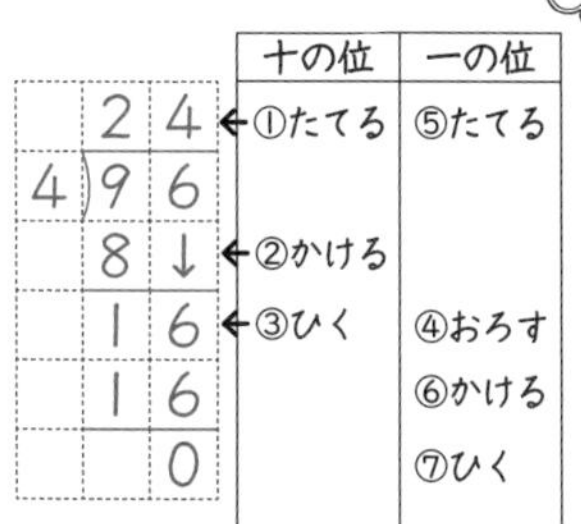

			十の位	一の位
	2	4	←①たてる	⑤たてる
4)	9	6		
	8	↓	←②かける	
	1	6	←③ひく	④おろす
	1	6		⑥かける
		0		⑦ひく

96の十の位（くらい）の上に、商がたつことをたしかめる。

① 答えに何をたてるか考える。
9÷4をする。
2をたてる

② 4×2をする。
かける
答えの8を、十の位にかく。

③ 9－8をする。
ひく

④ 一の位の6を、下にかく。
おろす

⑤ 16÷4を考える。
4をたてる

⑥ 4×4をする。
かける

⑦ 16－16をする。
ひく

順（じゅん）になぞってかこう。

月　日 名前

わり算（÷1けた）④

商2けた（あまりなし）

次の計算をしましょう。

①

	3	8
2)	7	6
	6	
	1	6
	1	6
		0

②

	1	9
4)	7	6
	4	
	3	6
	3	6
		0

③

	2	8
3)	8	4
	6	
	2	4
	2	4
		0

④

	1	5
5)	7	5
	5	
	2	5
	2	5
		0

⑤

	1	4
6)	8	4
	6	
	2	4
	2	4
		0

⑥

	1	2
8)	9	6
	8	
	1	6
	1	6
		0

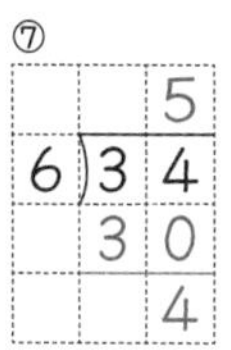

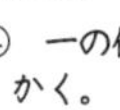

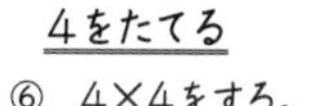

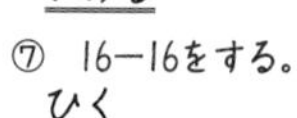

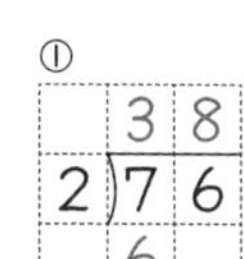

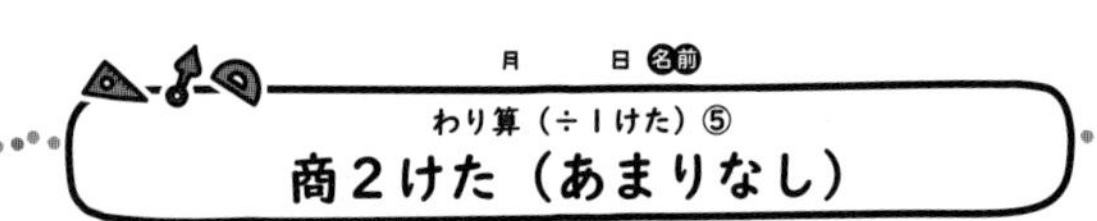

月　日 名前

わり算（÷１けた）⑤

商２けた（あまりなし）

次の計算をしましょう。

①

	2	4
3)	7	2
	6	
	1	2
	1	2
		0

②

	2	4
4)	9	6
	8	
	1	6
	1	6
		0

③

	4	9
2)	9	8
	8	
	1	8
	1	8
		0

④

	1	4
3)	4	2
	3	
	1	2
	1	2
		0

⑤

	1	8
5)	9	0
	5	
	4	0
	4	0
		0

⑥

	1	2
7)	8	4
	7	
	1	4
	1	4
		0

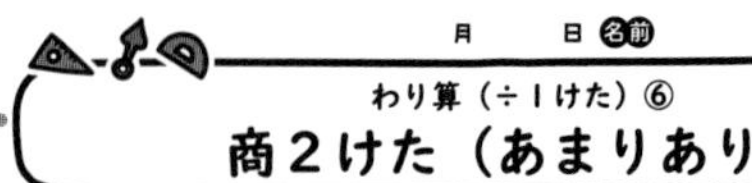

月　日 名前

わり算（÷１けた）⑥

商２けた（あまりあり）

次の計算をしましょう。

①

	2	9
3)	8	9
	6	
	2	9
	2	7
		2

②

	3	9
2)	7	9
	6	
	1	9
	1	8
		1

③

	1	4
6)	8	8
	6	
	2	8
	2	4
		4

④

	1	3
5)	6	8
	5	
	1	8
	1	5
		3

⑤

	2	4
4)	9	9
	8	
	1	9
	1	6
		3

⑥

	1	3
7)	9	3
	7	
	2	3
	2	1
		2

月　日 名前

わり算（÷１けた）⑦

商３けた（あまりなし）

次の計算をしましょう。

①

	4	5	7
2)	9	1	4
	8		
	1	1	
	1	0	
		1	4
		1	4
			0

②

	2	6	8
3)	8	0	4
	6		
	2	0	
	1	8	
		2	4
		2	4
			0

③

	2	4	9
4)	9	9	6
	8		
	1	9	
	1	6	
		3	6
		3	6
			0

④

	1	4	7
5)	7	3	5
	5		
	2	3	
	2	0	
		3	5
		3	5
			0

⑤

	1	4	6
6)	8	7	6
	6		
	2	7	
	2	4	
		3	6
		3	6
			0

⑥

	2	3	7
4)	9	4	8
	8		
	1	4	
	1	2	
		2	8
		2	8
			0

月　日 名前

わり算（÷１けた）⑧

商３けた（あまりあり）

次の計算をしましょう。

①

	2	1	8
4)	8	7	4
	8		
		7	
		4	
		3	4
		3	2
			2

②

	1	1	5
5)	5	7	7
	5		
		7	
		5	
		2	7
		2	5
			2

③

	2	2	7
3)	6	8	3
	6		
		8	
		6	
		2	3
		2	1
			2

④

	1	1	6
6)	6	9	8
	6		
		9	
		6	
		3	8
		3	6
			2

⑤

	2	1	1
4)	8	4	7
	8		
		4	
		4	
			7
			4
			3

⑥

	4	3	7
2)	8	7	5
	8		
		7	
		6	
		1	5
		1	4
			1

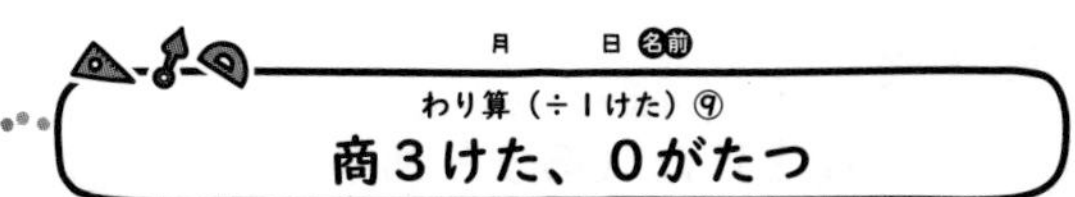

月　日 名前

わり算（÷１けた）⑨

商３けた、０がたつ

次の計算をしましょう。

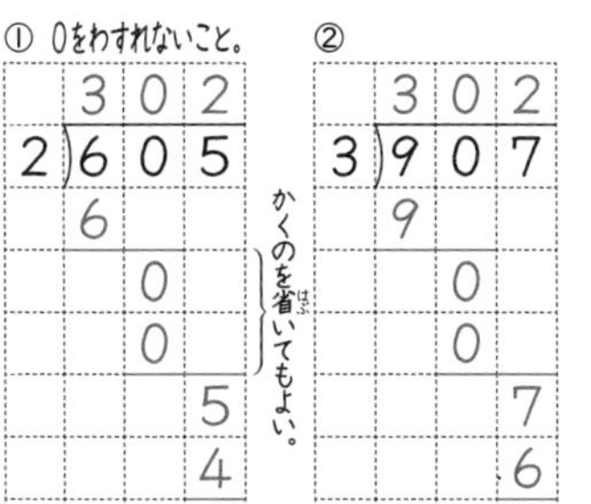

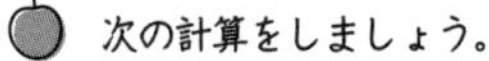

① ０をわすれないこと。
302
2)605
6
0
0
5
4
1

かくのを省いてもよい。

② 302
3)907
9
0
0
7
6
1

③ 205
4)823
8
2
0
23
20
3

④ 109
5)545
5
4
0
45
45
0

⑤ 205
3)615
6
1
0
15
15
0

⑥ 104
8)832
8
3
0
32
32
0

月　日 名前

わり算（÷１けた）⑩

商３けた、０がたつ

次の計算をしましょう。

① ０をわすれないこと。
140
6)845
6
24
24
5
0
5

かくのを省いてもよい。

② 150
5)753
5
25
25
3
0
3

③ 140
7)984
7
28
28
4
0
4

④ 180
4)720
4
32
32
0
0
0

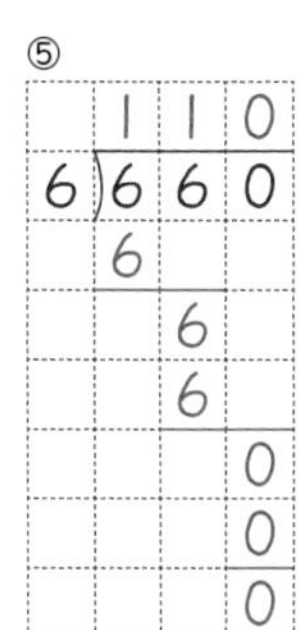

⑤ 110
6)660
6
6
6
0
0
0

⑥ 120
8)960
8
16
16
0
0
0

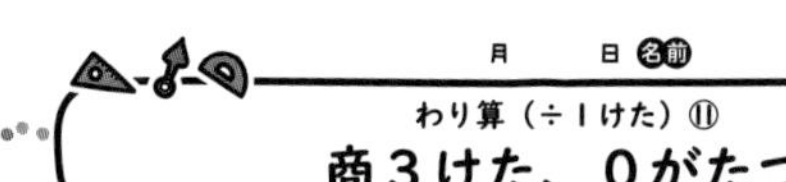

月　日 名前

わり算（÷１けた）⑪

商３けた、０がたつ

次の計算をしましょう。

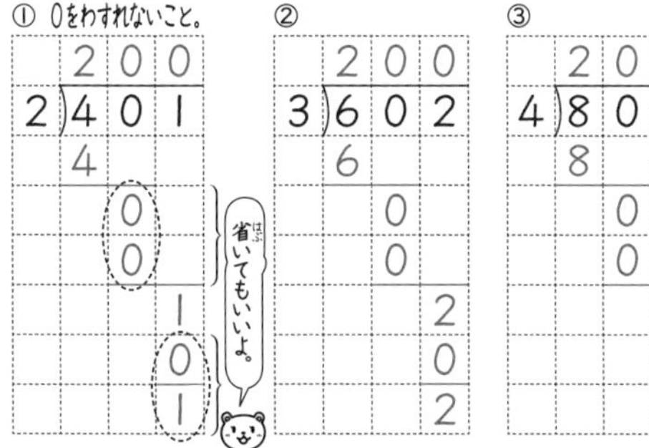

① ０をわすれないこと。
200
2)401
4
0
0
1
0
1

省いてもいいよ。

② 200
3)602
6
0
0
2
0
2

③ 200
4)803
8
0
0
3
0
3

④ 102
7)715
7
1
0
15
14
1

⑤ 408
2)817
8
1
0
17
16
1

⑥ 307
3)922
9
2
0
22
21
1

月　日 名前

わり算（÷１けた）⑫

商３けた、０がたつ

次の計算をしましょう。０の計算は省きましょう。

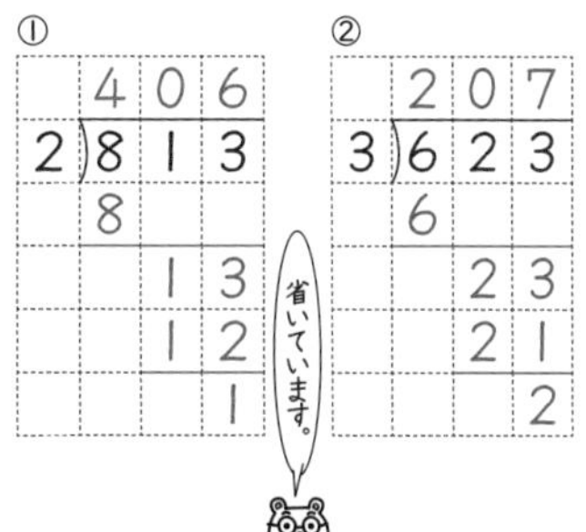

① 406
2)813
8
13
12
1

省いています。

② 207
3)623
6
23
21
2

③ 180
4)722
4
32
32
2

④ 140
6)845
6
24
24
5

⑤ 201
4)807
8
7
4
3

⑥ 400
2)801
8
1

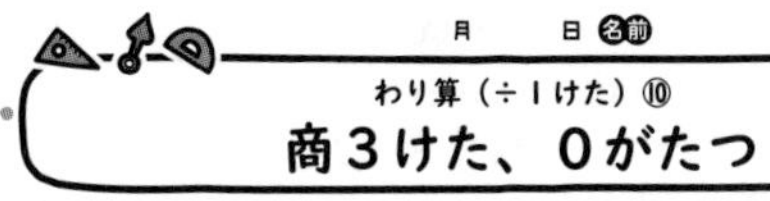

月　日 名前

わり算（÷１けた）⑬

商２けた（あまりなし）

次の計算をしましょう。

① ↓✕はかかない。

	✕	6	7
7)	4	6	9
	4	2	
		4	9
		4	9
			0

②

		3	3
9)	2	9	7
	2	7	
		2	7
		2	7
			0

③

		6	5
3)	1	9	5
	1	8	
		1	5
		1	5
			0

④

		6	8
2)	1	3	6
	1	2	
		1	6
		1	6
			0

⑤

		9	6
6)	5	7	6
	5	4	
		3	6
		3	6
			0

⑥

		9	7
8)	7	7	6
	7	2	
		5	6
		5	6
			0

月　日 名前

わり算（÷１けた）⑭

商２けた（あまりあり）

次の計算をしましょう。

①

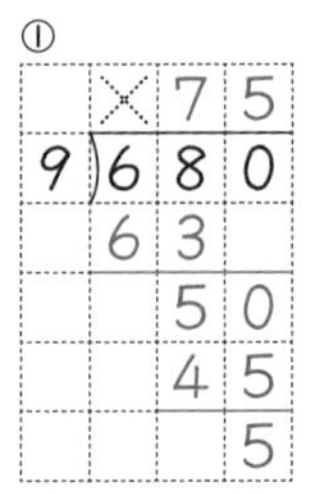

	✕	7	5
9)	6	8	0
	6	3	
		5	0
		4	5
			5

②

		9	7
6)	5	8	7
	5	4	
		4	7
		4	2
			5

③

		2	3
8)	1	9	1
	1	6	
		3	1
		2	4
			7

④

		6	7
5)	3	3	7
	3	0	
		3	7
		3	5
			2

⑤

		3	4
7)	2	4	4
	2	1	
		3	4
		2	8
			6

⑥

		4	5
4)	1	8	2
	1	6	
		2	2
		2	0
			2

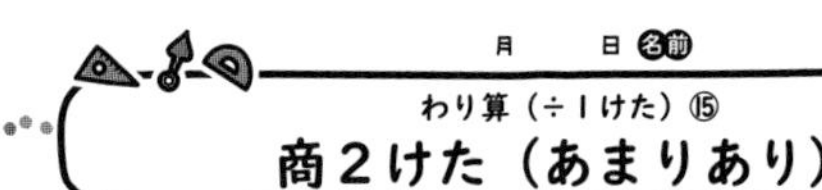

月　日 名前

わり算（÷１けた）⑮

商２けた（あまりあり）

次の計算をしましょう。

①

		7	8
8)	6	3	1
	5	6	
		7	1
		6	4
			7

②

		3	6
6)	2	2	1
	1	8	
		4	1
		3	6
			5

③

		2	3
9)	2	1	4
	1	8	
		3	4
		2	7
			7

④

		6	6
6)	4	0	0
	3	6	
		4	0
		3	6
			4

⑤

		6	6
9)	6	0	1
	5	4	
		6	1
		5	4
			7

⑥

		2	8
8)	2	3	0
	1	6	
		7	0
		6	4
			6

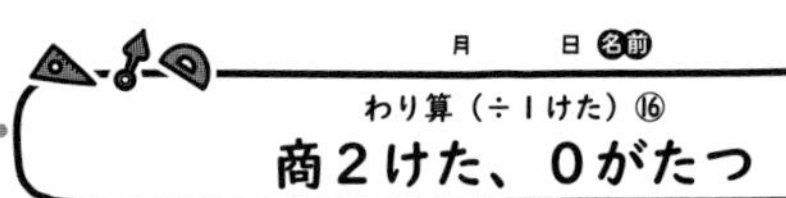

月　日 名前

わり算（÷１けた）⑯

商２けた、０がたつ

次の計算をしましょう。０の計算は省（はぶ）きましょう。

①

		4	0
7)	2	8	3
	2	8	
			3

②

		6	0
2)	1	2	1
	1	2	
			1

③

		6	0
8)	4	8	5
	4	8	
			5

④

		5	0
7)	3	5	4
	3	5	
			4

⑤

		7	0
6)	4	2	0
	4	2	
			0

⑥

		9	0
4)	3	6	0
	3	6	
			0

月　日 名前

まとめ ⑤

わり算（÷１けた）

／50点

① 次の計算をしましょう。（１つ６点／30点）

①
```
   24
3)72
  6
  12
  12
   0
```
②
```
   23
4)95
  8
  15
  12
   3
```
③
```
   13
6)81
  6
  21
  18
   3
```
④
```
  155
5)775
  5
  27
  25
   25
   25
    0
```
⑤
```
  124
7)869
  7
  16
  14
   29
   28
    1
```

② 51まいの画用紙を３クラスで同じ数ずつ分けます。
１クラス何まいになりますか。（式10点、答え10点／20点）

式 51÷３＝17

答え 17まい

42

月　日 名前

まとめ ⑥

わり算（÷１けた）

／50点

① 次の計算をしましょう。（１つ６点／30点）

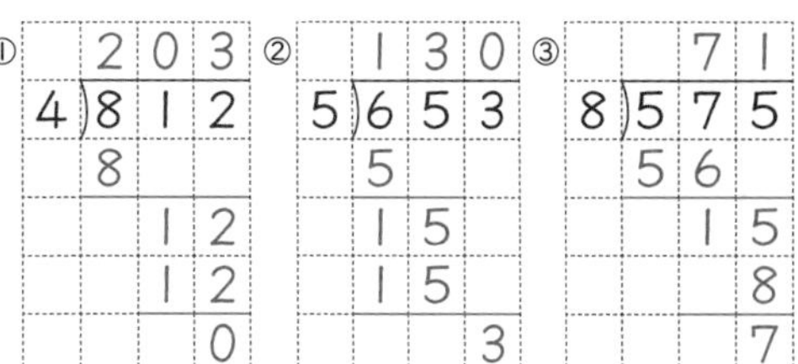

①
```
  203
4)812
  8
    12
    12
     0
```
②
```
  130
5)653
  5
  15
  15
    3
```
③
```
   71
8)575
  56
   15
    8
    7
```
④
```
   61
6)367
  36
    7
    6
    1
```
⑤
```
   60
7)423
  42
    3
```

② 125本の花を６本ずつの花束（はなたば）にします。
花束は何束できて何本あまりますか。（式10点、答え10点／20点）

式 125÷６＝20あまり５

答え 20束できて，５本あまる

43

月　日 名前

小 数 ①

おぼえているかな

① 次のかさを小数で表しましょう。

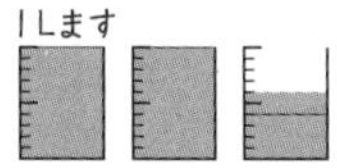

（ 2.6L ）

② （　）にあてはまる数をかきましょう。

① 0.1を３こ集めた数。（ 0.3 ）

② 0.1を８こ集めた数。（ 0.8 ）

③ 0.1を25こ集めた数。（ 2.5 ）

④ １と0.7をあわせた数。（ 1.7 ）

⑤ ２と0.6をあわせた数。（ 2.6 ）

⑥ １を３こと0.1を４こあわせた数。（ 3.4 ）

③ 数直線のめもりを読みましょう。

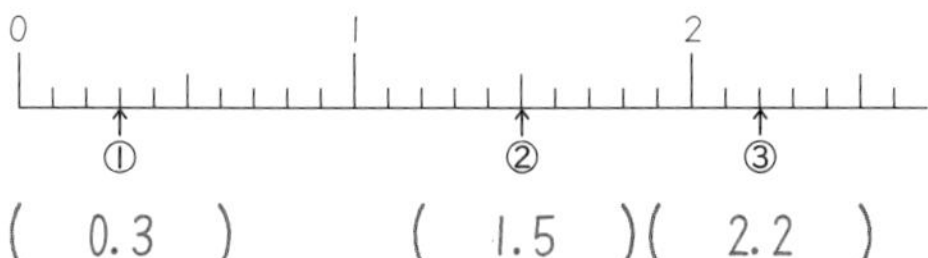

（ 0.3 ）（ 1.5 ）（ 2.2 ）

44

月　日 名前

小 数 ②

おぼえているかな

① 次の計算をしましょう。

①
```
  0.8
+ 0.7
  1.5
```
②
```
  6.8
+ 3.2
 10.0
```
③
```
  5.7
+ 8.8
 14.5
```
④
```
  1.7
- 0.9
  0.8
```
⑤
```
  6
- 3.7
  2.3
```
⑥
```
  9.4
- 5
  4.4
```

② 長さが7.4mのテープと6.6mのテープがあります。

① ２つのテープをあわせると何mになりますか。

式 7.4＋6.6＝14.0

答え 14m

② ２つのテープのちがいは何mですか。

式 7.4－6.6＝0.8

答え 0.8m

45

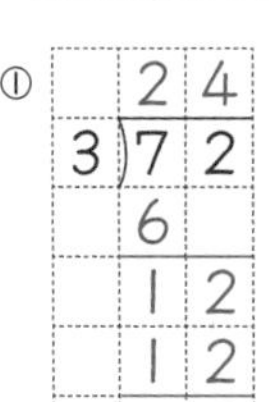

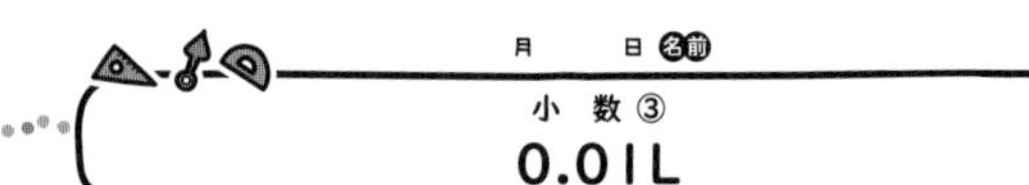

小数③

0.01L

水とうの水の量(りょう)を、リットルますではかりました。

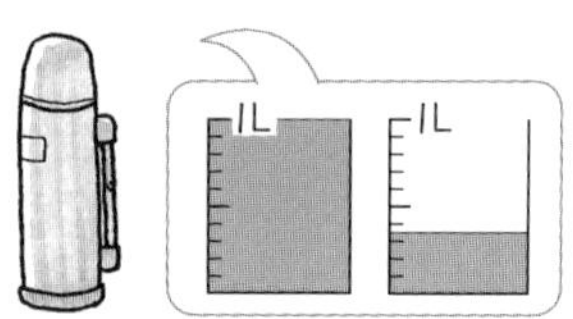

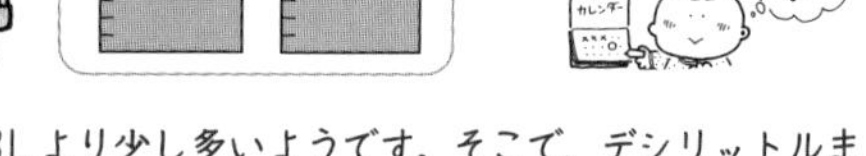

◉1.3Lより少し多いようです。そこで、デシリットルます（0.1Lます）も使いました。

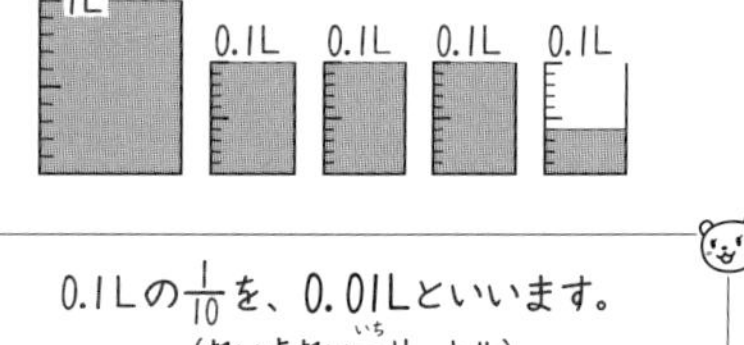

0.1Lの$\frac{1}{10}$を、0.01Lといいます。
（れい点れい一(いち)リットル）

水とうの水は、1.34Lです。一点三四(いちてんさんよん)Lと読みます。

※小数点より右にかいている数は、数をそのまま読みます。

3.29（さん点にきゅう）　2.08（に点れいはち）

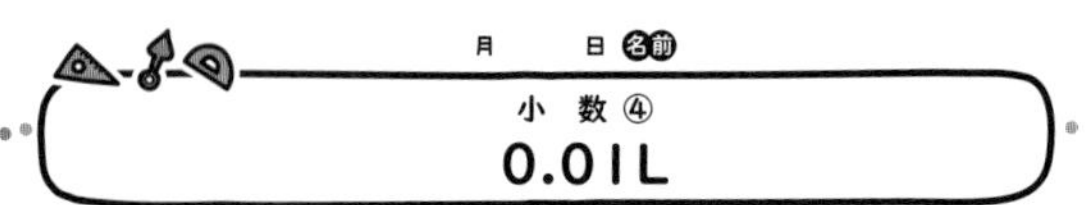

月　日 名前

小数④

0.01L

次のかさは、何Lですか。

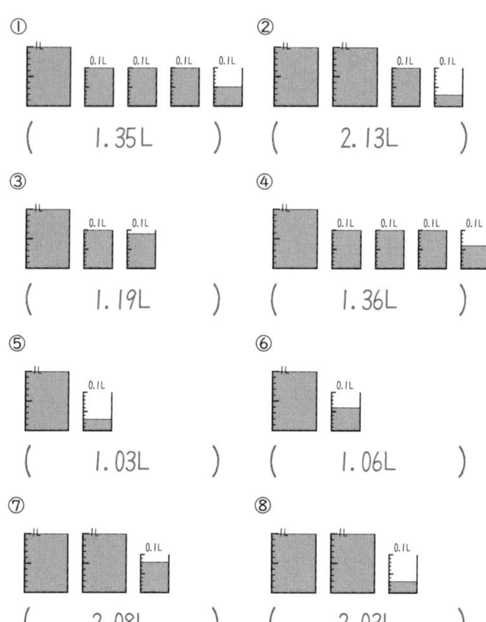

① （ 1.35L ）　② （ 2.13L ）

③ （ 1.19L ）　④ （ 1.36L ）

⑤ （ 1.03L ）　⑥ （ 1.06L ）

⑦ （ 2.08L ）　⑧ （ 2.03L ）

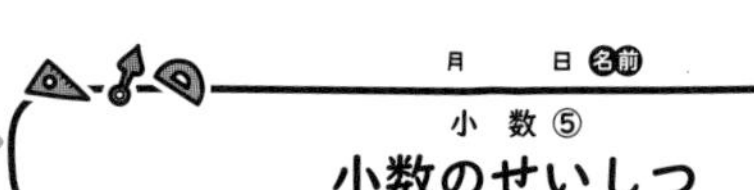

小数⑤

小数のせいしつ

1、0.1、0.01、0.001の関係(かんけい)を考えましょう。

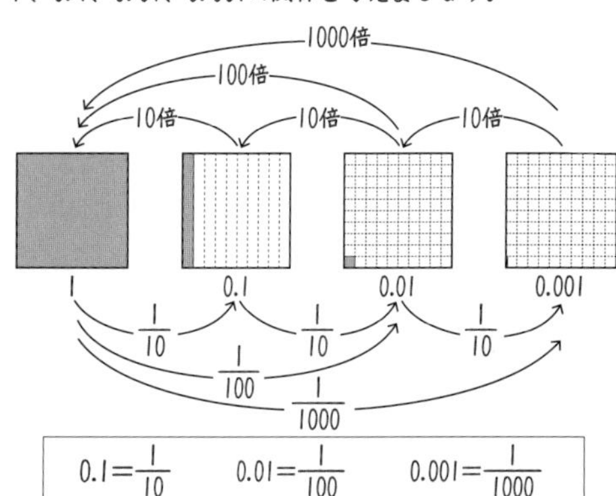

$0.1=\frac{1}{10}$　$0.01=\frac{1}{100}$　$0.001=\frac{1}{1000}$

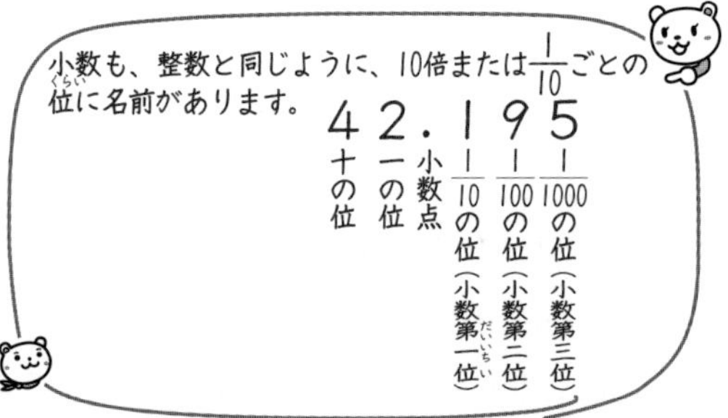

小数も、整数と同じように、10倍または$\frac{1}{10}$ごとの位(くらい)に名前があります。

4 2 . 1 9 5

十の位　一の位　小数点　$\frac{1}{10}$の位（小数第一位）　$\frac{1}{100}$の位（小数第二位）　$\frac{1}{1000}$の位（小数第三位）

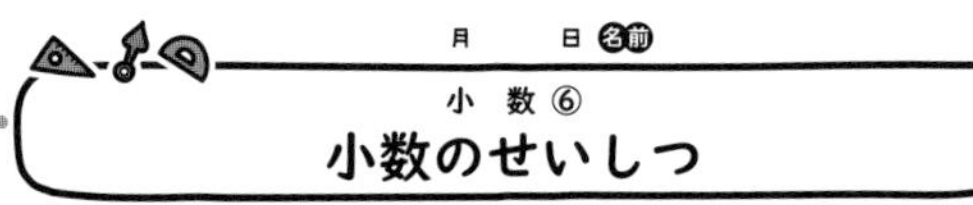

小数⑥

小数のせいしつ

1 42.195について考えましょう。

① 42.195の4は、10を［4］こ
② 42.195の2は、1を［2］こ
③ 42.195の1は、0.1を［1］こ
④ 42.195の9は、0.01を［9］こ
⑤ 42.195の5は、0.001を［5］こ
集めた数です。

2 （　）にあてはまる数をかきましょう。

① 2.45の10倍　（ 24.5 ）
② 6.13の100倍　（ 613 ）
③ 15.6の$\frac{1}{10}$　（ 1.56 ）
④ 21.7の$\frac{1}{100}$　（ 0.217 ）

3 数直線のめもりを読みましょう。

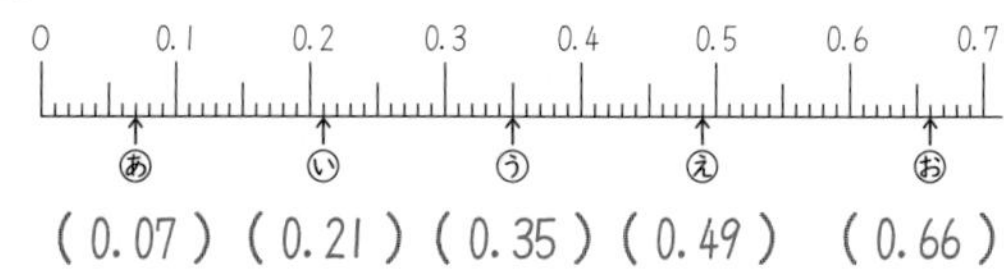

（ 0.07 ）（ 0.21 ）（ 0.35 ）（ 0.49 ）（ 0.66 ）

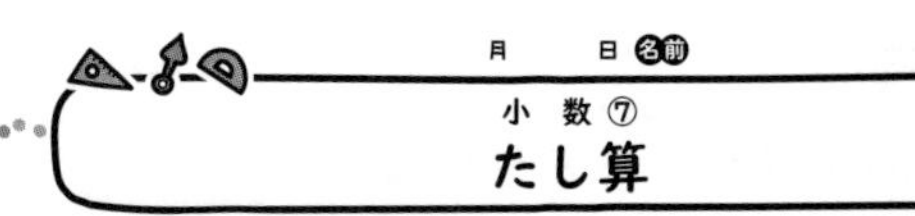

月　日 名前

小数⑦

たし算

次の計算をしましょう。

① 2.6+3.4
2.6
+3.4
6.0

答えが整数になるときは、右の0と小数点は、線で消します。

② 6.2+2.8
6.2
+2.8
9.0

③ 8.1+4.9
8.1
+4.9
13.0

④ 4.5+5
4.5
+5
9.5

5は5.0です。一の位(くらい)をそろえましょう。

⑤ 1.8+9
1.8
+9
10.8

⑥ 5+3.8
5
+3.8
8.8

⑦ 1.56+3.24
1.56
+3.24
4.80

⑧ 3.04+2.08
3.04
+2.08
5.12

⑨ 4.76+5.09
4.76
+5.09
9.85

⑩ 3+1.73
3
+1.73
4.73

⑪ 0.29+8
0.29
+8
8.29

⑫ 5.4+2.67
5.4
+2.67
8.07

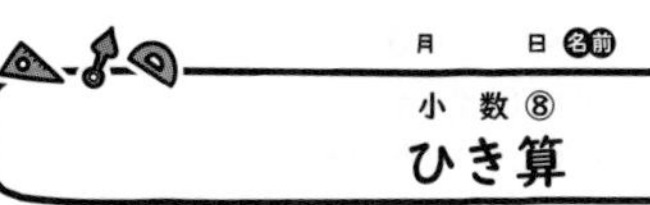

月　日 名前

小数⑧

ひき算

次の計算をしましょう。

① 9.4−3.4
9.4
−3.4
6.0

答えが整数になるときは、右の0と小数点は、線で消します。

② 6.3−6.1
6.3
−6.1
0.2

小数点より小さい位だけ数があるとき、一の位に0をかきます。

③ 9−2.6
9.0
−2.6
6.4

9を9.0と考えて計算します。

④ 6−4.3
6
−4.3
1.7

⑤ 7.2−3
7.2
−3
4.2

⑥ 3.78−1.25
3.78
−1.25
2.53

⑦ 6.27−2.19
6.27
−2.19
4.08

⑧ 7.42−5.68
7.42
−5.68
1.74

⑨ 5.8−2.37
5.8
−2.37
3.43

⑩ 4.65−3.4
4.65
−3.4
1.25

⑪ 6−4.88
6
−4.88
1.12

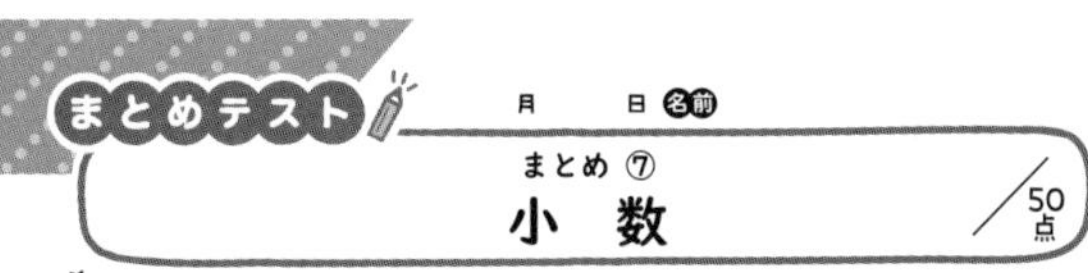

まとめテスト　月　日 名前

まとめ⑦

小　数

/50点

① 次のかさは何Lですか。（1つ5点／10点）

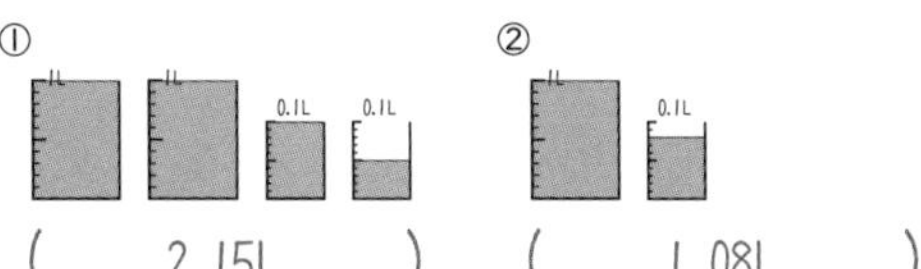

① (2.15L)　② (1.08L)

② 3.21について答えましょう。（1つ5点／15点）

① 1は何の位(くらい)の数字ですか。 ($\frac{1}{100}$)

② 2は何が2こあることを表していますか。(0.1)

③ 0.01を何こ集めた数ですか。 (321こ)

③ (　)にあてはまる数をかきましょう。（1つ5点／10点）

① 0.86の10倍 (8.6)　② 7.62の$\frac{1}{10}$ (0.762)

④ 数直線のめもりを読みましょう。（1つ5点／15点）

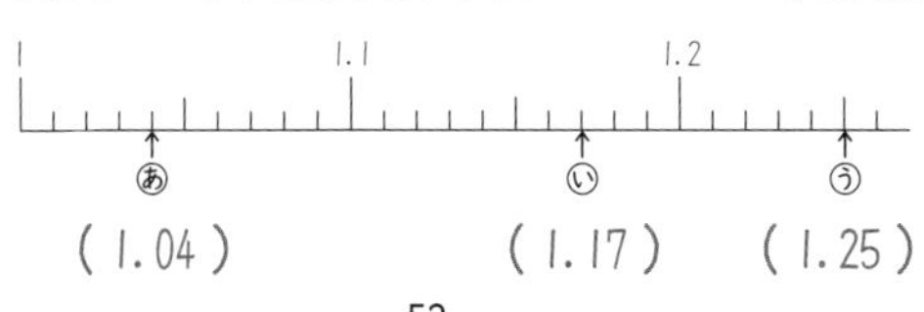

あ (1.04)　い (1.17)　う (1.25)

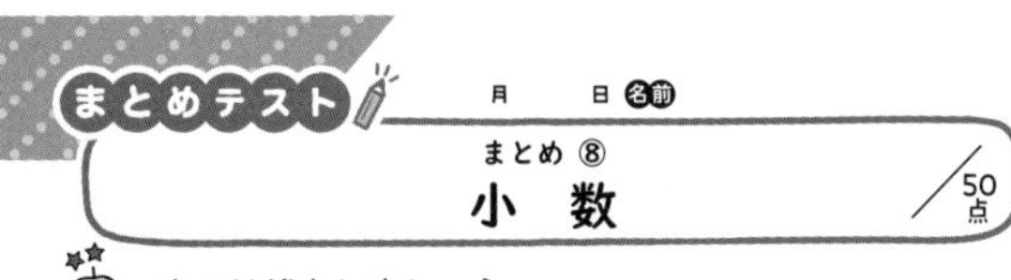

まとめテスト　月　日 名前

まとめ⑧

小　数

/50点

① 次の計算をしましょう。（1つ5点／30点）

①
3.6
+4.4
8.0

②
1.65
+2.74
4.39

③ 3+2.47
3
+2.47
5.47

④
8.4
−7.6
0.8

⑤
5.69
−3.71
1.98

⑥ 4−1.54
4
−1.54
2.46

② 1.5Lの水が入った水とうと、0.75Lの水が入った水とうがあります。

① あわせると水は何Lになりますか。（式5点、答え5点／10点）

式 1.5+0.75=2.25

答え 2.25L

② ちがいは何Lですか。（式5点、答え5点／10点）

式 1.5−0.75=0.75

答え 0.75L

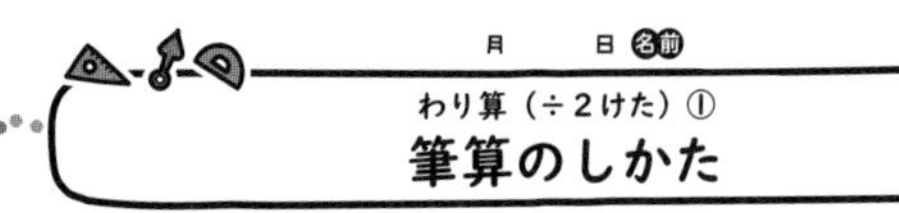

わり算（÷2けた）①

筆算のしかた

36÷12の筆算のしかたを考えましょう。

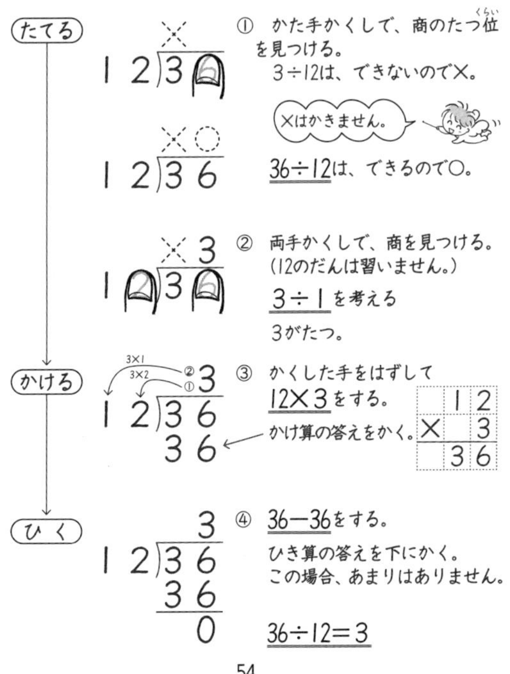

たてる
①　かた手かくして、商のたつ位を見つける。
3÷12は、できないので×。
×はかきません。
36÷12は、できるので○。
②　両手かくして、商を見つける。
(12のだんは習いません。)
3÷1を考える
3がたつ。
かける
3×1
3×2
③　かくした手をはずして
12×3をする。
かけ算の答えをかく。
ひく
④　36−36をする。
ひき算の答えを下にかく。
この場合、あまりはありません。
36÷12=3

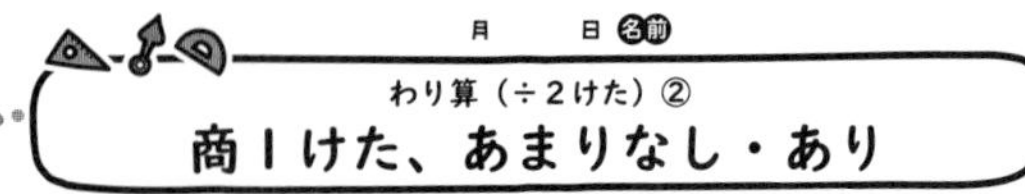

わり算（÷2けた）②

商1けた、あまりなし・あり

次の計算をしましょう。

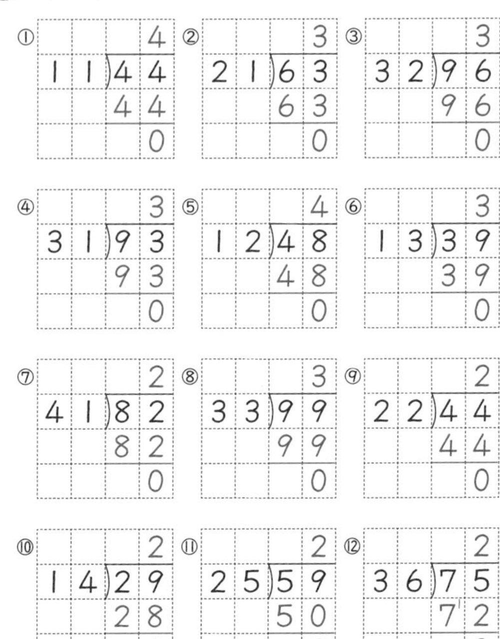

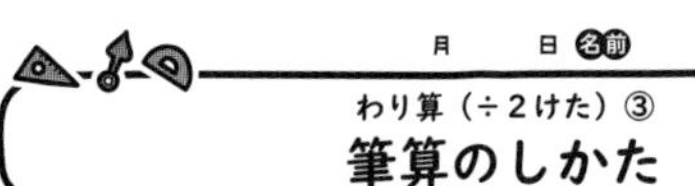

わり算（÷2けた）③

筆算のしかた

215÷43の筆算のしかたを考えましょう。

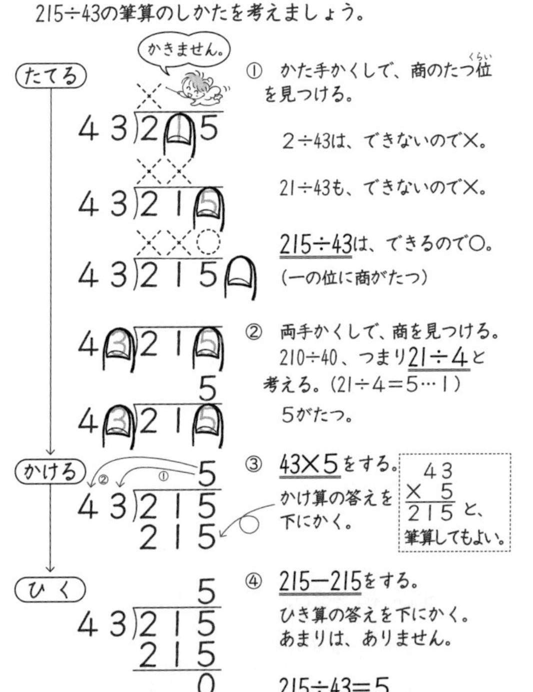

かきません。
たてる
①　かた手かくして、商のたつ位を見つける。
2÷43は、できないので×。
21÷43も、できないので×。
215÷43は、できるので○。
(一の位に商がたつ)
②　両手かくして、商を見つける。
210÷40、つまり21÷4と考える。(21÷4=5…1)
5がたつ。
かける
③　43×5をする。
かけ算の答えを下にかく。
43 × 5 215 と、筆算してもよい。
ひく
④　215−215をする。
ひき算の答えを下にかく。
あまりは、ありません。
215÷43=5

月　日 名前

わり算（÷2けた）④

商のたつ位置

わり算の商がたつ位置に、○をしましょう（1か所とはかぎりません）。

① 41)82 （○は一の位）

② 33)99 （○は一の位）

③ 78)468 （○は一の位）

④ 94)372 （○は一の位）

⑤ 27)395 （○は十の位と一の位）

⑥ 45)799 （○は十の位と一の位）

⑦ 68)408 （○は一の位）

⑧ 19)507 （○は十の位と一の位）

月　日　名前

わり算（÷2けた）⑤

仮商修正なし（あまりなし）

次の計算をしましょう。

① 5
46)230
$23^{3}0$
0

② 4
34)136
$13^{1}6$
0

③ 3
56)168
$16^{1}8$
0

④ 6
42)252
$25^{1}2$
0

⑤ 7
34)238
$23^{2}8$
0

⑥ 6
67)402
$40^{4}2$
0

⑦ 7
57)399
$39^{4}9$
0

⑧ 3
74)222
$22^{1}2$
0

月　日　名前

わり算（÷2けた）⑥

仮商修正なし（あまりあり）

次の計算をしましょう。

① 7
84)589
$58^{2}8$
1

② 7
62)436
$43^{1}4$
2

③ 4
47)191
$18^{2}8$
3

④ 4
53)214
$21^{1}2$
2

⑤ 6
78)469
$46^{4}8$
1

⑥ 4
98)394
$39^{3}2$
2

⑦ 9
87)786
$78^{6}3$
3

⑧ 6
68)412
$40^{4}8$
4

月　日　名前

わり算（÷2けた）⑦

仮商修正１回（あまりなし）

次の計算をしましょう。

① ~~9~~ 8
23)184
$18^{2}4$
0

・18÷2＝9
9をたてる。

$23 \times 9 = 207$

・9だと大きすぎるので
8をたてる。

$23 \times 8 = 184$

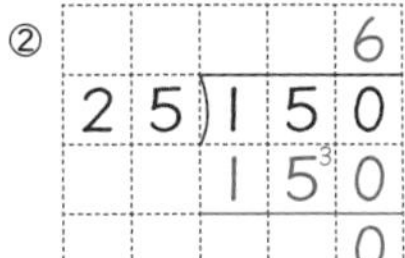

② 6
25)150
$15^{3}0$
0

③ 8
59)472
$47^{7}2$
0

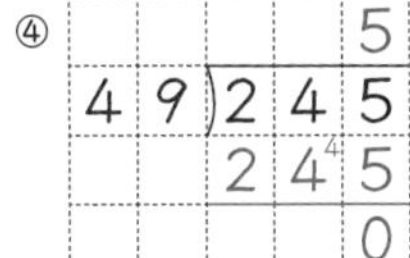

④ 5
49)245
$24^{4}5$
0

⑤ 4
28)112
$11^{3}2$
0

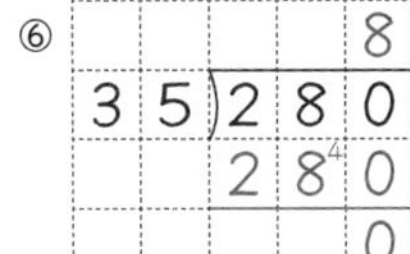

⑥ 8
35)280
$28^{4}0$
0

⑦ 6
38)228
$22^{4}8$
0

月　日　名前

わり算（÷2けた）⑧

仮商修正１回（あまりあり）

次の計算をしましょう。

① ~~7~~ 6
48)289
$28^{4}8$
1

② 5
27)137
$13^{3}5$
2

③ 5
25)128
$12^{2}5$
3

④ 6
59)358
$35^{5}4$
4

⑤ 7
69)488
$48^{6}3$
5

⑥ 8
79)638
$63^{7}2$
6

⑦ 8
68)551
$54^{6}4$
7

⑧ 7
58)414
$40^{5}6$
8

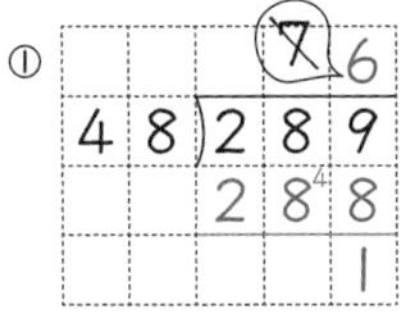

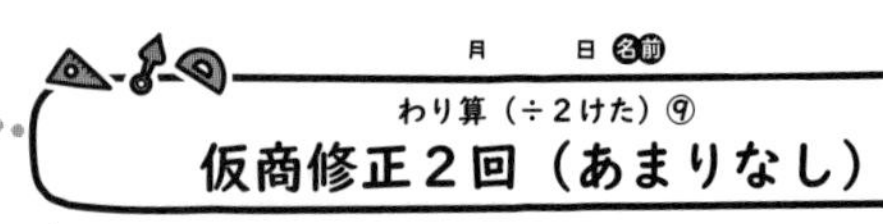

月　日 名前

わり算（÷2けた）⑨

仮商修正2回（あまりなし）

次の計算をしましょう。

① 26)182　商 ~~9~~→~~8~~→7　182　0

② 27)162　商 6　162　0

③ 28)140　商 5　140　0

④ 29)174　商 6　174　0

⑤ 39)273　商 7　273　0

⑥ 27)189　商 7　189　0

⑦ 28)196　商 7　196　0

⑧ 29)145　商 5　145　0

月　日 名前

わり算（÷2けた）⑩

仮商修正2～3回（あまりあり）

次の計算をしましょう。

① 28)170　商 ~~8~~→~~7~~→6　168　2

② 25)191　商 7　175　16

③ 38)280　商 7　266　14

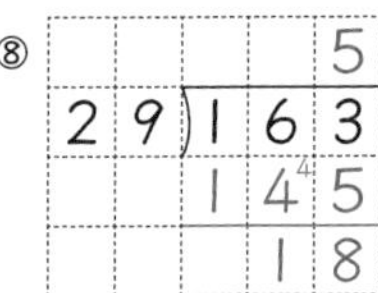

④ 47)360　商 7　329　31

⑤ 49)370　商 7　343　27

⑥ 26)183　商 7　182　1

⑦ 28)185　商 6　168　17

⑧ 29)163　商 5　145　18

月　日 名前

わり算（÷2けた）⑪

商は9から

次の計算をしましょう。

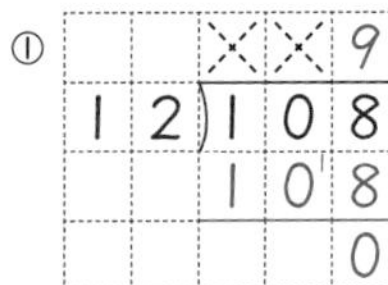

① 12)108　商 9　108　0

- 108÷12で8と2をかくして考えると10÷1で10がたつ。
- 商は1の位（くらい）にたつので、10を9に変（か）えて考える。

② 14)126　商 9　126　0

③ 27)243　商 9　243　0

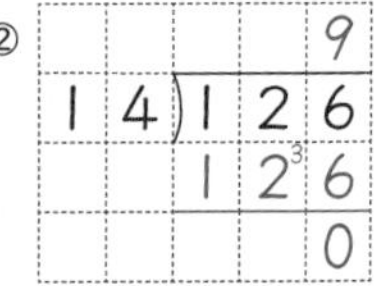

④ 29)261　商 9　261　0

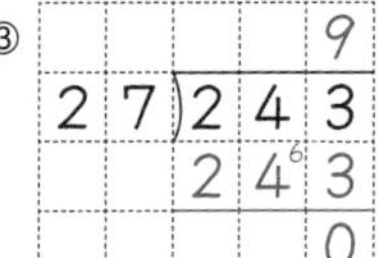

⑤ 35)315　商 9　315　0

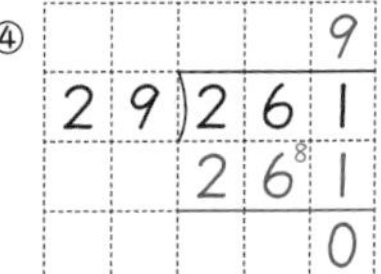

⑥ 45)405　商 9　405　0

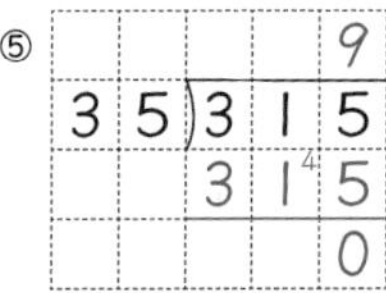

⑦ 57)513　商 9　513　0

月　日 名前

わり算（÷2けた）⑫

商は9から

次の計算をしましょう。

① 25)216　商 ~~9~~→8　200　16

- 216÷25で6と5をかくして考えると21÷2で10がたつ。
- 商は1けたなので、9をたてて考える。
- 9も大きいので8にする。

② 36)312　商 8　288　24

③ 26)210　商 8　208　2

④ 35)305　商 8　280　25

⑤ 28)233　商 8　224　9

⑥ 17)130　商 7　119　11

⑦ 18)110　商 6　108　2

月　日 名前

わり算（÷2けた）⑬

商2けた（仮商修正なし）

次の計算をしましょう。

①

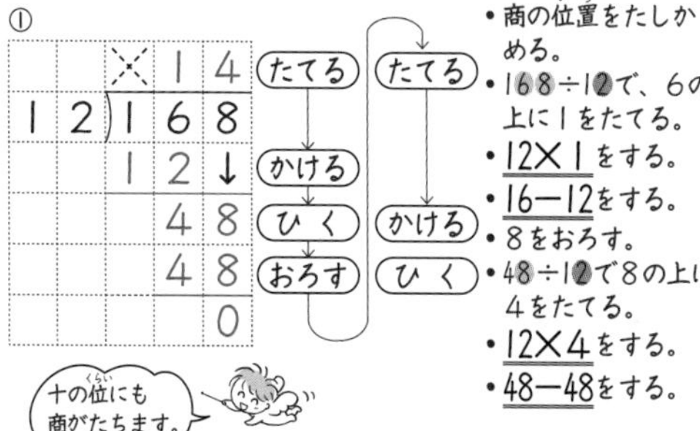


```
    14
12)168
   12↓
    48
    48
     0
```

- 商の位置（いち）をたしかめる。
- 16÷12で、6の上に1をたてる。
- 12×1をする。
- 16−12をする。
- 8をおろす。
- 48÷12で8の上に4をたてる。
- 12×4をする。
- 48−48をする。

十の位（くらい）にも商がたちます。

②

```
    15
32)480
   32
   160
   160
     0
```

③

```
    12
72)864
   72
   144
   144
     0
```


月　日 名前

わり算（÷2けた）⑭

商2けた（仮商修正なし）

次の計算をしましょう。

①

```
    13
45)585
   45
   135
   135
     0
```

②

```
    11
22)242
   22
    22
    22
     0
```

③

```
    11
68)748
   68
    68
    68
     0
```

④

```
    22
23)506
   46
    46
    46
     0
```

⑤

```
    47
21)987
   84
   147
   147
     0
```

⑥

```
    11
84)924
   84
    84
    84
     0
```


月　日 名前

わり算（÷2けた）⑮

商2けた（仮商修正なし）

次の計算をしましょう。

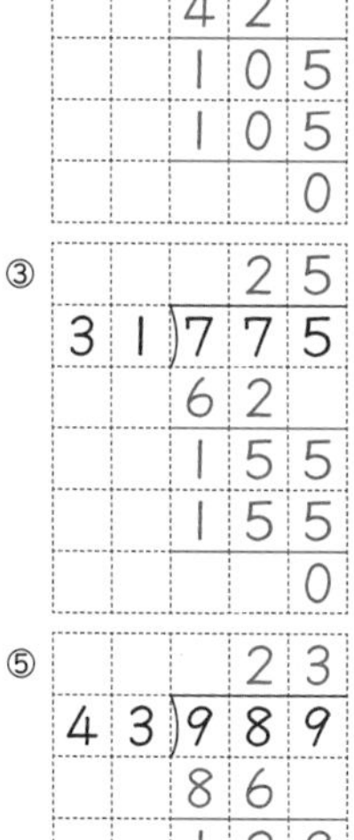

①

```
    25
21)525
   42
   105
   105
     0
```

②

```
    22
22)484
   44
    44
    44
     0
```

③

```
    25
31)775
   62
   155
   155
     0
```

④

```
    54
11)594
   55
    44
    44
     0
```

⑤

```
    23
43)989
   86
   129
   129
     0
```

⑥

```
    24
32)768
   64
   128
   128
     0
```


月　日 名前

わり算（÷2けた）⑯

商2けた（仮商修正なし）

次の計算をしましょう。

①

```
    21
42)910
   84
    70
    42
    28
```

②

```
    23
38)878
   76
   118
   114
     4
```

③

```
    24
35)845
   70
   145
   140
     5
```

④

```
    23
41)945
   82
   125
   123
     2
```

⑤

```
    23
31)725
   62
   105
    93
    12
```

⑥

```
    33
12)398
   36
    38
    36
     2
```

月　日 名前

わり算（÷２けた）⑰

商２けた（仮商修正１回）

次の計算をしましょう。

①
```
    (3)2 6 (7)
2 4)6 2 4
    4 8
    1 4 4
    1 4 4
        0
```
- 624÷24を考え　3をたてる。
- 大きすぎるので　2をたてる。
- かける→ひく→おろす。
- 144÷24を考え、7をたてる。
- 大きすぎるので、6をたてる。

```
  2 4
× 　3
  7 2
```

②
```
      1 8
4 6)8 2 8
    4 6
    3 6 8
    3 6 8
        0
```
③
```
      2 8
3 3)9 2 4
    6 6
    2 6 4
    2 6 4
        0
```
④
```
      1 7
4 9)8 3 3
    4 9
    3 4 3
    3 4 3
        0
```
⑤
```
      3 7
2 5)9 2 5
    7 5
    1 7 5
    1 7 5
        0
```


月　日 名前

わり算（÷２けた）⑱

商２けた（仮商修正１回）

次の計算をしましょう。

①
```
      3 2
2 6)8 3 3
    7 8
      5 3
      5 2
        1
```
②
```
      1 8
4 6)8 3 0
    4 6
    3 7 0
    3 6 8
        2
```
③
```
      2 4
3 9)9 3 9
    7 8
    1 5 9
    1 5 6
        3
```
④
```
      2 4
2 8)6 7 6
    5 6
    1 1 6
    1 1 2
        4
```
⑤
```
      1 8
4 5)8 1 5
    4 5
    3 6 5
    3 6 0
        5
```
⑥
```
      2 6
3 7)9 9 6
    7 4
    2 5 6
    2 2 2
      3 4
```


月　日 名前

わり算（÷２けた）⑲

商２けた（仮商修正２回）

次の計算をしましょう。

①
```
      5 9
1 2)7 0 8
    6 0
    1 0 8
    1 0 8
        0
```
②
```
      3 7
2 6)9 6 2
    7 8
    1 8 2
    1 8 2
        0
```
③
```
      2 8
2 8)7 8 4
    5 6
    2 2 4
    2 2 4
        0
```
④
```
      6 7
1 3)8 7 1
    7 8
      9 1
      9 1
        0
```
⑤
```
      1 8
3 8)6 8 4
    3 8
    3 0 4
    3 0 4
        0
```
⑥
```
      2 8
2 9)8 1 2
    5 8
    2 3 2
    2 3 2
        0
```


月　日 名前

わり算（÷２けた）⑳

商２けた（仮商修正２回）

次の計算をしましょう。

①
```
      5 5
1 4)7 7 7
    7 0
      7 7
      7 0
        7
```
②
```
      2 3
2 7)6 4 0
    5 4
    1 0 0
      8 1
      1 9
```
③
```
      5 3
1 5)7 9 7
    7 5
      4 7
      4 5
        2
```
④
```
      1 6
3 9)6 3 6
    3 9
    2 4 6
    2 3 4
      1 2
```
⑤
```
      2 7
2 9)8 0 7
    5 8
    2 2 7
    2 0 3
      2 4
```
⑥
```
      1 7
4 9)8 6 0
    4 9
    3 7 0
    3 4 3
      2 7
```

月　日 名前

わり算（÷2けた）㉑

商が何十

● 次の計算をしましょう。

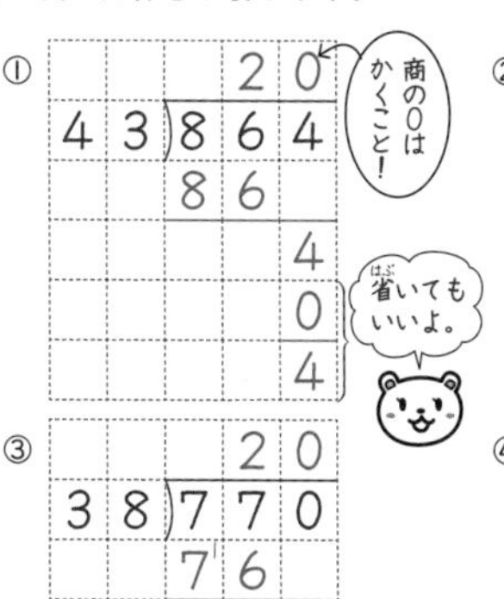

①
```
      20
43)864
   86
     4
     0
     4
```

②
```
      30
24)743
   72
    23
     0
    23
```

③
```
      20
38)770
   76
    10
     0
    10
```

④
```
      40
21)853
   84
    13
     0
    13
```

⑤
```
      20
37)749
   74
     9
     0
     9
```

⑥
```
      30
23)693
   69
     3
     0
     3
```


月　日 名前

わり算（÷2けた）㉒

商が何十

● 次の計算をしましょう。

①
```
      20
21)434
   42
    14
     0
    14
```

②
```
      20
32)644
   64
     4
     0
     4
```

③
```
      20
47)949
   94
     9
     0
     9
```

④
```
      20
32)651
   64
    11
     0
    11
```

⑤
```
      10
56)569
   56
     9
     0
     9
```

⑥
```
      30
19)578
   57
     8
     0
     8
```

まとめテスト　月　日 名前

まとめ ⑨

わり算（÷2けた）

50点

① 次の計算をしましょう。（1つ8点／40点）

①
```
     3
26)78
   78
    0
```

②
```
      7
34)238
   238
     0
```

③
```
      6
56)336
   336
     0
```

④
```
      7
48)342
   336
     6
```

⑤
```
      6
39)250
   234
    16
```

② 120mの道に、15mおきに木を植えます。木は全部で何本いりますか。（式5点、答え5点／10点）

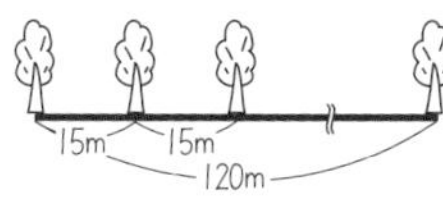

式 120÷15＝8
　 8＋1＝9

答え　9本

まとめテスト　月　日 名前

まとめ ⑩

わり算（÷2けた）

50点

① 次の計算をしましょう。（1つ8点／40点）

①
```
      12
62)744
   62
   124
   124
     0
```

②
```
      16
53)848
   53
   318
   318
     0
```

③
```
      22
44)968
   88
    88
    88
     0
```

④
```
      25
18)453
   36
    93
    90
     3
```

⑤
```
      28
29)814
   58
   234
   232
     2
```

② 1台に12この荷物が積めるトラックがあります。160この荷物を全部積むには、トラックは何台いりますか。（式5点、答え5点／10点）

式 160÷12＝13あまり4
　 13＋1＝14

答え　14台

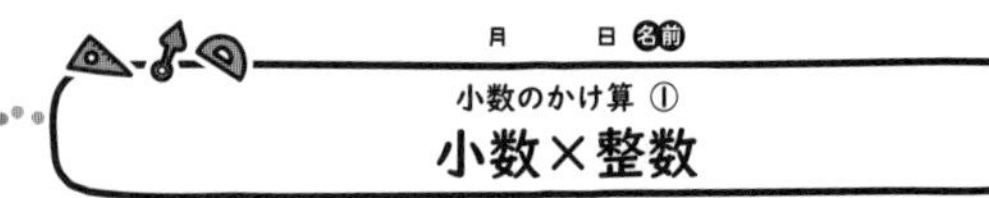
月　日 名前

小数のかけ算 ①

小数×整数

1 2.3×4を筆算でしましょう。

① 筆算の形にします。なぞりましょう。

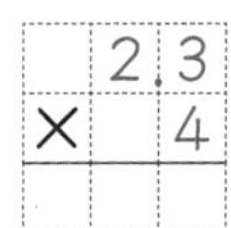
2.3 × 4

※かけ算は、数の位(くらい)を気にしないで、右をそろえてかきます。3と4をそろえます。

② 計算をします。　③ 小数点を打ちます。

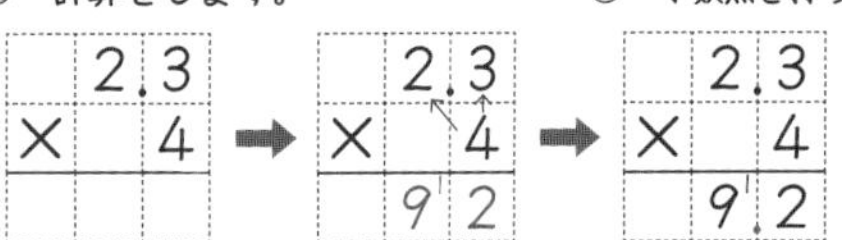
2.3 × 4 → 2.3 × 4 = 92 → 2.3 × 4 = 9.2

小数点がないものとして、23×4をする。

小数点より下のけた数が式と同じになるように、積(せき)に小数点を打つ。

2 小数点をうち、正しい積にしましょう。

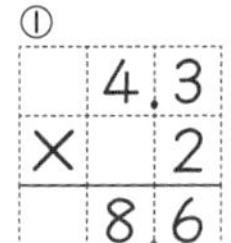
① 4.3 × 2 = 8.6

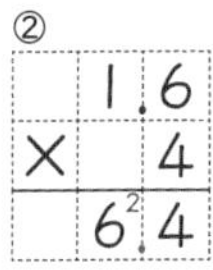
② 1.6 × 4 = 6.4

③ 3.7 × 2 = 7.4

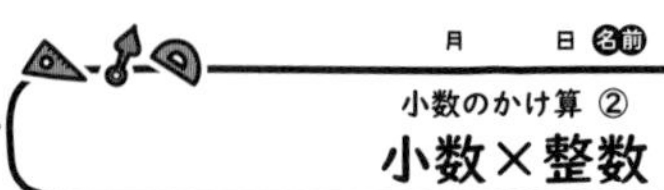
月　日 名前

小数のかけ算 ②

小数×整数

● 次の計算をしましょう。

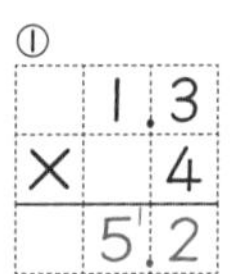
① 1.3 × 4 = 5.2

② 1.2 × 8 = 9.6

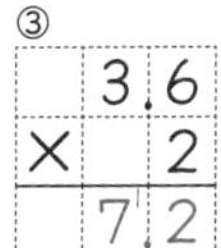
③ 3.6 × 2 = 7.2

④ 1.3 × 5 = 6.5

⑤ 4.8 × 2 = 9.6

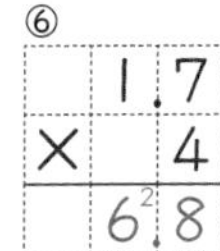
⑥ 1.7 × 4 = 6.8

⑦ 1.2 × 6 = 7.2

⑧ 1.7 × 5 = 8.5

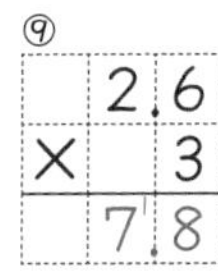
⑨ 2.6 × 3 = 7.8

⑩ 1.9 × 2 = 3.8

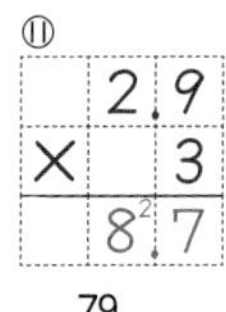
⑪ 2.9 × 3 = 8.7

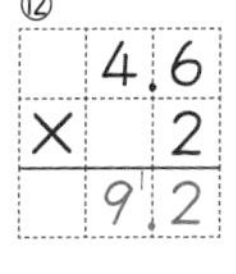
⑫ 4.6 × 2 = 9.2

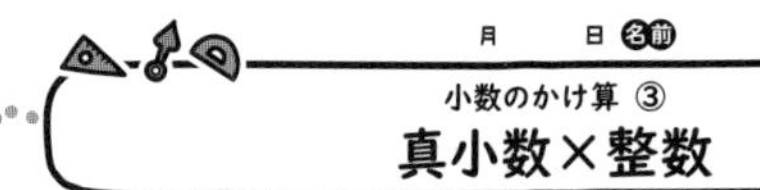
月　日 名前

小数のかけ算 ③

真小数×整数

1 0.4×6を筆算でしましょう。

① 筆算の形にします。なぞりましょう。

0.4 × 6

※かけ算は、数の位(くらい)を気にしないで、右をそろえてかきます。4と6をそろえます。

② 計算をします。

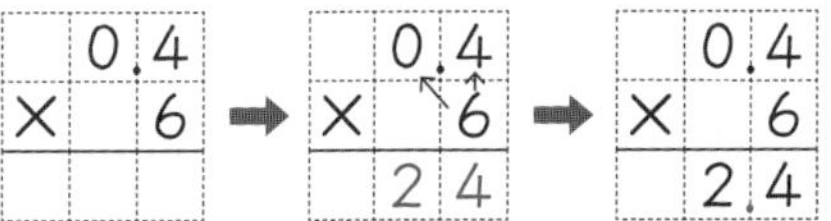
0.4 × 6 → 0.4 × 6 = 24 → 0.4 × 6 = 2.4

小数点がないものとして、4×6をする。(0×6=0の答えの0はかかない。)

小数点より下のけた数が式と同じになるように、積(せき)に小数点を打つ。

2 筆算の積に、小数点を打ちましょう。

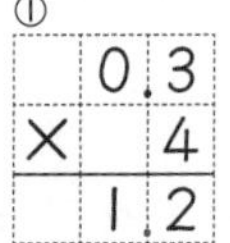
① 0.3 × 4 = 1.2

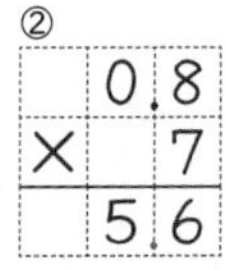
② 0.8 × 7 = 5.6

③ 0.9 × 8 = 7.2

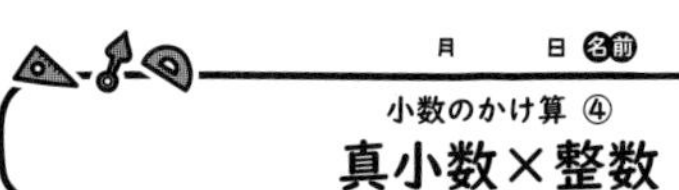
月　日 名前

小数のかけ算 ④

真小数×整数

● 次の計算をしましょう。

① 0.5 × 3 = 1.5

② 0.7 × 9 = 6.3

③ 0.6 × 3 = 1.8

④ 0.8 × 8 = 6.4

⑤ 0.7 × 5 = 3.5

⑥ 0.2 × 8 = 1.6

⑦ 0.5 × 9 = 4.5

⑧ 0.6 × 6 = 3.6

⑨ 0.8 × 4 = 3.2

⑩ 0.4 × 7 = 2.8

⑪ 0.8 × 6 = 4.8

⑫ 0.9 × 9 = 8.1

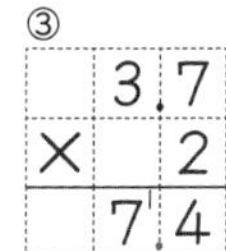

月　日 名前

小数のかけ算 ⑤

0のしょり

① 1.4×5を筆算でしましょう。なぞりましょう。

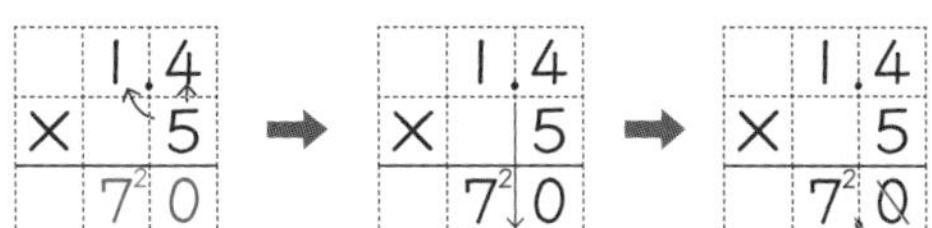

	1.	4
×		5
	7	0

→

	1.	4
×		5
	7.	0

→

	1.	4
×		5
	7.	0

小数点がないものとして計算する。

1.4の小数点より下は1けたなので、70も同じところに小数点を打つ。
7.0

小数点より右に0があるときは、ふつういらない。
0と小数点を＼で消す。整数にする。
7

② ①のように、0と小数点を＼（ななめ線）で消しましょう。

①

	2.	5
×		2
	5.	0

②

	1.	5
×		6
	9.	0

③

	0.	5
×		8
	4.	0

月　日 名前

小数のかけ算 ⑥

0のしょり

次の計算をしましょう。

①

	1.	2
×		5
	6.	0

②

	1.	5
×		4
	6.	0

③

	1.	8
×		5
	9.	0

④

	4.	5
×		2
	9.	0

⑤

	1.	6
×		5
	8.	0

⑥

	3.	5
×		2
	7.	0

⑦

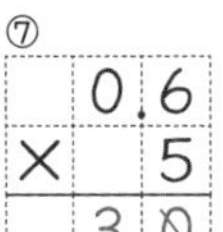

	0.	6
×		5
	3.	0

⑧

	0.	5
×		4
	2.	0

⑨

	0.	2
×		5
	1.	0

⑩

	1.	5
×		2
	3.	0

⑪

	0.	8
×		5
	4.	0

⑫

	0.	5
×		6
	3.	0

月　日 名前

小数のかけ算 ⑦

小数×1けたの整数

次の計算をしましょう。

①

	3	4.	2
×			2
	6	8.	4

②

	8	3.	2
×			4
3	3	2.	8

③

	5	1.	4
×			8
4	1	1.	2

④

	7	6.	9
×			3
2	3	0.	7

⑤

	5	4.	6
×			8
4	3	6.	8

⑥

	9	6.	7
×			6
5	8	0.	2

⑦

	3	7.	6
×			7
2	6	3.	2

⑧

	3	4.	5
×			7
2	4	1.	5

⑨

	7	5.	8
×			6
4	5	4.	8

⑩

	9	6.	5
×			8
7	7	2.	0

⑪

	4	7.	8
×			5
2	3	9.	0

⑫

	2	8.	6
×			5
1	4	3.	0

月　日 名前

小数のかけ算 ⑧

小数×2けたの整数

次の計算をしましょう。

①

		1.	1
	×	2	7
		7	7
	2	2	
	2	9.	7

②

		4.	2
	×	2	1
		4	2
	8	4	
	8	8.	2

③

		2.	3
	×	1	2
		4	6
	2	3	
	2	7.	6

④

		3.	3
	×	4	3
		9	9
1	3	2	
1	4	1.	9

⑤

		3.	2
	×	3	4
	1	2	8
	9	6	
1	0	8.	8

⑥

		6.	5
	×	8	4
	2	6	0
5	2	0	
5	4	6.	0

⑦

		9.	3
	×	5	6
	5	5	8
4	6	5	
5	2	0.	8

⑧

		6.	5
	×	4	6
	3	9	0
2	6	0	
2	9	9.	0

⑨

		2.	9
	×	6	9
	2	6	1
1	7	4	
2	0	0.	1

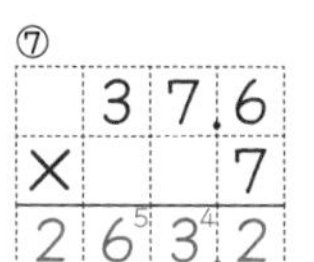

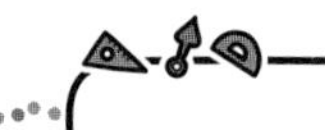

月　日 名前

小数のわり算 ①

小数÷整数

次の計算をしましょう。

①

	㋐ 0	㋑ .4 ㋒
6	)2.	4
	2	4
		0

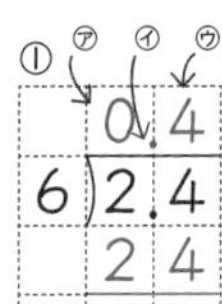

㋐ 一の位(くらい)に商がたたないので、0をかく。
㋑ 0の右に小数点を打つ。
㋒ 24÷6 を計算する。

②

	0.	8
7	)5.	6
	5	6
		0

③

	0.	5
5	)2.	5
	2	5
		0

④

	0.	9
3	)2.	7
	2	7
		0

⑤

	0.	8
4	)3.	2
	3	2
		0

⑥

	0.	8
8	)6.	4
	6	4
		0

⑦

	0.	4
9	)3.	6
	3	6
		0

月　日 名前

小数のわり算 ②

小数÷整数

次の計算をしましょう。

①

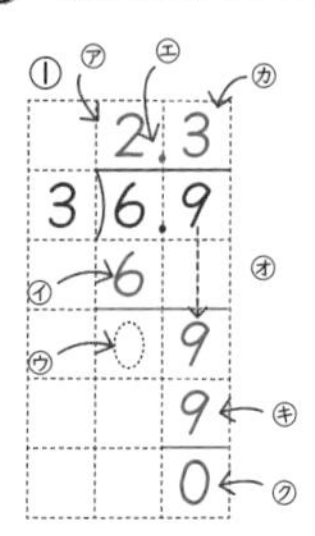

㋐ 一の位に商をたてる。 6÷3=2
㋑ 3×2=6 かける
㋒ 6−6=0 ひく
（この0はかかない。）
㋓ 2の右に小数点を打つ。
㋔ 9をおろす。
㋕ 9の上に商をたてる。
㋖ 3×3=9 かける
㋗ 9−9=0 ひく

②

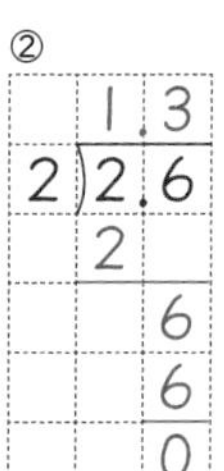

	1.	3
2	)2.	6
	2	
		6
		6
		0

③

	3.	2
3	)9.	6
	9	
		6
		6
		0

④

	4.	3
2	)8.	6
	8	
		6
		6
		0

月　日 名前

小数のわり算 ③

小数÷1けたの整数

次の計算をしましょう。

①

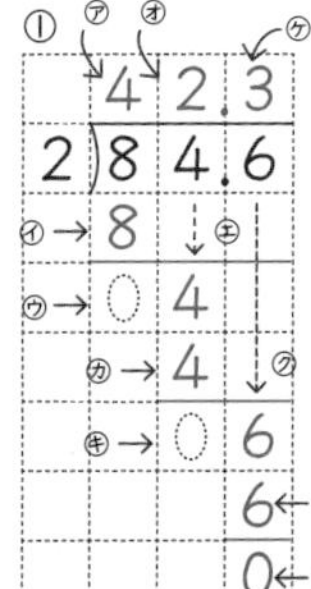

㋐ 8÷2 を計算し、4をたてる。
㋑ 2×4 を計算する。かける
㋒ 8−8 を計算する。ひく
㋓ 4を下におろす。
㋔ 4÷2 を計算し、2をたてる。
㋕ 2×2 を計算する。かける
㋖ 4−4 を計算する。ひく
㋗ 小数点を打って、6を下におろす。
㋘ 6÷2 を計算し、3をたてる。
㋙ 2×3 を計算する。かける
㋚ 6−6 を計算する。ひく

②

	1	2.	5
5	)6	2.	5
	5		
	1	2	
	1	0	
		2	5
		2	5
			0

③

	2	3.	1
4	)9	2.	4
	8		
	1	2	
	1	2	
			4
			4
			0

④

	1	2.	3
6	)7	3.	8
	6		
	1	3	
	1	2	
		1	8
		1	8
			0

月　日 名前

小数のわり算 ④

小数÷2けたの整数

次の計算をしましょう。

①

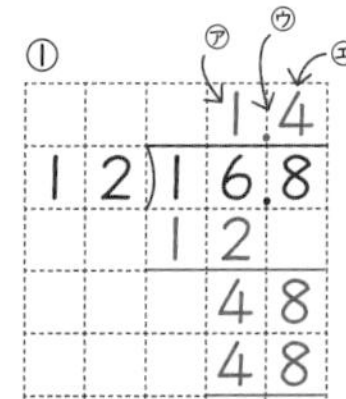

㋐ 16÷12 を考え、一の位(くらい)に商がたつことをたしかめる。
㋑ わり算を進める。
㋒ 小数点を打つ。
㋓ $\frac{1}{10}$の位のわり算を計算する。

②

			1.	2
7	2	)8	6.	4
		7	2	
		1	4	4
		1	4	4
				0

③

			1.	1
2	2	)2	4.	2
		2	2	
			2	2
			2	2
				0

④

			2.	2
2	3	)5	0.	6
		4	6	
			4	6
			4	6
				0

⑤

			0.	5
4	3	)2	1.	5
		2	1	5
				0

⑥

			0.	6
6	8	)4	0.	8
		4	0	8
				0

⑦

			0.	7
8	4	)5	8.	8
		5	8	8
				0

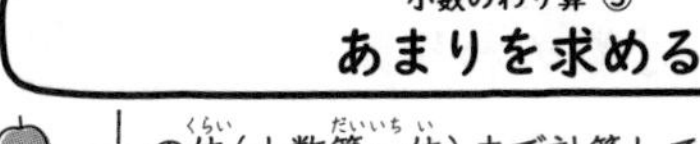

月　日 名前

小数のわり算 ⑤

あまりを求める

$\frac{1}{10}$の位(小数第一位)まで計算して、あまりを求めましょう。

①
4.4
2)8.9
8
9
8
0.1

㋐ 一の位に、4をたてて、計算する。
㋑ 小数点を打つ。
㋒ $\frac{1}{10}$の位に、4をたてて、計算する。
㋓ 9−8 を計算する。
㋔ 8.9の小数点を、あまりの数までおろす。
あまりは、0.1。

②
1.8
4)7.3
4
33
32
0.1

③
1.3
6)8.2
6
22
18
0.4

④
1.8
3)5.5
3
25
24
0.1

⑤
0.5
7)3.9
35
0.4

⑥
0.9
9)8.5
81
0.4

⑦
0.7
8)5.8
56
0.2

月　日 名前

小数のわり算 ⑥

四捨五入

$\frac{1}{10}$の位まで計算して、$\frac{1}{10}$の位を四捨五入して商を求めましょう。

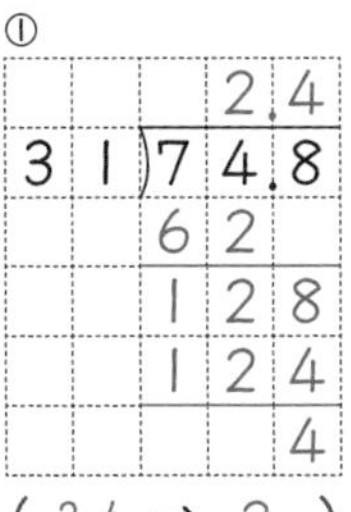

①
2.4
31)74.8
62
128
124
4

(2.4 → 2)

②
3.5
12)42.6
36
66
60
6

(3.5 → 4)

③
4.9
16)79.7
64
157
144
13

(4.9 → 5)

④
2.3
32)74.3
64
103
96
17

(2.3 → 2)

月　日 名前

小数のわり算 ⑦

わり進み

1 4mのリボンを8人で等しく分けます。1人分の長さは何mですか。

① 式 4÷8 (8人で分けるから「÷8」)

② 筆算をなぞりましょう。

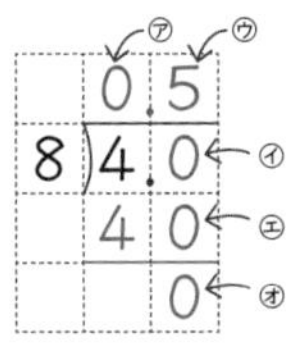

㋐ 4の上に商がたたないので、0をかく。
㋑ 次へ進むので、4の横に小数点と0をかく。
㋒ 商の0の横に、小数点を打って、40÷8 を考え、5をたてる。
㋓ 8×5 をして40をかく。
㋔ 40−40=0

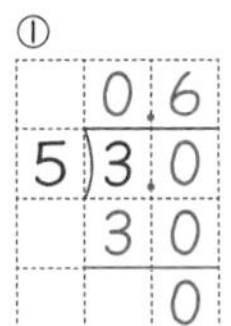

答え 0.5m

2 わり切れるまで計算しましょう。

①
0.6
5)3.0
30
0

②
0.5
4)2.0
20
0

③
0.5
2)1.0
10
0

月　日 名前

小数のわり算 ⑧

わり進み

わり切れるまで計算しましょう。

① 5÷2
2.5
2)5
4
10
10
0

② 6÷4
1.5
4)6
4
20
20
0

③ 7÷5
1.4
5)7
5
20
20
0

④ 2÷8
0.25
8)2.0
16
40
40
0

⑤ 21÷6
3.5
6)21
18
30
30
0

⑥ 17÷4
4.25
4)17
16
10
8
20
20
0

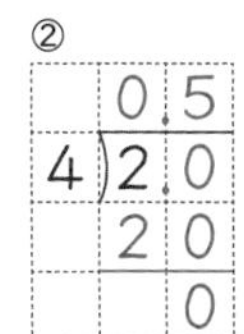

まとめテスト　まとめ ⑪　小数のかけ算

月　日　名前　　/50点

① 次の計算をしましょう。（1つ6点／30点）

①

	3.	2
×		6
1	9.	2

②

	0.	8
×		9
	7.	2

③

	2	7.	3
×			7
1	9	1.	1

④

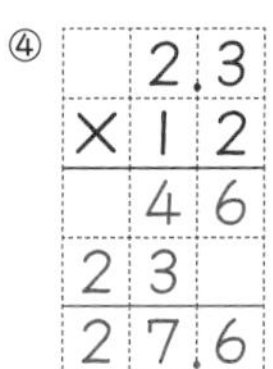

	2.	3
×	1	2
	4	6
2	3	
2	7.	6

⑤

		4.	7
	×	5	6
	2	8	2
2	3	5	
2	6	3.	2

② 8人に0.6Lずつジュースを配ります。ジュースは何Lいりますか。（式5点、答え5点／10点）

式　0.6×8＝4.8

答え　4.8L

③ たてが1.5mの板を12まいならべます。はしからはしまで何mになりますか。（式5点、答え5点／10点）

式　1.5×12＝18

答え　18m

まとめテスト　まとめ ⑫　小数のわり算

月　日　名前　　/50点

① 商を小数第一位まで計算し、あまりを求めましょう。（1つ10点／20点）

①

	0.	9
6)	5.	9
	5	4
	0.	5

②

			0.	7
4	8)	3	5.	4
		3	3	6
			1.	8

② 次の計算をしましょう。（1つ10点／20点）

① 商は四捨五入して上から2けたのがい数にしましょう。

			2.	3	8
1	3)	3	1		
		2	6		
			5	0	
			3	9	
			1	1	0
			1	0	4
					6

2.38　2.4

② わり切れるまで計算しましょう。

		2.	7	5
8)	2	2		
	1	6		
		6	0	
		5	6	
			4	0
			4	0
				0

③ 15mのロープを同じ長さに4つに分けます。1本は何mになりますか。（10点）

式　15÷4＝3.75

答え　3.75m

式と計算 ①　（　）の用法・計算の順じょ

月　日　名前

① 120円のノートと30円のえんぴつを買って、200円出しました。おつりはいくらですか。

① ノートとえんぴつをあわせるといくらですか。

式　120＋30＝150

答え　150円

② おつりを計算しましょう。

式　200－150＝50

答え　50円

③ 1つの式に表しましょう。
出したお金－(代金)＝おつり　と考えます。

式　200－(120＋30)＝50

ひとまとまりにして考えるとき(　)を使います。(　)の中を先に計算します。

② 次の計算をしましょう。

① 10－(4＋5)＝1　② 30－(15＋5)＝10

③ 46－(17＋13)＝16　④ 20－(6＋2)＝12

⑤ 60－(10＋5)＝45　⑥ 50－(10＋15)＝25

式と計算 ②　（　）の用法・計算の順じょ

月　日　名前

① 250円のくつ下を30円引きで売っていました。300円出して買いました。おつりはいくらですか。

① くつ下の代金はいくらですか。

式　250－30＝220

答え　220円

② おつりを計算しましょう。

式　300－220＝80

答え　80円

③ 1つの式に表しましょう。
出したお金－(代金)＝おつり

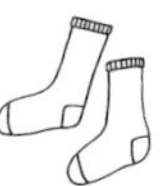

式　300－(250－30)＝80

② 次の計算をしましょう。

① 40－(17－12)＝35　② 46－(23－13)＝36

③ 78－(29－11)＝60　④ 10－(6－2)＝6

⑤ 10＋(4－2)＝12　⑥ 30＋(15－5)＝40

⑦ 20＋(20－10)＝30　⑧ 50＋(25－15)＝60

月　日 名前

式と計算 ③

（　）の用法・計算の順じょ

1 パーティーのおみやげに、30円のえんぴつと40円の消しゴムを８人分用意しました。全部でいくらかかりますか。

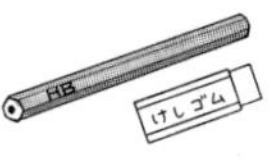

① １人分はいくらですか。

式 30＋40＝70

答え 70円

② 全部でいくらですか。

式 70×８＝560

答え 560円

③ １つの式で表しましょう。
(１人分)×いくつ＝全部　と考えます。

式 (30＋40)×８＝560

2 次の計算をしましょう。

① (4＋3)×8＝56　② (11－4)×9＝63

③ (20－5)×3＝45　④ (35－5)÷6＝5

⑤ 24÷(3＋5)＝3　⑥ 36÷(10－4)＝6

⑦ 80÷(10－6)＝20　⑧ 4×(6＋3)＝36

月　日 名前

式と計算 ④

計算の順じょ

1 30円のスナックがしと、20円のチョコボールを２こ買いました。代金はいくらですか。

① チョコボール２この代金はいくらですか。

式 20×２＝40

答え 40円

② 代金を１つの式で表しましょう。

スナックがしの代金 ＋ チョコボールの代金 ＝全部の代金

式 30＋20×２＝70　答え 70円

たし算、ひき算、かけ算、わり算がまじった式では、かけ算やわり算を先に計算します。

2 次の計算をしましょう。

① 4＋3×2＝10　② 8＋4÷2＝10

③ 15－15÷3＝10　④ 6－4÷2＝4

⑤ 20＋9÷3＝23　⑥ 30－6×2＝18

⑦ 9×9＋8＝89　⑧ 72÷8－6＝3

月　日 名前

式と計算 ⑤

分配のきまり

1 おかしは、全部でいくつありますか。

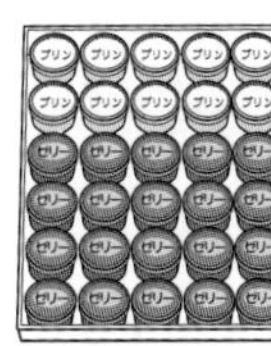

① ㋐ プリンは　2×5＝10　10こ
㋑ ゼリーは　4×5＝20　20こ
㋒ 全部で　10＋20＝30　30こ

式 2×5＋4×5＝30

答え 30こ

② おかしは、たてに2＋4＝6で5列あると考えて

式 (2＋4)×5＝30

答え 30こ

③ ①と②より　(2＋4)×5＝2×5＋4×5
△ □ ● △ ● □ ●

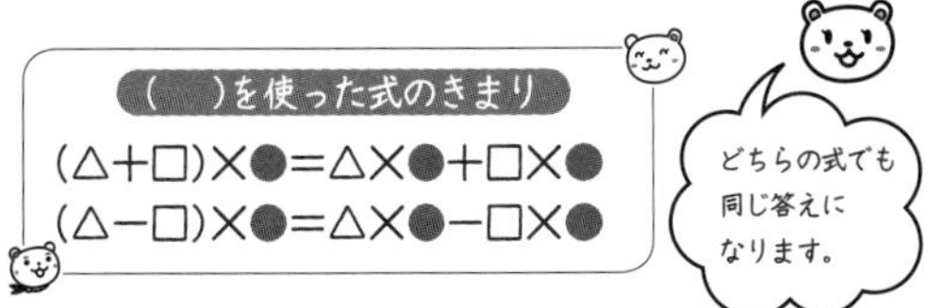

（　）を使った式のきまり
(△＋□)×●＝△×●＋□×●
(△－□)×●＝△×●－□×●
どちらの式でも同じ答えになります。

2 次の計算をしましょう。

① (25＋5)×4＝120　② 25×4＋5×4＝120

月　日 名前

式と計算 ⑥

計算の順じょ

● 順(じゅん)じょに気をつけて、計算をしましょう。

① 5×2＋4×3
＝10＋12＝22

② 6×3＋5×4
＝18＋20＝38

③ 6÷2＋9÷3
＝3＋3＝6

④ 18÷6＋4×2
＝3＋8＝11

⑤ 7＋4×24÷3
＝7＋32＝39

⑥ (7＋3)÷5＋2
＝2＋2＝4

⑦ 3×4÷6＋7
＝2＋7＝9

⑧ (4＋5)×(2＋1)
＝9×3＝27

⑨ 4＋5×(2＋1)
＝4＋15＝19

⑩ (4＋5)×2＋1
＝18＋1＝19

⑪ 4＋5×2＋1
＝4＋10＋1＝15

⑫ 30÷(5－2)
＝30÷3＝10

⑬ 30÷5－2
＝6－2＝4

⑭ 30×5－2
＝150－2＝148

月　日 名前

分数①

おぼえているかな

1 $\frac{1}{2}$と等しい分数を調べましょう。

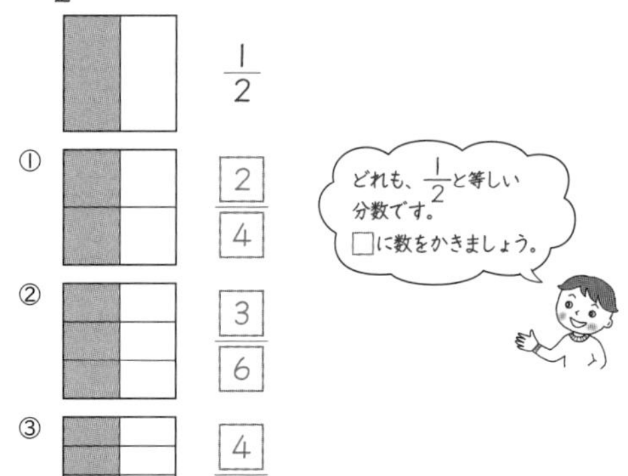

$\frac{1}{2}$

① 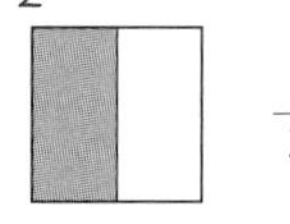 $\frac{2}{4}$

② 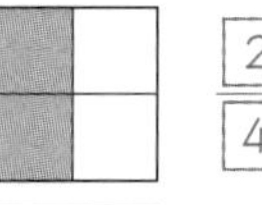 $\frac{3}{6}$

③ 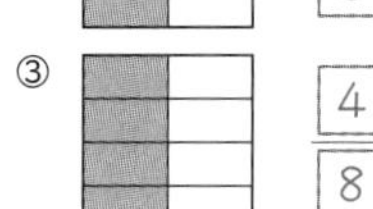 $\frac{4}{8}$

どれも、$\frac{1}{2}$と等しい分数です。
□に数をかきましょう。

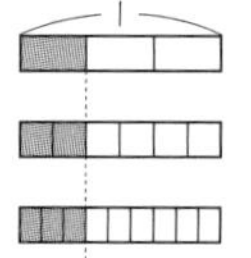

2 図を見て、$\frac{1}{3}$や$\frac{2}{3}$と等しい分数をかきましょう。

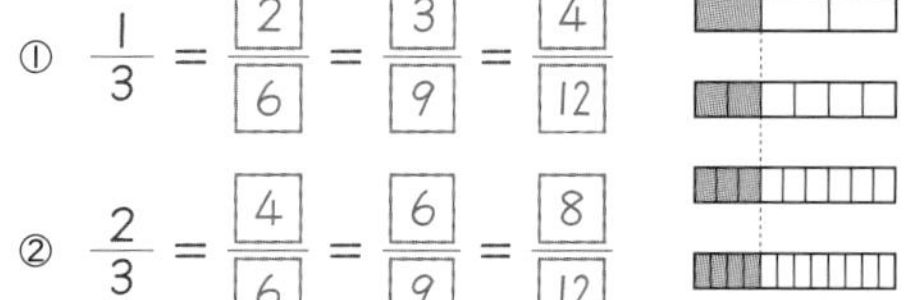

① $\frac{1}{3} = \frac{2}{6} = \frac{3}{9} = \frac{4}{12}$

② $\frac{2}{3} = \frac{4}{6} = \frac{6}{9} = \frac{8}{12}$

月　日 名前

分数②

真分数・仮分数・帯分数

図を見て、答えましょう。

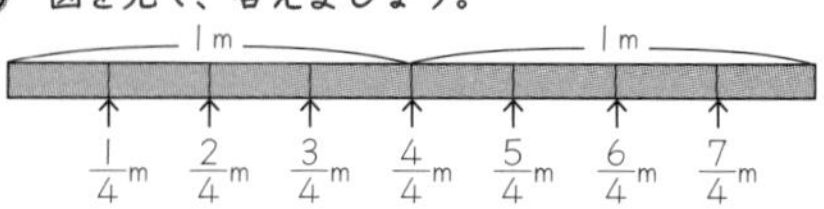

① 1mを分数で表すと、$1\text{m} = \frac{4}{4}\text{m}$

※　1は、分子と分母が同じ分数で表すことができます。

② 1mより長い長さの分数。

$\frac{5}{4}$m　$\frac{6}{4}$m　$\frac{7}{4}$m

※1より長い長さを、次のように表すこともできます。

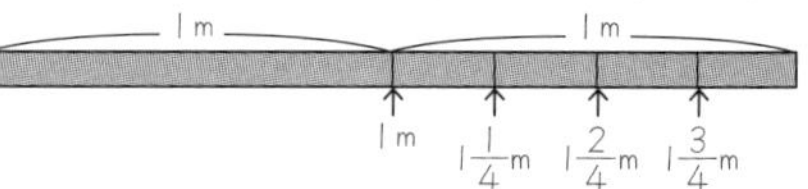

真分数（しんぶんすう）……$\frac{1}{3}$、$\frac{2}{5}$、$\frac{7}{8}$など、分子が分母より小さい分数。

仮分数（かぶんすう）……$\frac{4}{4}$、$\frac{5}{4}$、$\frac{9}{7}$など、分子と分母が同じか分子が大きい分数。

帯分数（たいぶんすう）……$1\frac{1}{4}$、$2\frac{3}{5}$など、整数と真分数で表されている分数。

月　日 名前

分数③

真分数・仮分数・帯分数

1 真分数、仮分数（かぶんすう）、帯分数（たいぶんすう）に分けましょう。

$\frac{2}{7}$, $\frac{3}{3}$, $1\frac{3}{5}$, $\frac{7}{10}$, $3\frac{5}{12}$, $\frac{8}{6}$, $\frac{7}{7}$

真分数（ $\frac{2}{7}$, $\frac{7}{10}$ ）

仮分数（ $\frac{3}{3}$, $\frac{8}{6}$, $\frac{7}{7}$ ）

帯分数（ $1\frac{3}{5}$, $3\frac{5}{12}$ ）

2 ↑㋐、㋑がさしている分数を、仮分数と帯分数でかきましょう。

仮分数 ㋐（ $\frac{8}{6}$ ）㋑（ $\frac{10}{6}$ ）

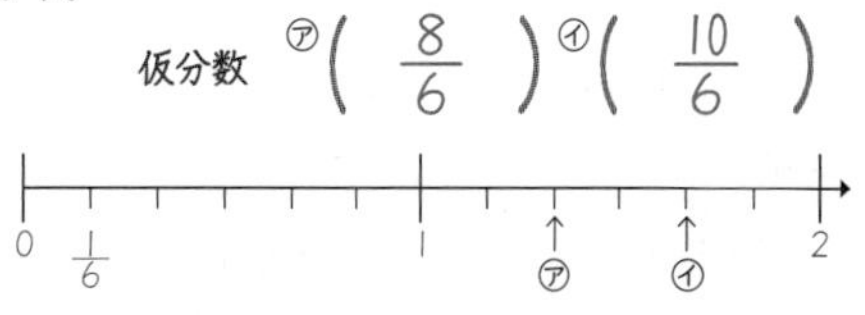

帯分数 ㋐（ $1\frac{2}{6}$ ）㋑（ $1\frac{4}{6}$ ）

月　日 名前

分数④

仮分数⇄帯分数

1 仮分数を帯分数に直しましょう。

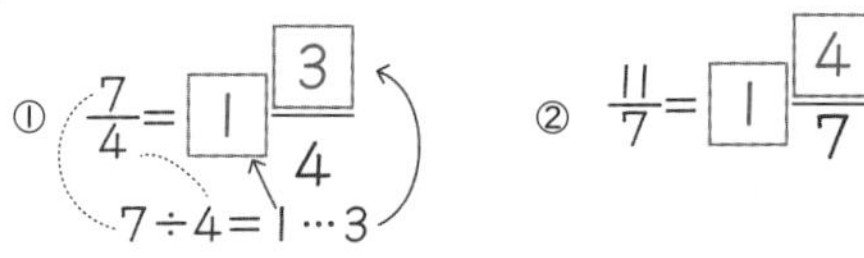

① $\frac{7}{4} = 1\frac{3}{4}$　　$7 \div 4 = 1 \cdots 3$

② $\frac{11}{7} = 1\frac{4}{7}$

③ $\frac{8}{3} = 2\frac{2}{3}$

④ $\frac{12}{5} = 2\frac{2}{5}$

2 帯分数を仮分数に直しましょう。

① $1\frac{2}{5} = \frac{7}{5}$　　$5 \times 1 + 2 = 7$

② $1\frac{2}{3} = \frac{5}{3}$

③ $2\frac{3}{4} = \frac{11}{4}$

④ $2\frac{5}{6} = \frac{17}{6}$

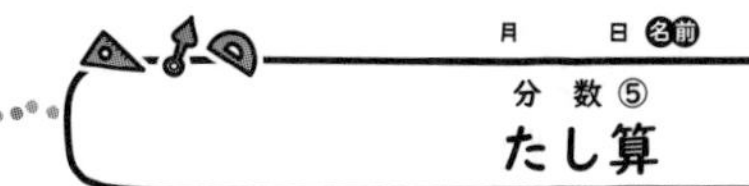

月　日 名前

分数⑤
たし算

① $\frac{4}{5}+\frac{3}{5}$を考えましょう。

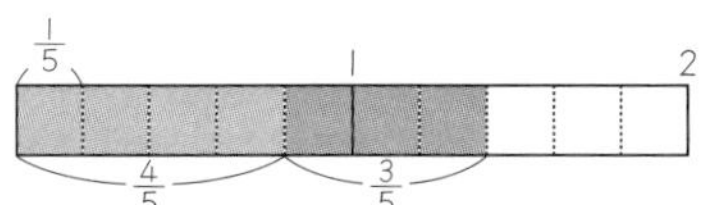

次の計算をしましょう。

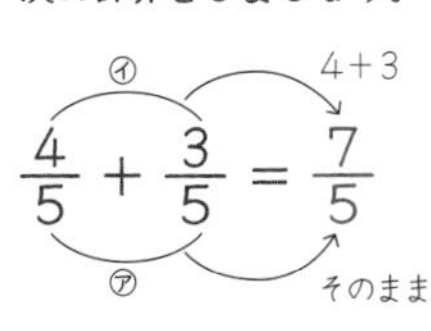

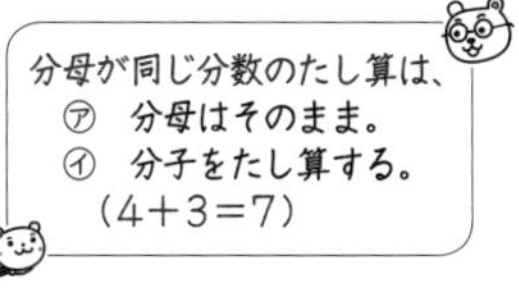

② 次の計算をしましょう。

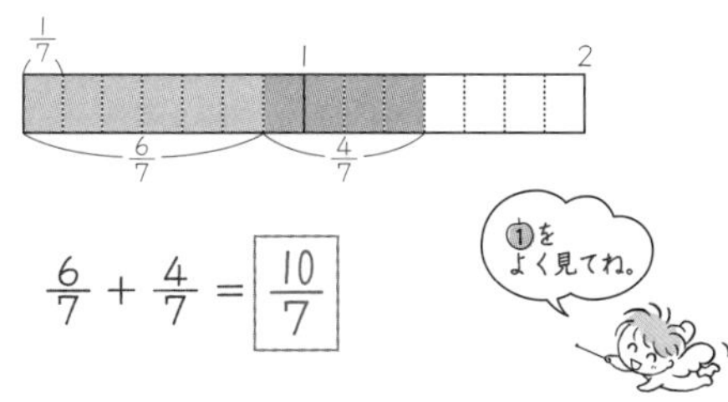

月　日 名前

分数⑥
たし算

① 次の計算をしましょう。

① $\frac{2}{3}+\frac{2}{3}=\frac{4}{3}$　② $\frac{5}{7}+\frac{6}{7}=\frac{11}{7}$

③ $\frac{2}{5}+\frac{4}{5}=\frac{6}{5}$　④ $\frac{7}{9}+\frac{8}{9}=\frac{15}{9}$

② 次の計算をしましょう。

① $\frac{2}{5}+\frac{3}{5}=\frac{5}{5}=1$　② $\frac{7}{8}+\frac{5}{8}=\frac{12}{8}$

③ $\frac{3}{7}+\frac{4}{7}=\frac{7}{7}=1$　④ $\frac{8}{9}+\frac{5}{9}=\frac{13}{9}$

⑤ $\frac{3}{4}+\frac{3}{4}=\frac{6}{4}$　⑥ $\frac{4}{8}+\frac{7}{8}=\frac{11}{8}$

⑦ $\frac{2}{6}+\frac{5}{6}=\frac{7}{6}$　⑧ $\frac{6}{10}+\frac{7}{10}=\frac{13}{10}$

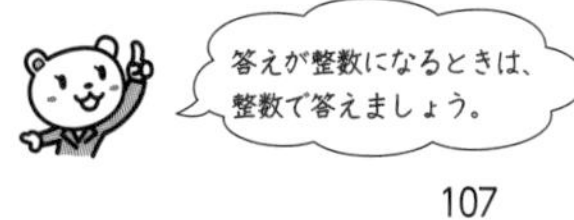

月　日 名前

分数⑦
ひき算

① $\frac{7}{5}-\frac{3}{5}$を考えましょう。

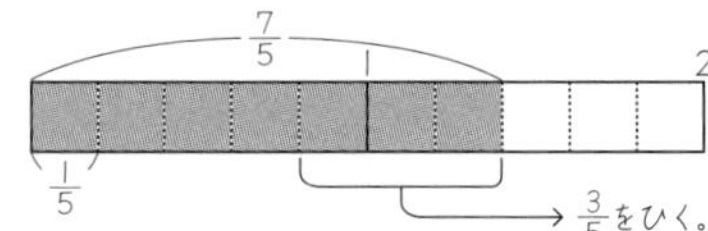

計算をしましょう。

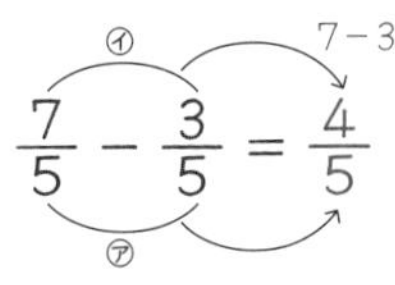

分母が同じ分数のひき算は、
㋐ 分母はそのまま。
㋑ 分子をひき算する。
(7−3=4)

② 次の計算をしましょう。

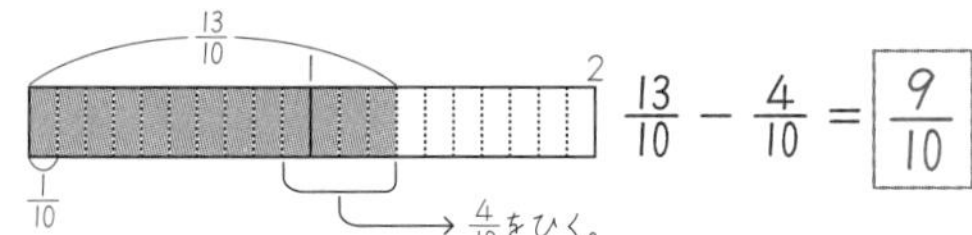

③ 次の計算をしましょう。

① $\frac{8}{5}-\frac{4}{5}=\frac{4}{5}$　② $\frac{11}{8}-\frac{6}{8}=\frac{5}{8}$

③ $\frac{13}{7}-\frac{9}{7}=\frac{4}{7}$　④ $\frac{15}{9}-\frac{7}{9}=\frac{8}{9}$

月　日 名前

分数⑧
ひき算

① 次の計算をしましょう。

① $\frac{7}{5}-\frac{3}{5}=\frac{4}{5}$　② $\frac{7}{4}-\frac{3}{4}=\frac{4}{4}=1$

③ $\frac{9}{6}-\frac{4}{6}=\frac{5}{6}$　④ $\frac{9}{7}-\frac{3}{7}=\frac{6}{7}$

② 次の計算をしましょう。

① ㋐ $1\frac{3}{5}-\frac{4}{5}=\frac{8}{5}-\frac{4}{5}$
$=\frac{4}{5}$

㋐ $1\frac{3}{5}$を、$\frac{8}{5}$にします。
仮分数（かぶんすう）にすると、計算しやすくなります。

② $1\frac{1}{3}-\frac{2}{3}=\frac{4}{3}-\frac{2}{3}$
$=\frac{2}{3}$

③ $1\frac{2}{5}-\frac{3}{5}=\frac{7}{5}-\frac{3}{5}$
$=\frac{4}{5}$

④ $1\frac{3}{7}-\frac{4}{7}=\frac{10}{7}-\frac{4}{7}$
$=\frac{6}{7}$

⑤ $1\frac{2}{9}-\frac{7}{9}=\frac{11}{9}-\frac{7}{9}$
$=\frac{4}{9}$

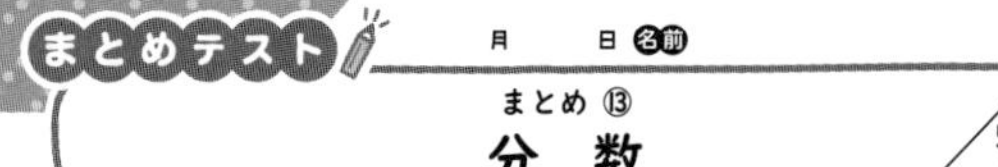

まとめ ⑬
分　数
/50点

① 数直線のめもりを分数で読みましょう。（各5点／20点）

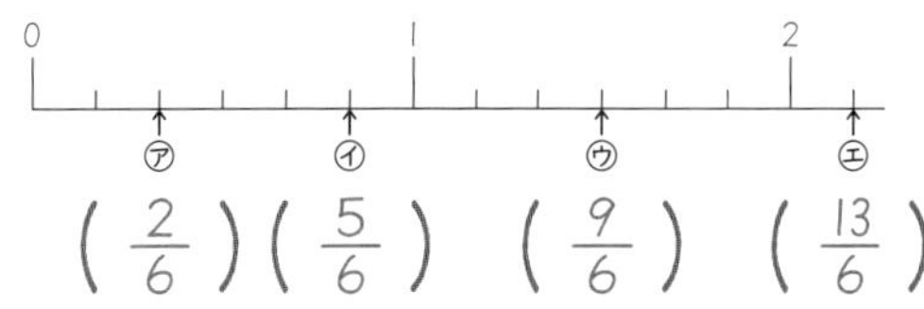

（ $\frac{2}{6}$ ）（ $\frac{5}{6}$ ）（ $\frac{9}{6}$ ）（ $\frac{13}{6}$ ）

※ ㋒は $1\frac{3}{6}$、㋓は $2\frac{1}{6}$ でもよい。

② 仮分数（かぶんすう）は帯分数（たいぶんすう）か整数に、帯分数は仮分数に直しましょう。（各5点／30点）

① $\frac{7}{4}$ （ $1\frac{3}{4}$ ）
② $\frac{10}{3}$ （ $3\frac{1}{3}$ ）
③ $\frac{12}{5}$ （ $2\frac{2}{5}$ ）

④ $1\frac{1}{6}$ （ $\frac{7}{6}$ ）
⑤ $2\frac{3}{7}$ （ $\frac{17}{7}$ ）
⑥ $3\frac{1}{2}$ （ $\frac{7}{2}$ ）

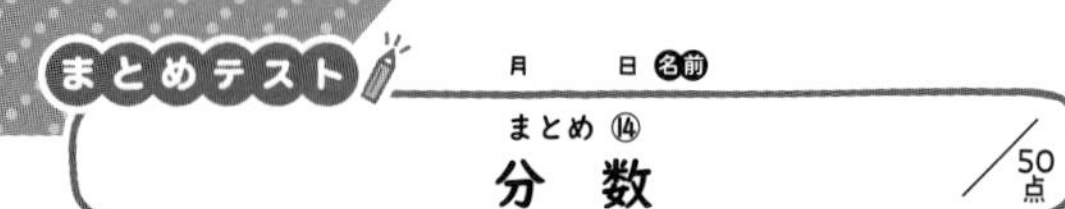

まとめ ⑭
分　数
/50点

① 等しい分数をつくりましょう。（各5点／10点）

① $\frac{2}{3}=\frac{\boxed{4}}{6}$
② $\frac{3}{4}=\frac{\boxed{9}}{12}$

② 次の計算をしましょう。（各5点／30点）

① $\frac{3}{7}+\frac{2}{7}=\frac{5}{7}$
② $\frac{4}{9}+\frac{5}{9}=\frac{9}{9}=1$
③ $\frac{7}{8}+\frac{6}{8}=\frac{13}{8}$
④ $\frac{4}{5}-\frac{1}{5}=\frac{3}{5}$
⑤ $1\frac{1}{6}-\frac{5}{6}=\frac{7}{6}-\frac{5}{6}=\frac{2}{6}$
⑥ $1\frac{3}{10}-\frac{7}{10}=\frac{13}{10}-\frac{7}{10}=\frac{6}{10}$

③ 3mのロープから $\frac{5}{8}$ mを切りました。残（のこ）りは何mですか。（10点）

式 $3-\frac{5}{8}=2\frac{8}{8}-\frac{5}{8}=2\frac{3}{8}$

答え $2\frac{3}{8}$ m

月　日 名前

角 ①
おぼえているかな

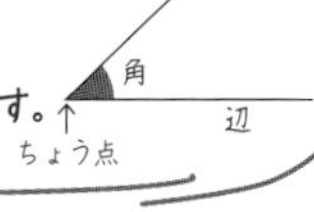

|つの点を通る2本の直線がつくる形を角といいます。
- 角をつくる直線を辺（へん）といいます。
- 辺があう所をちょう点といいます。

① 角の大きさをくらべましょう。大きい方の記号をかきましょう。

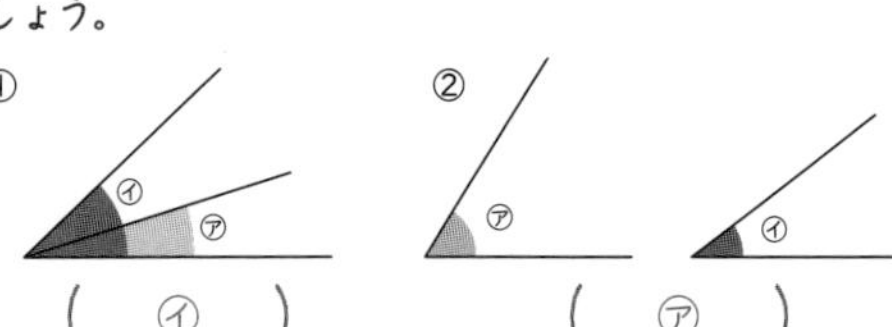

① （ ㋑ ）　② （ ㋐ ）

辺の開きぐあいを、角の大きさといいます。
角の大きさと、辺の長さは関係（かんけい）ありません。

② 角の大きいじゅんに、記号をかきましょう。

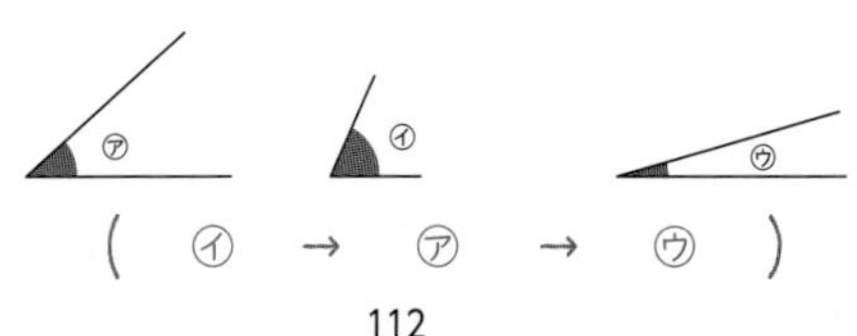

（ ㋑ → ㋐ → ㋒ ）

月　日 名前

角 ②
分度器

角の大きさをはかるには、分度器（ぶんどき）を使います。

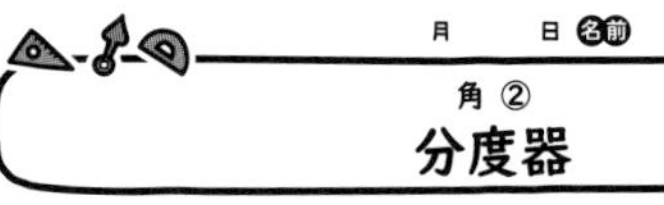

度（°）は、角の大きさの単位（たんい）です。
角の大きさのことを角度ともいいます。
円の|まわりを360に等分した|つ分を1°と決めました。だから、|回転の角度は360°です。

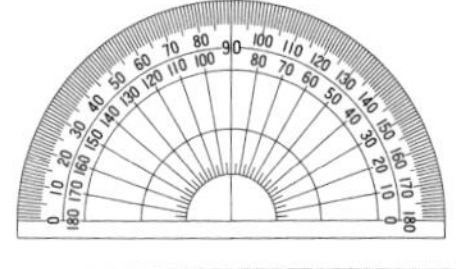

● 次の問題に答えましょう。

① 直角は何度ですか。（ 90° ）

② 半回転の角は何直角で何度ですか。（ 2 直角で 180° ）

③ |回転の角は何直角で何度ですか。（ 4 直角で 360° ）

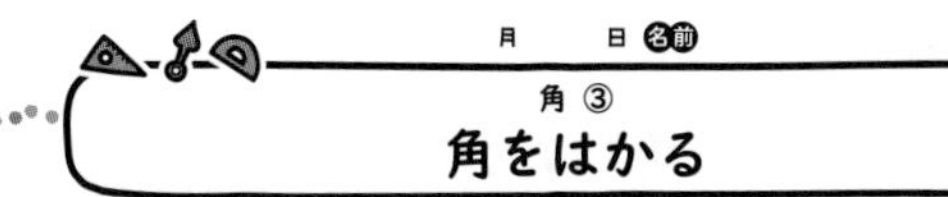

月　日 名前

角 ③

角をはかる

分度器(ぶんどき)を使って角度をはかりましょう。

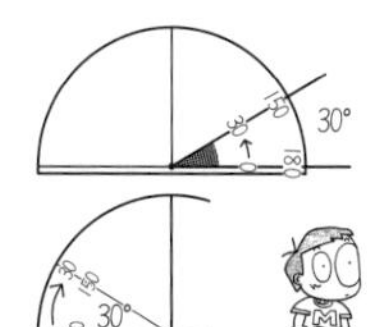

① 分度器の中心をちょう点にあわせる。
② 0°の線を、角の1つの辺(へん)に重ねる。
③ 「0」の方からの角度を読む。

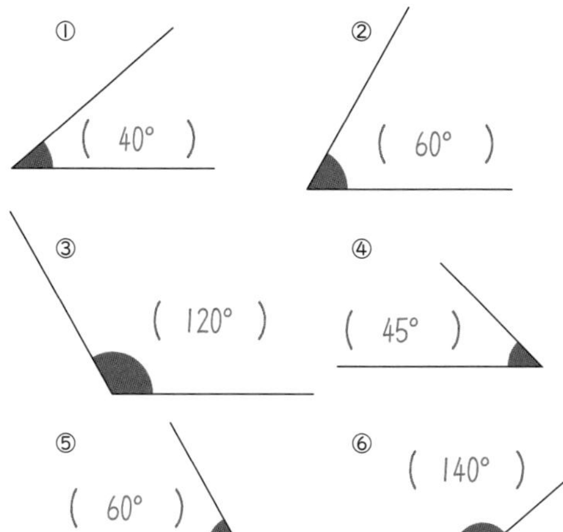

① (40°)
② (60°)
③ (120°)
④ (45°)
⑤ (60°)
⑥ (140°)

月　日 名前

角 ④

角度を計算で求める

の角度を、計算で求(もと)めましょう。

①

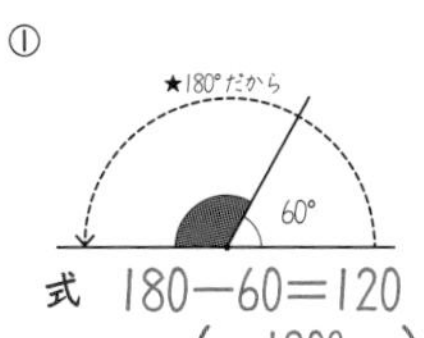

式 180−60=120
(120°)

②

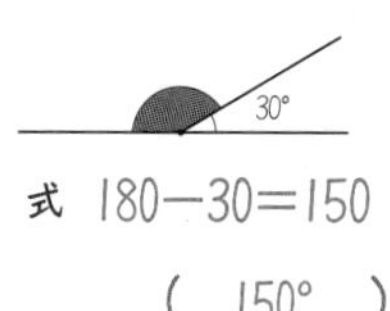

式 180−30=150
(150°)

③

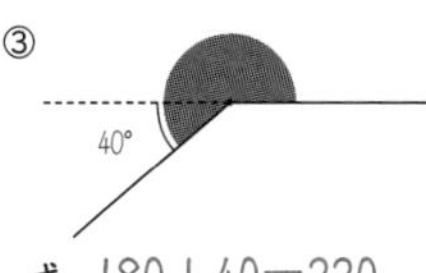

式 180+40=220
(220°)

④

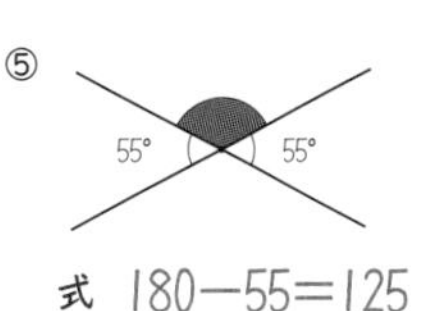

式 180−65=115
(115°)

⑤

式 180−55=125
(125°)

⑥

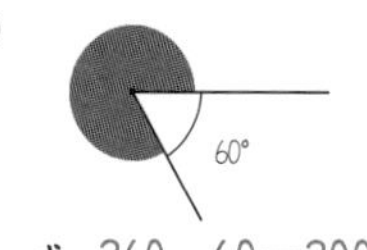

式 360−60=300
(300°)

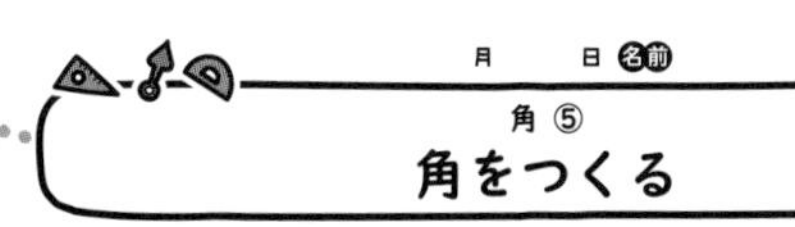

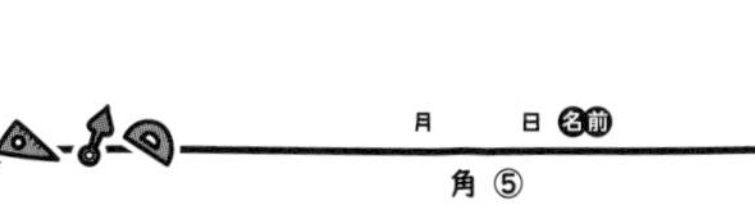

月　日 名前

角 ⑤

角をつくる

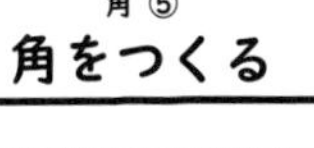

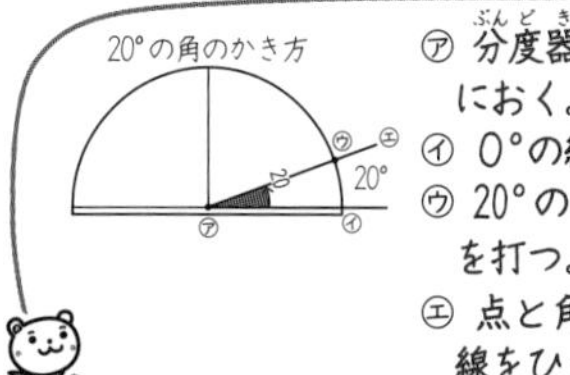

㋐ 分度器(ぶんどき)の中心を線のはしにおく。
㋑ 0°の線を線にあわせる。
㋒ 20°のめもりの所に点（・）を打つ。
㋓ 点と角のちょう点を通る直線をひく。

角をかきましょう。

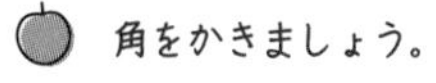

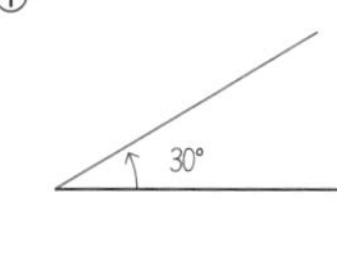

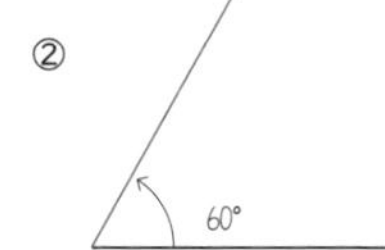

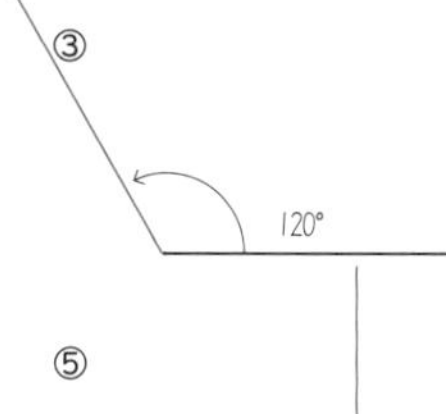

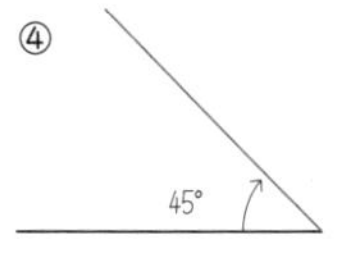

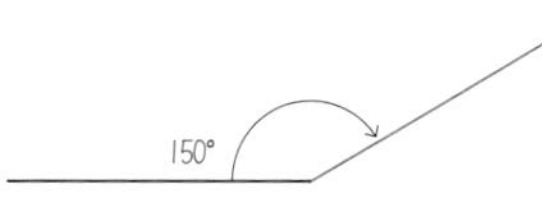

月　日 名前

角 ⑥

角をつくる

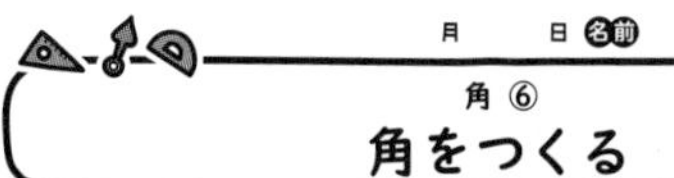

㋐ 始まりの直線をのばす。
200−180=20 だから
分度器をさかさにしてあわせ、
㋑ 20°のめもりの所に点（・）を打つ。
㋒ 点と角のちょう点を通る直線をひく。
直線（180°）に20°の角をたした大きさになる。

角をかきましょう。（180°より大きい角①）

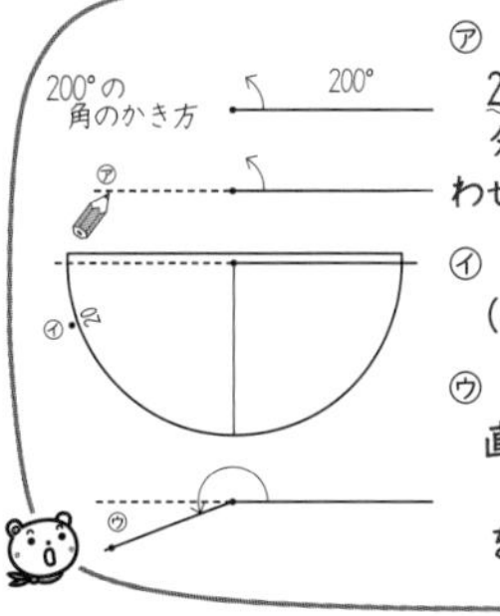

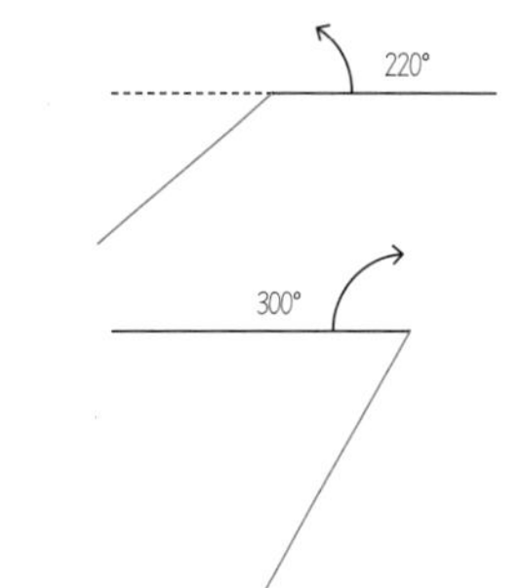

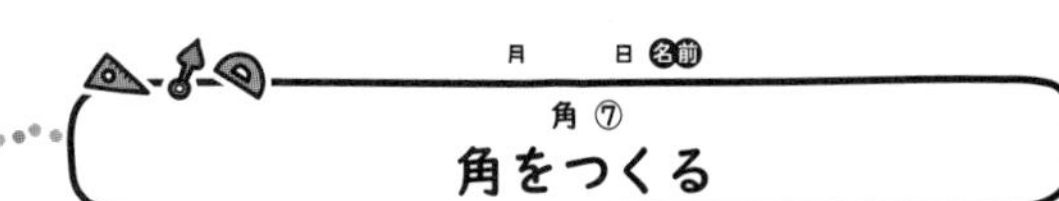

月　日 名前

角 ⑦

角をつくる

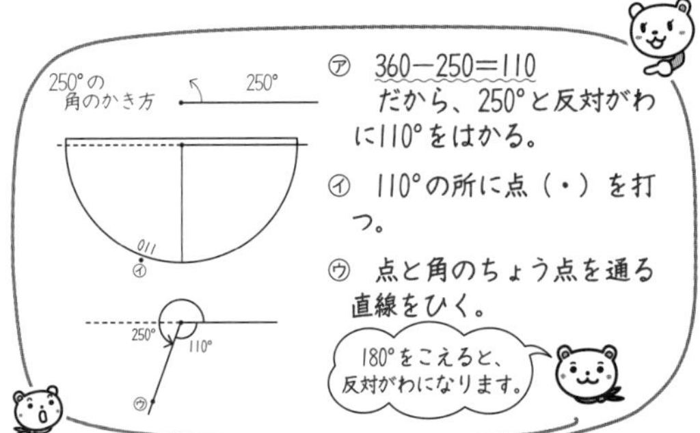

㋐ 360−250＝110 だから、250°と反対がわに110°をはかる。

㋑ 110°の所に点（・）を打つ。

㋒ 点と角のちょう点を通る直線をひく。

180°をこえると、反対がわになります。

角をかきましょう。(180°より大きい角②)

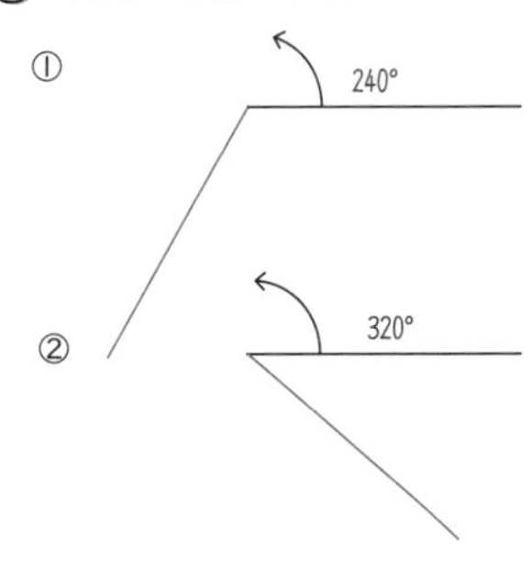

月　日 名前

角 ⑧

三角じょうぎ

① 三角じょうぎの角度をかきましょう。

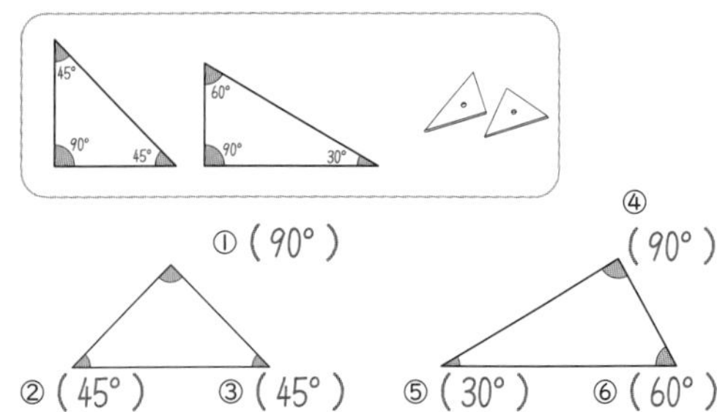

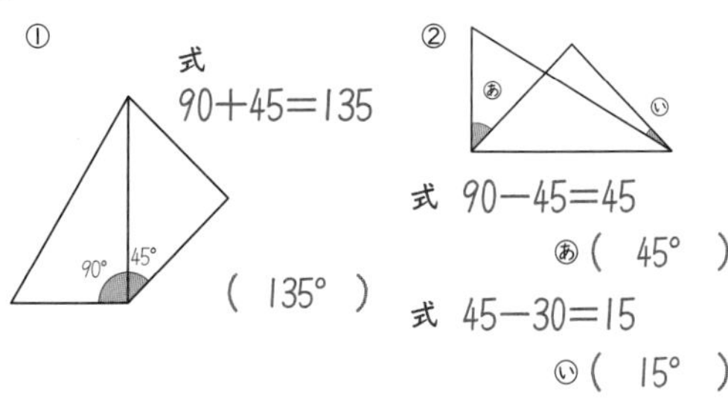

② 三角じょうぎでできる次の角度は、何度ですか。

①

式 90＋45＝135

90°　45°

（ 135° ）

②

あ　い

式 90−45＝45

あ（ 45° ）

式 45−30＝15

い（ 15° ）

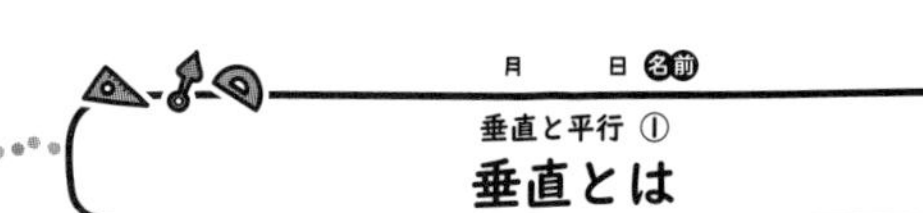

月　日 名前

垂直と平行 ①

垂直とは

2本の直線の交わり方を調べましょう。

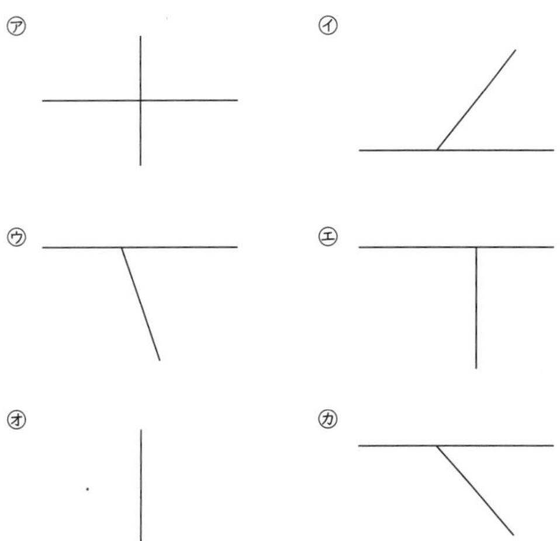

① 直角に交わっているもの（ ㋐，㋓，㋔ ）

② 直角に交わっていないもの（ ㋑，㋒，㋕ ）

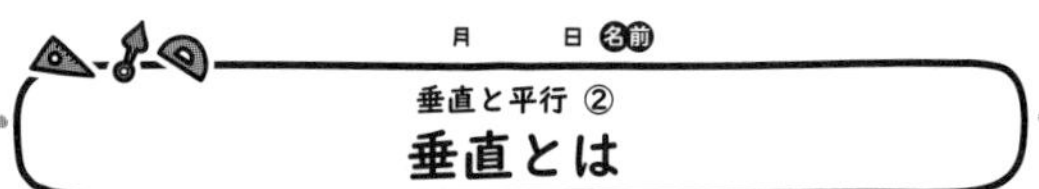

月　日 名前

垂直と平行 ②

垂直とは

2本の直線が直角に交わるとき、この2本の直線は垂直（すいちょく）であるといいます。

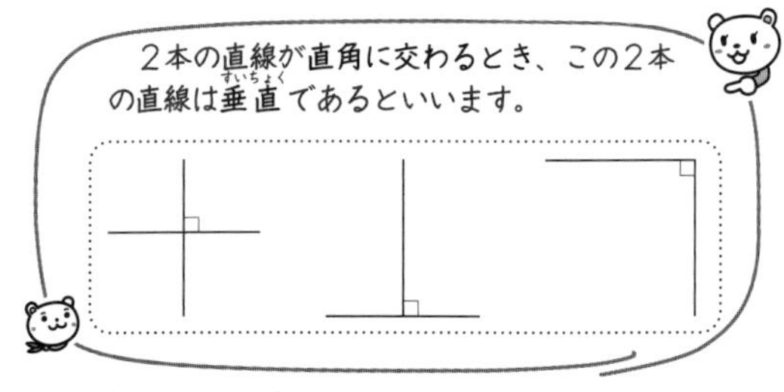

㋐ 直角の印（しるし）です。

㋑ 2本の直線がはなれていたら、線をのばして考えます。

この2本の直線も垂直です。

紙を折（お）って、垂直な直線をつくりましょう。

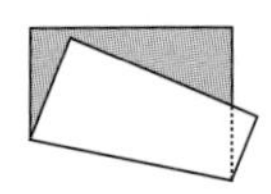

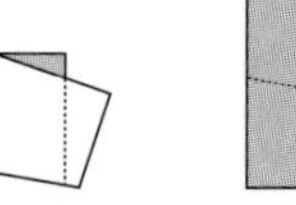

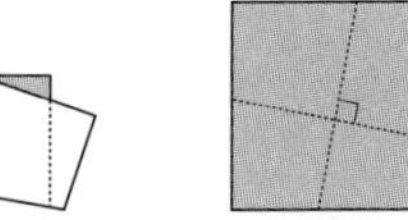

◉紙を2つに折る。　◉折り目をきちんと重ねて、もう一度折る。　◉広げる。

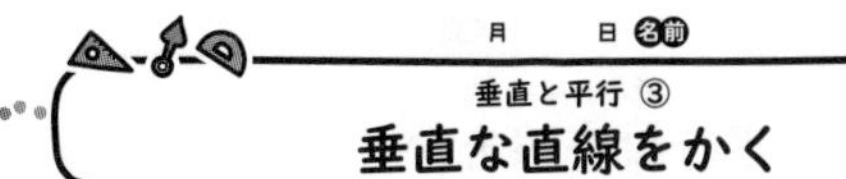

月　日 名前

垂直と平行 ③

垂直な直線をかく

点アを通って、直線A（エー）に垂直（すいちょく）な直線をかきましょう。

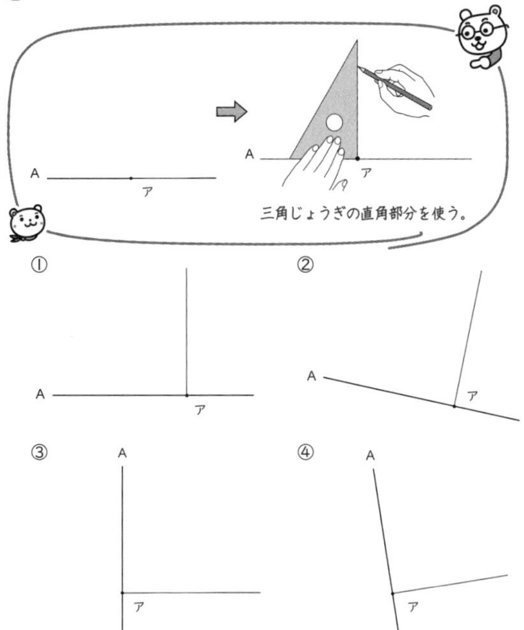

① A ア

② A ア

③ A ア

④ A ア

月　日 名前

垂直と平行 ④

垂直な直線をかく

点アを通って、直線Aに垂直な直線をかきましょう。

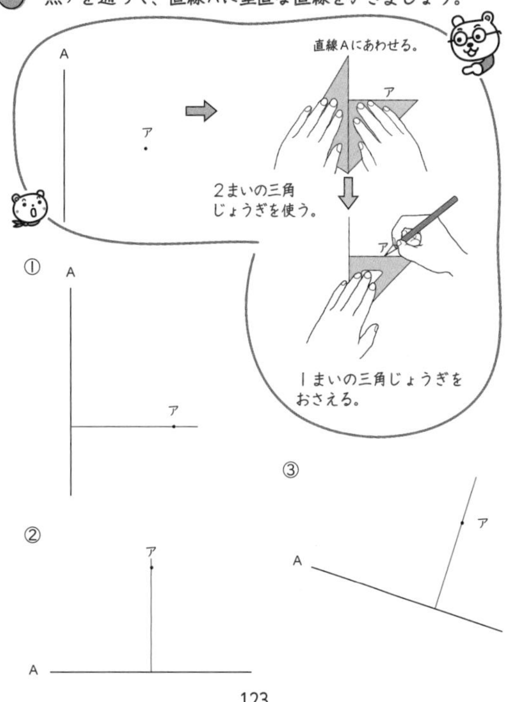

① A ア

② ア A

③ ア A

月　日 名前

垂直と平行 ⑤

平行とは

① 直線A（エー）に垂直（すいちょく）な直線の記号に〇をつけましょう。

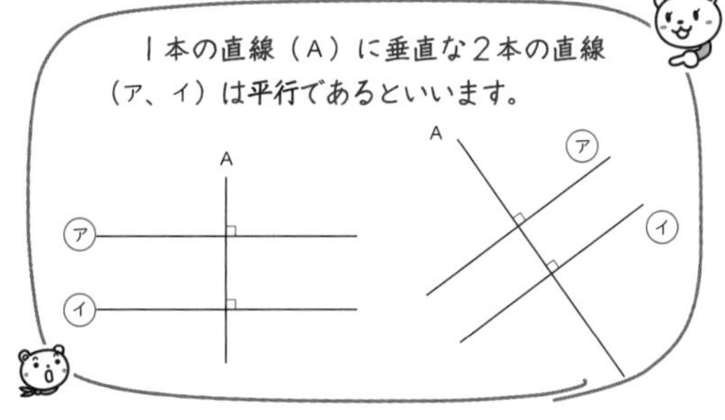

1本の直線（A）に垂直な2本の直線
（ア、イ）は平行であるといいます。
A
ア
イ
A
ア
イ

② 図で、平行になっている直線は、どれとどれですか。

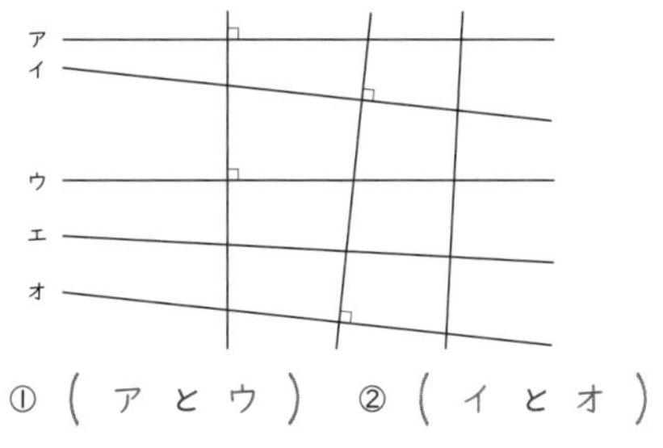

①（ア と ウ）　②（イ と オ）

月　日 名前

垂直と平行 ⑥

平行とは

① 直線Aと直線B（ビー）は、平行です。この2本の直線に垂直な線をひきました。直線Aと直線Bのはばを調べましょう。

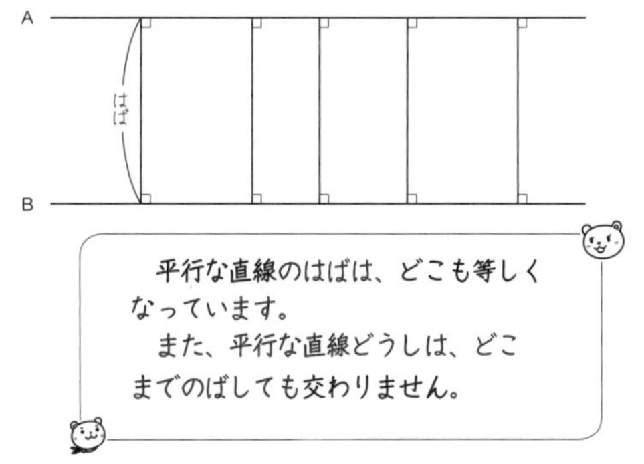

A
はば
B
平行な直線のはばは、どこも等しくなっています。
また、平行な直線どうしは、どこまでのばしても交わりません。

② 直線Aと直線Bは、平行です。この2本の直線に交わる直線をひいて、角度を調べました。平行な直線は、ほかの直線と等しい角度で交わります。（　）は何度ですか。

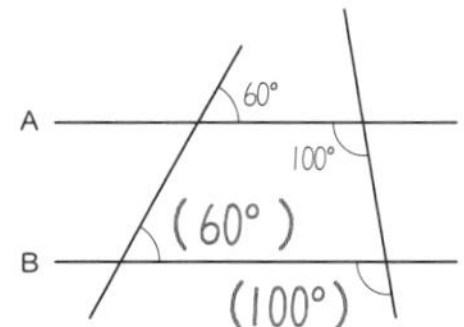

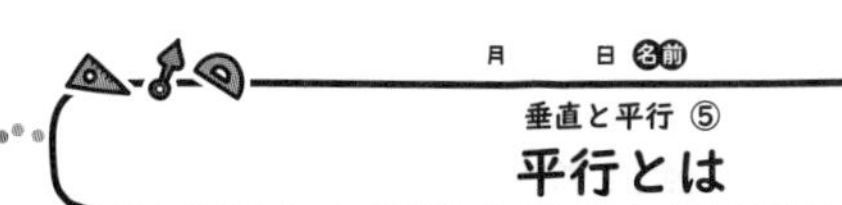

月　　日 名前

垂直と平行 ⑦

平行な直線をかく

点アを通って、直線A(エー)に平行な直線をかきましょう。

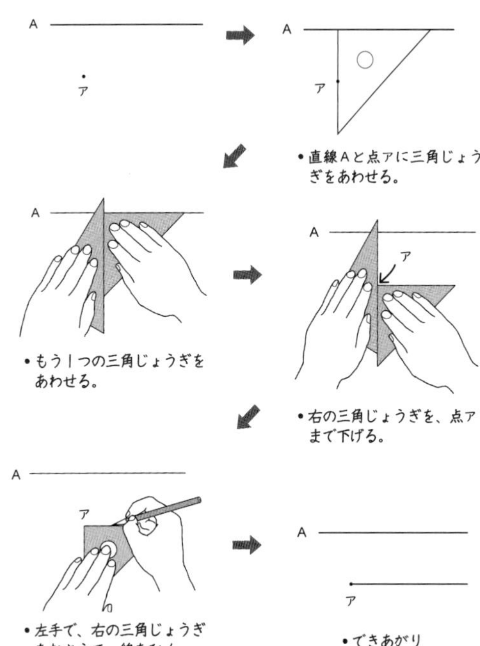

A
ア
・直線Aと点アに三角じょうぎをあわせる。
・もう１つの三角じょうぎをあわせる。
・右の三角じょうぎを、点アまで下げる。
・左手で、右の三角じょうぎをおさえて、線をひく。
・できあがり

月　　日 名前

垂直と平行 ⑧

平行な直線をかく

点アを通って、直線Aに平行な直線をかきましょう。

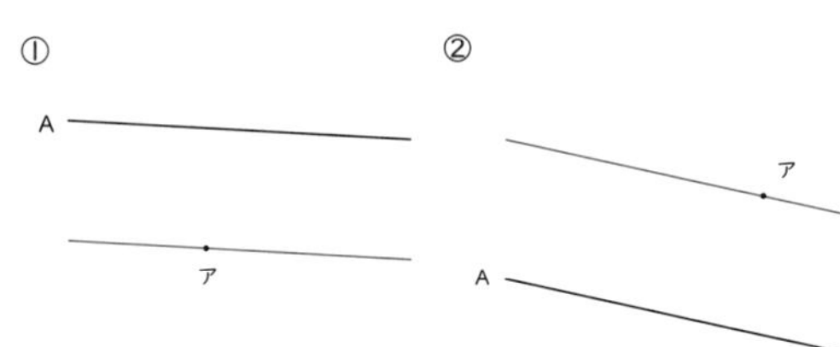

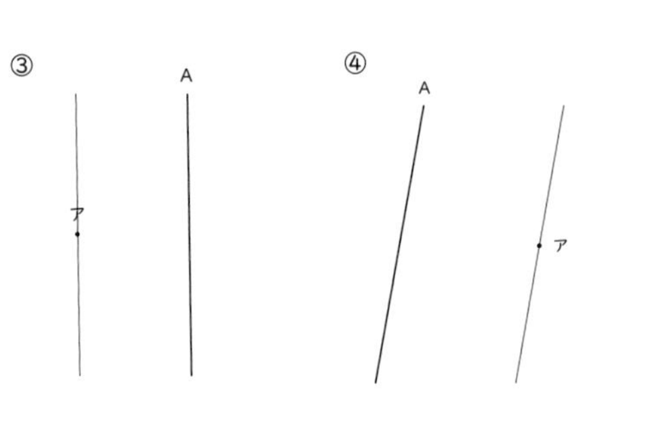

まとめテスト　月　　日 名前

まとめ ⑮

垂直と平行

50点

① 次の図を見て答えましょう。（1つ10点／50点）

① ㋐の直線に垂直(すいちょく)な直線の記号をかきましょう。

（　㋔，㋕　）

② ㋔に平行な直線の記号をかきましょう。

（　㋕　）

③ ㋒と㋓の直線の関係は何であるといえますか。

（　平行　）

④ 角A(エー)の角度は何度ですか。

（　45°　）

⑤ 角B(ビー)の角度は何度ですか。

（　45°　）

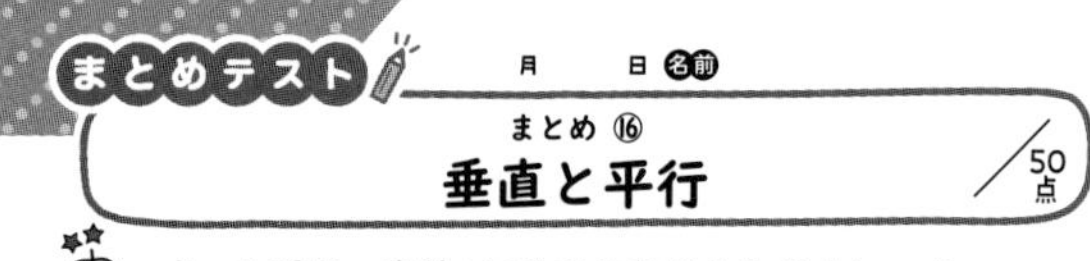

月　　日 名前

まとめ ⑯

垂直と平行

50点

① 点アを通り、直線Aに垂直な直線をかきましょう。（1つ10点／20点）

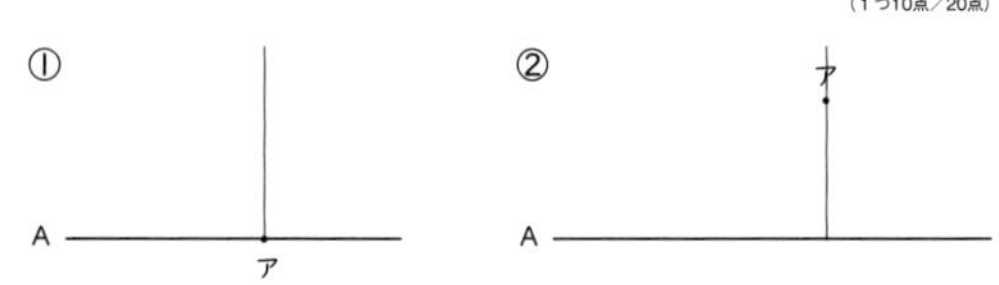

② 点アを通り直線Aに平行な直線をかきましょう。（1つ10点／20点）

① ② A ア

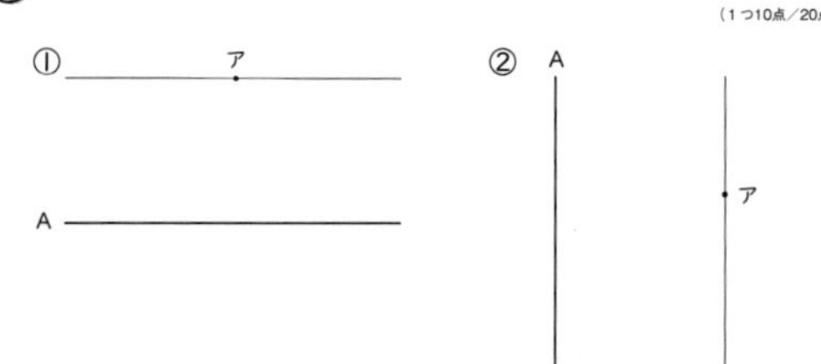

③ 下のように三角じょうぎを使って直線をひきます。
直線Aに対して垂直な直線のひき方ですか。
それとも平行な直線のひき方ですか。○をつけましょう。（10点）

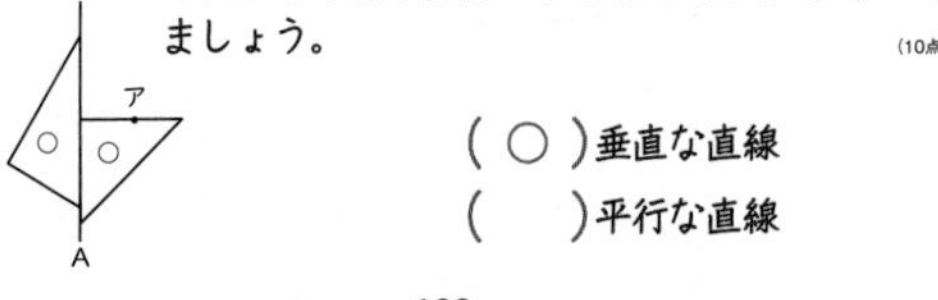

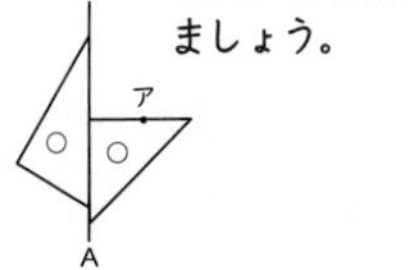

（○）垂直な直線

（　）平行な直線

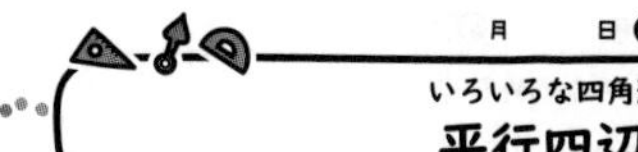

月　日 名前

いろいろな四角形 ①

平行四辺形

向かいあった辺が２組とも平行な四角形を平行四辺形といいます。

平行四辺形は、次のようになっています。

① 向かいあった辺の長さは等しい。

② 向かいあった角の大きさは等しい。

・ や、 は、長さが等しいという印です。

・ や、 は、角度が等しいという印です。

続きをかいて、平行四辺形をしあげましょう。

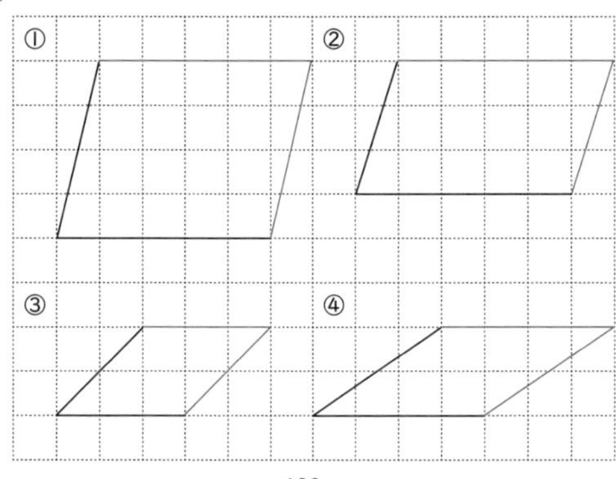

月　日 名前

いろいろな四角形 ②

平行四辺形

平行四辺形のかき方

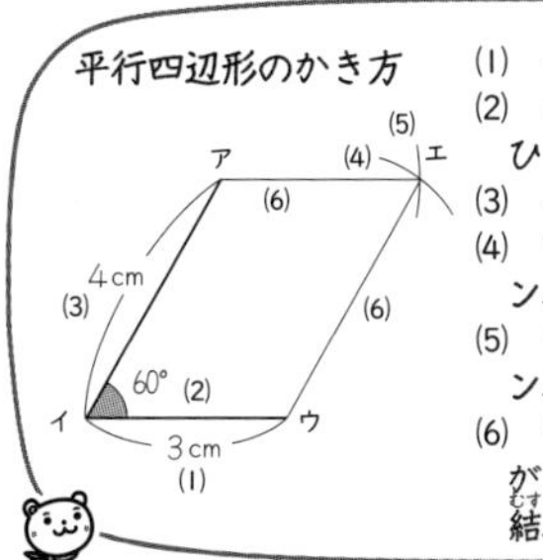

(1) イウ（3cm）の線をひく。

(2) イから60°をはかり、線をひく。

(3) イアの長さを4cmにする。

(4) ウから4cmのところにコンパスで印をつける。

(5) アから3cmのところにコンパスで印をつける。

(6) （(4)と(5)が交わったところがエになる。）アエ、ウエを結ぶ。

次の平行四辺形をコンパス、分度器を使ってかきましょう。

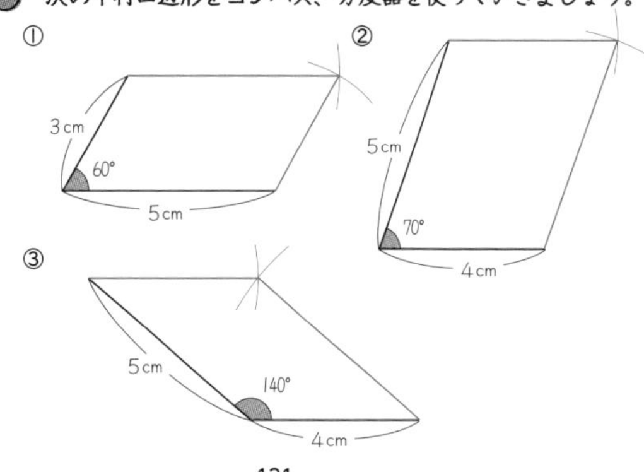

③ 5cm 140° 4cm

月　日 名前

いろいろな四角形 ③

台　形

① 下の台形と同じ台形を、右にかきましょう。

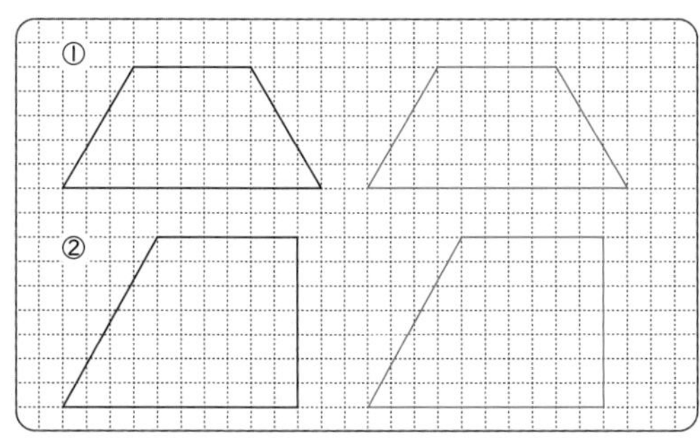

② 続きをかいて、台形をしあげましょう。

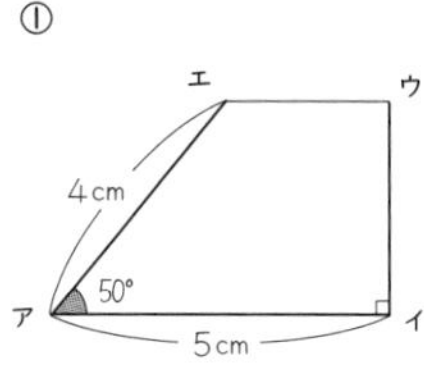

② エ ウ 4cm 70° 70° ア イ 6cm

月　日 名前

いろいろな四角形 ④

台　形

台形のかき方

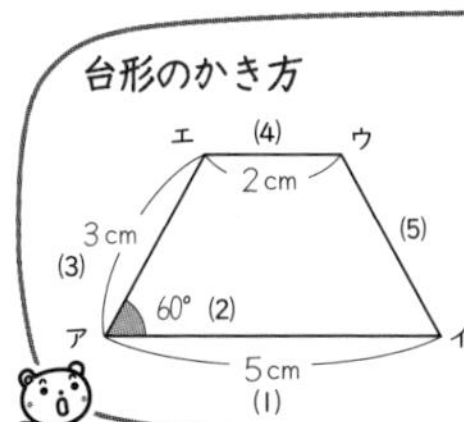

(1) アイ（5cm）の線をひく。

(2) 分度器で60°をはかり、印をつける。

(3) アエを3cmにして線をひく。

(4) アイに平行な直線エウを長さ2cmにしてひく。

(5) ウとイを結ぶ。

次の台形をかきましょう。

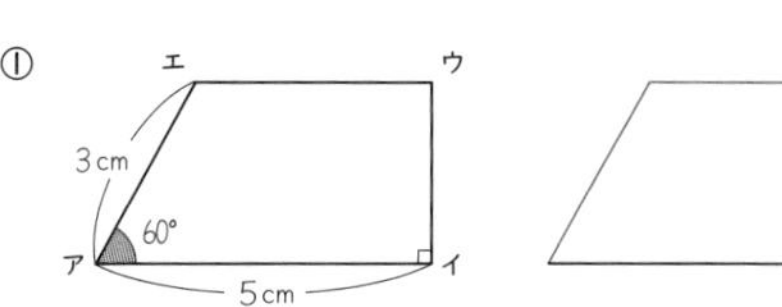

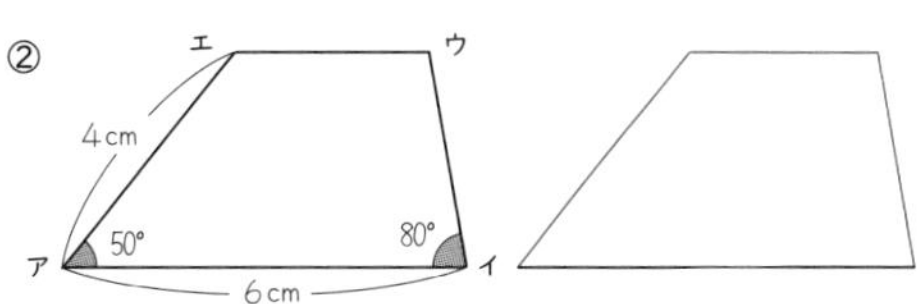

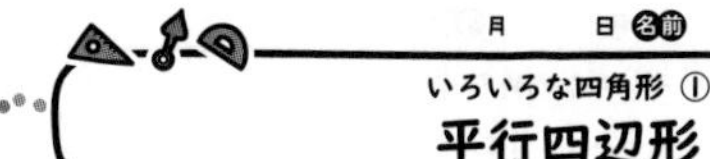

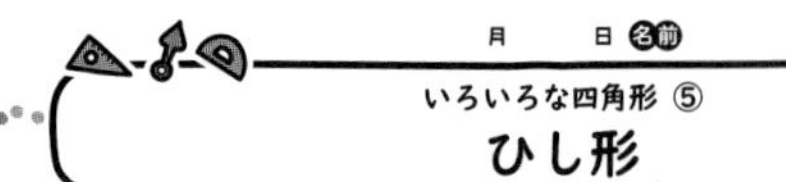

月　　日 名前

いろいろな四角形 ⑤

ひし形

① 同じ大きさの長方形を、図のように重ねました。辺の長さをくらべましょう。

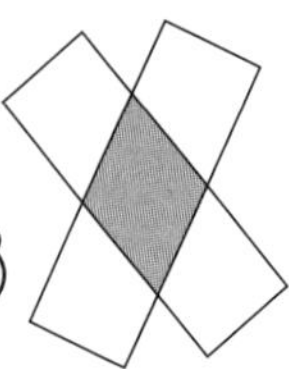

　４つの辺の長さが、みな等しい四角形を、ひし形といいます。

　ひし形は、向かいあった角の大きさは等しく、向かいあった辺は平行です。

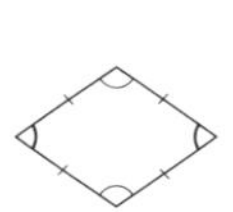

② 続きをかいて、ひし形をしあげましょう。

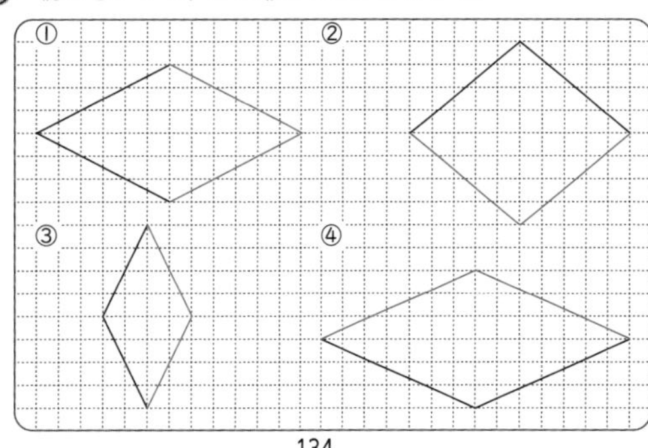

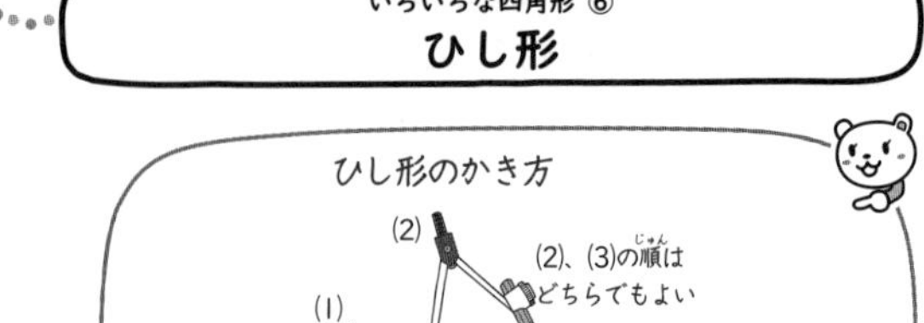

月　　日 名前

いろいろな四角形 ⑥

ひし形

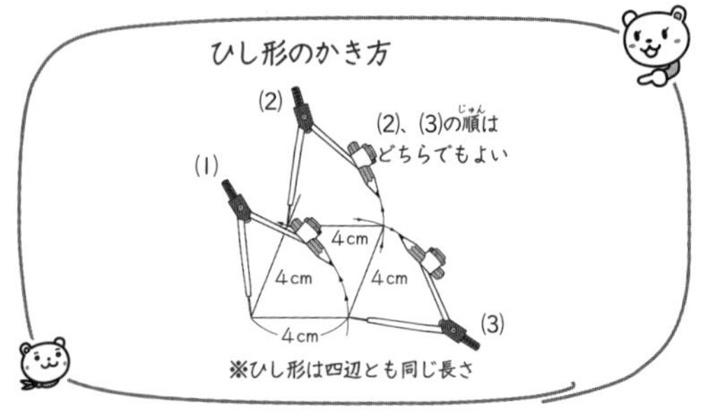

● コンパスを使って、ひし形の続きをしあげましょう。

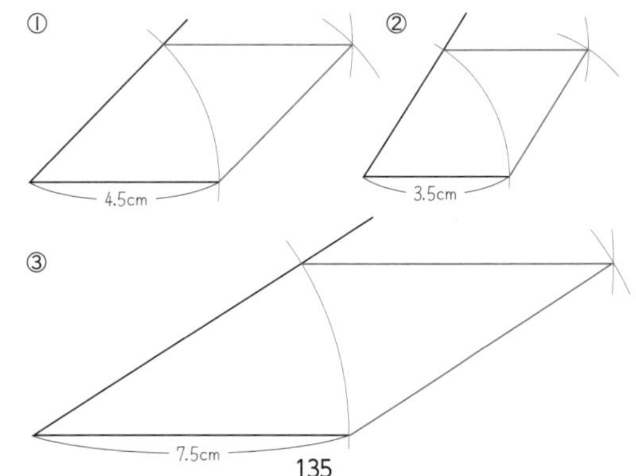

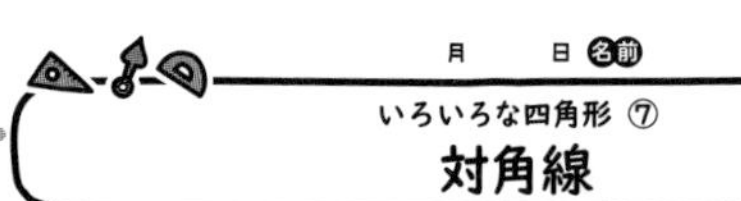

月　　日 名前

いろいろな四角形 ⑦

対角線

● 次の四角形の名前を、（　）にかきましょう。また、対角線をひきましょう。

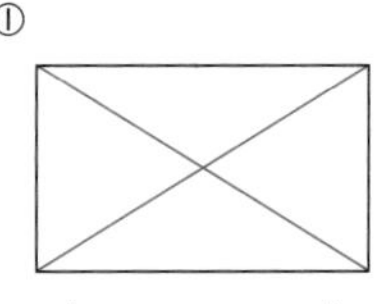

①（　長方形　）

②（　正方形　）

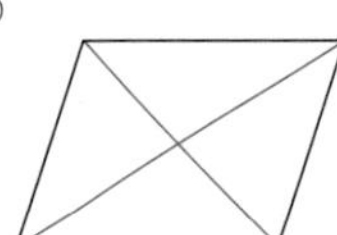

③（　平行四辺形　）

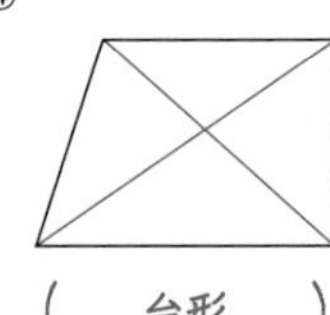

④（　台形　）

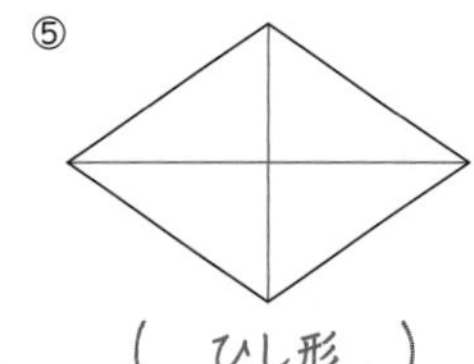

⑤（　ひし形　）

月　　日 名前

いろいろな四角形 ⑧

対角線

① 長方形、正方形、平行四辺形、台形、ひし形のうち、あてはまる四角形の名前をかきましょう。

① 対角線の長さが等しい四角形

（　正方形　）（　長方形　）

② 対角線の長さがちがう四角形

（平行四辺形）（　台形　）（　ひし形　）

③ 対角線が交わった点から、４つのちょう点までの長さが、４本とも等しい四角形

（　正方形　）（　長方形　）

④ 対角線が直角に交わる四角形

（　正方形　）（　ひし形　）

② 対角線が等しい長さになっています。何という四角形ができますか。

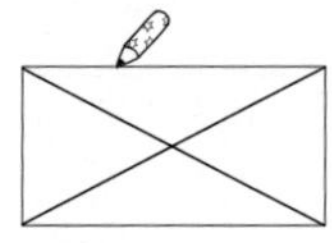

（　長方形　）

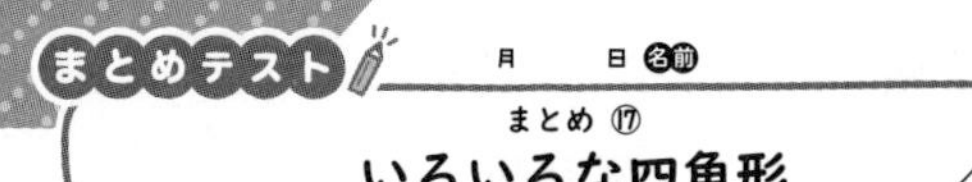

まとめテスト　月　日 名前

まとめ ⑰

いろいろな四角形

50点

① 次の四角形の名前をかきましょう。（1つ5点／25点）

  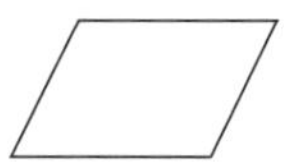

（ 長方形 ）（ 正方形 ）（ 平行四辺形 ）

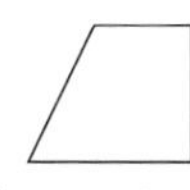 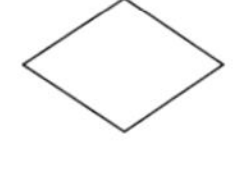

（ 台形 ）（ ひし形 ）

② 次のせいしつをもっている四角形を下の□からすべて選び、記号をかきましょう。（1つ5点／25点）

① 平行な辺が２組ある四角形。（㋐,㋑,㋓,㋔）

② ４つの辺の長さが等しい四角形。（ ㋑,㋓ ）

③ ４つの角が等しい四角形。（ ㋐,㋑ ）

④ 対角線の長さがいつも等しい四角形。（ ㋐,㋑ ）

⑤ 対角線が垂直に交わる四角形。（ ㋑,㋓ ）

㋐長方形　㋑正方形　㋒台形　㋓ひし形　㋔平行四辺形

まとめテスト　月　日 名前

まとめ ⑱

いろいろな四角形

50点

① 次の図形をしあげましょう。（1つ10点／20点）

① 平行四辺形　② ひし形

② 次の台形をかきましょう。（10点）

3cm　60°　70°　5cm

③ 下のような対角線をもつ四角形の名前をかきましょう。（1つ10点／20点）

① 2cm　3cm　3cm　40°　2cm

② 1cm　2cm　1cm　2cm

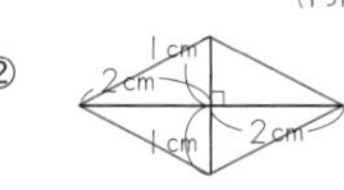

（ 平行四辺形 ）（ ひし形 ）

月　日 名前

立 体 ①

直方体・立方体

① （　）にあてはまる言葉をかきましょう。

① 長方形や長方形と正方形でかこまれた立体を（ 直方体 ）といいます。

② 正方形だけでかこまれた立体を（ 立方体 ）といいます。

③ 平らな面のことを（ 平面 ）といいます。

② 次の立体の部分の名前をかきましょう。

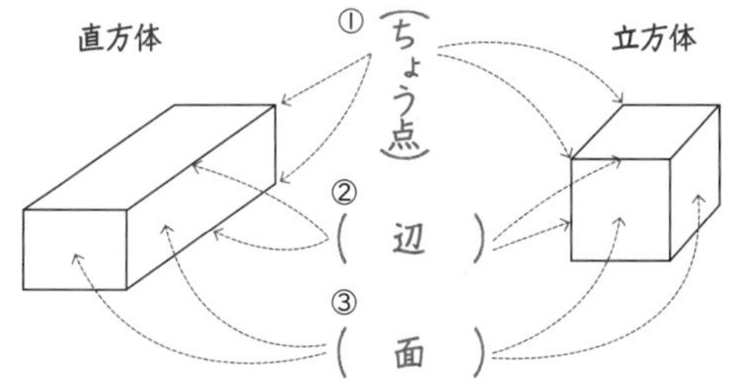

③ 表に数をかきましょう。

	直方体	立方体
面 の 数	6	6
辺 の 数	12	12
ちょう点の数	8	8

月　日 名前

立 体 ②

見取図

① 次の（　）にあてはまる言葉をかきましょう。

右の図のように、全体の形がわかるように表した図を（ 見取図 ）といいます。

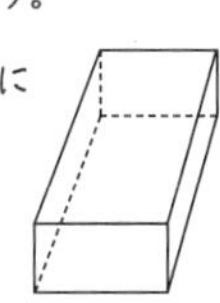

② 次の図に線を加えて、見取図を完成させましょう。

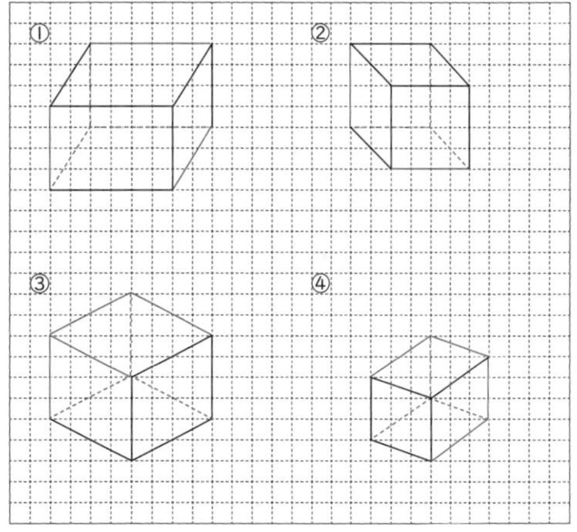

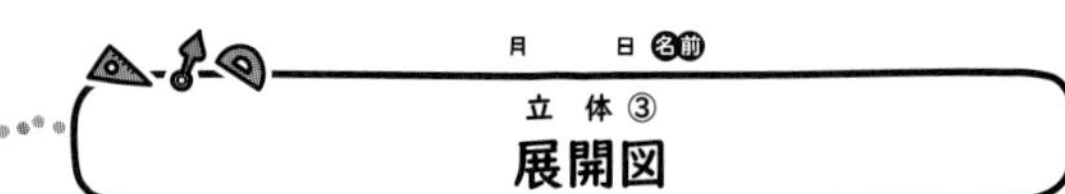

月　日 名前

立体③

展開図

1 次の(　　)にあてはまる言葉をかきましょう。

2 次の図を切り取って、組み立ててできる立体の名前を(　　)にかきましょう。

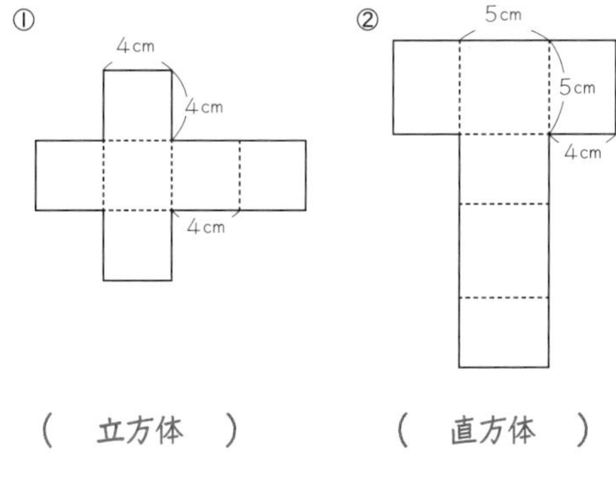

(立方体)　　(直方体)

月　日 名前

立体④

展開図

● 次の立体の展開図の続きをかきましょう。

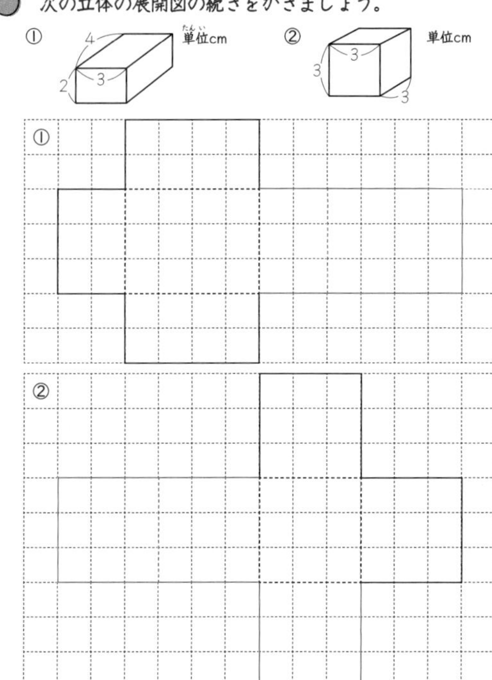

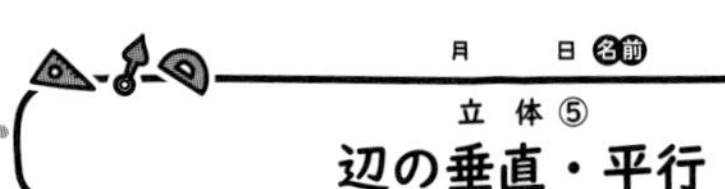

月　日 名前

立体⑤

辺の垂直・平行

1 辺と辺の関係について調べましょう。

辺アイと辺アカは垂直です。

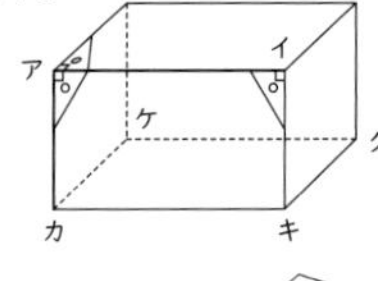

① 辺アイと垂直な直線を全部かきましょう。

辺(アカ)

辺(アエ)　辺(イキ)　辺(イウ)

② 辺アカと垂直な直線を全部かきましょう。

辺(アエ)　辺(アイ)　辺(カケ)　辺(カキ)

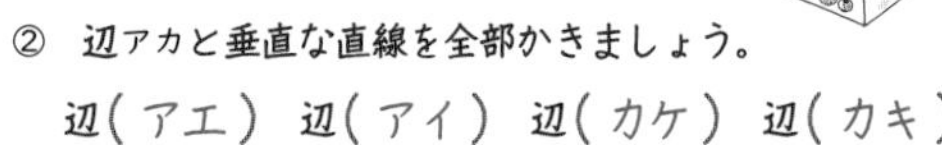

2 辺と辺の関係について調べましょう。

辺アイと辺カキは平行です。

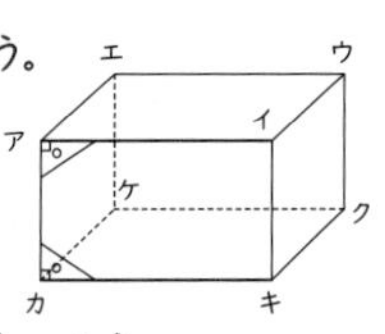

① 辺アイと平行な直線を全部かきましょう。

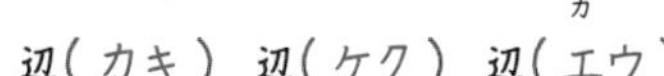

辺(カキ)　辺(ケク)　辺(エウ)

② 辺アカと平行な直線を全部かきましょう。

辺(イキ)　辺(ウク)　辺(エケ)

③ 辺イウと平行な直線を全部かきましょう。

辺(キク)　辺(カケ)　辺(アエ)

月　日 名前

立体⑥

辺と面の垂直

● 辺と面の関係について調べましょう。

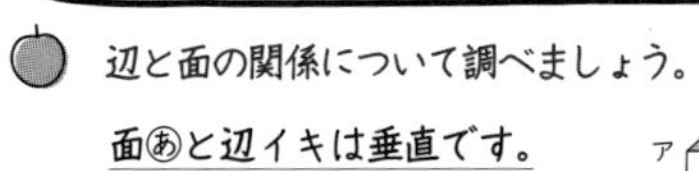

面あと辺イキは垂直です。

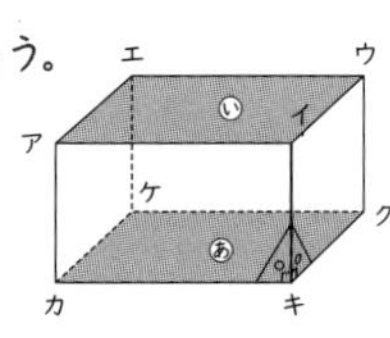

① 面あと垂直な辺を全部かきましょう。

辺(イキ)　辺(ウク)

辺(エケ)　辺(アカ)

② 面いと垂直な辺を全部かきましょう。

辺(イキ)　辺(ウク)　辺(エケ)　辺(アカ)

③ 面アカケエと垂直な辺を全部かきましょう。

辺(アイ)　辺(カキ)　辺(ケク)　辺(エウ)

④ 面イキクウと垂直な辺を全部かきましょう。

辺(アイ)　辺(カキ)　辺(ケク)　辺(エウ)

⑤ 面アカキイと垂直な辺を全部かきましょう。

辺(アエ)　辺(イウ)　辺(キク)　辺(カケ)

⑥ 面エケクウと垂直な辺を全部かきましょう。

辺(アエ)　辺(イウ)　辺(キク)　辺(カケ)

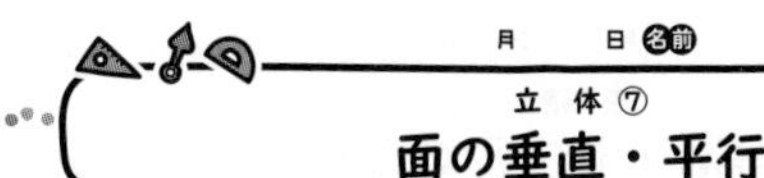

月　日 名前

立体⑦

面の垂直・平行

1 面と面の関係について調べましょう。

面あと面うは垂直です。

① 面あと垂直な面を全部かきましょう。

面（う＝イキクウ）

面（アカキイ）面（アカケエ）面（エケクウ）

② 面アイウエと垂直な面を全部かきましょう。

面（アカキイ）面（イキクウ）

面（ウクケエ）面（エケカア）

2 面と面の関係について調べましょう。

面あと面いは平行です。

① 面アカキイと平行な面をかきましょう。

面（エケクウ）

② 面イキクウと平行な面をかきましょう。

面（アカケエ）

直方体や立方体を両手ではさんだとき、手のひらにあたる2つの面は平行です。

月　日 名前

立体⑧

ものの位置

1 展開図を組み立てました。

① うと垂直になる面は、どれですか。

面（イ）面（ア）

面（エ）面（カ）

② うと平行になる面は、どれですか。

面（オ）

2 直方体のちょう点の位置を、アをもとに長さの組で表しましょう。

イ　横 8m　たて 0m　高さ 0m

ウ　横 8m　たて 9m　高さ 2m

エ　横 0m　たて 9m　高さ 2m

3 マイクの位置を、アをもとに長さの組で表しましょう。

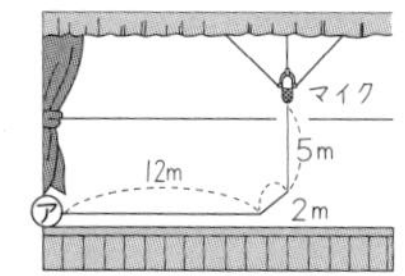

横 12m　たて 2m

高さ 5m

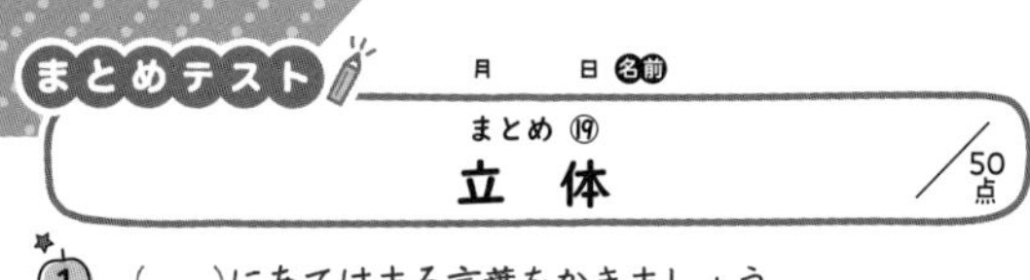

まとめテスト　月　日 名前

まとめ⑲

立体

50点

1 （　）にあてはまる言葉をかきましょう。（1つ5点／20点）

（面）（ちょう点）（辺）

立体の名前（直方体）

2 見取図を完成させましょう。（1つ10点／20点）

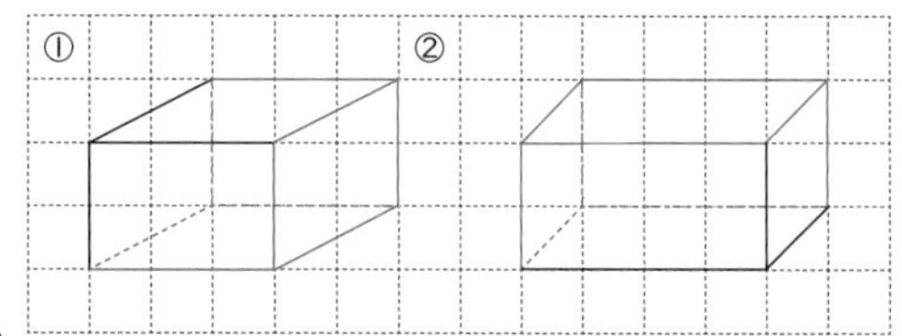

3 1辺の長さが2cmの立方体の展開図をかきましょう。（10点）

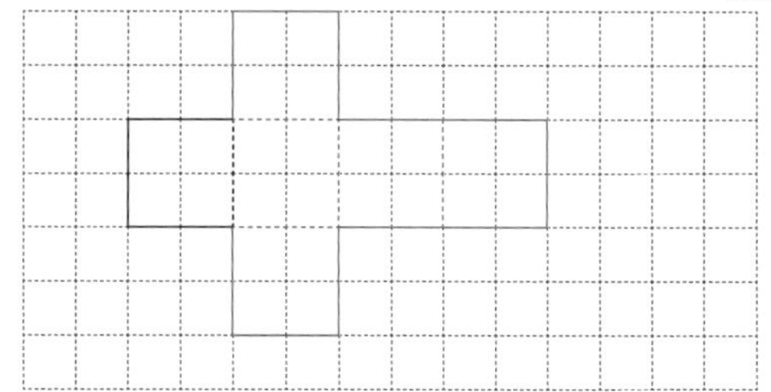

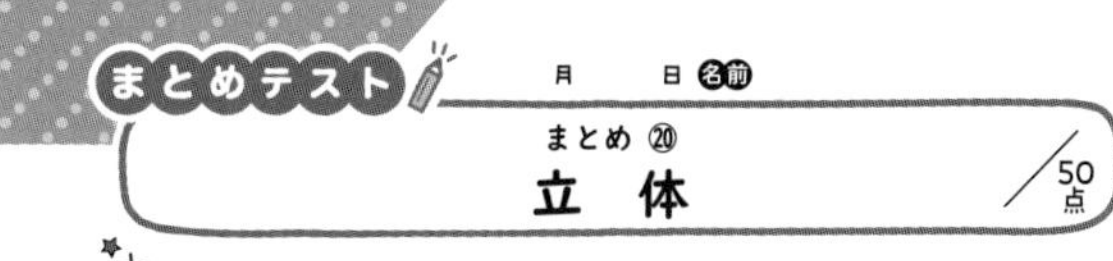

まとめテスト　月　日 名前

まとめ⑳

立体

50点

次の直方体について答えましょう。（各10点／50点）

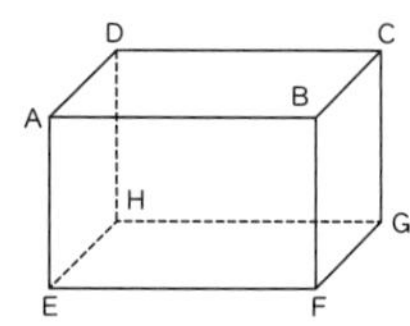

① 面ABCDに平行な面はどれですか。

面（EFGH）

② 面ABCDに垂直な面はどれですか。

面（AEFB）面（BFGC）

面（CGHD）面（DHEA）

③ 辺ADに平行な辺はどれですか。

辺（BC）辺（FG）辺（EH）

④ 辺ADに垂直な辺はどれですか。

辺（AB）辺（AE）

辺（DC）辺（DH）

⑤ 辺AEに垂直な面はどれですか。

面（ABCD）面（EFGH）

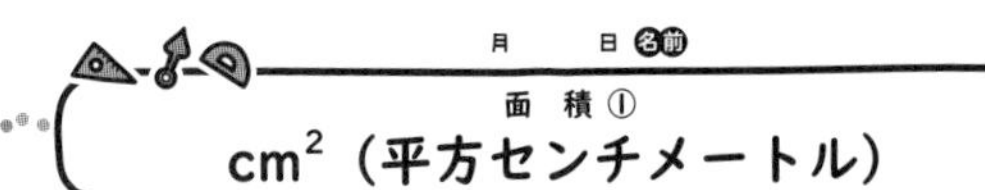

月　日 名前

面積①

cm^2（平方センチメートル）

1 広さをくらべましょう。

あ 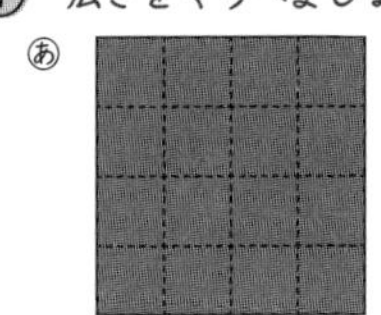　い 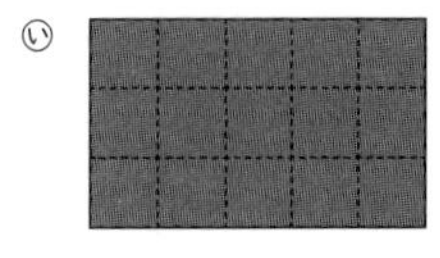

① ■がいくつありますか。

あ（ 16 ） い（ 15 ）

② どちらが広いですか。（ あ ）

1辺が1cmの正方形の面積を一平方センチメートル（1 cm^2）といいます。
cm^2は、面積の単位です。

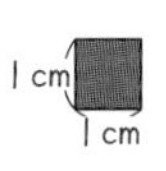

2 cm^2のかき方を練習しましょう。

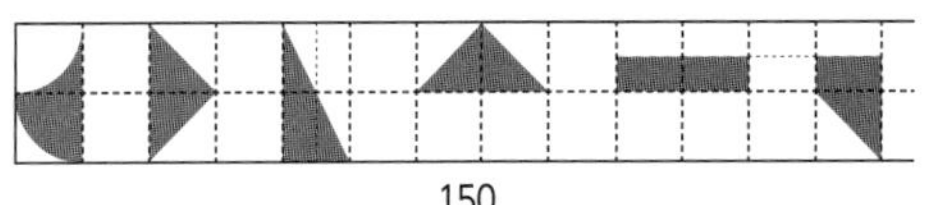

3 次の6つの形は、全部1 cm^2です。なぜそうなのか考えましょう。（□は1 cm^2です。）

月　日 名前

面積②

長方形・正方形の面積

長方形の面積を求める公式
長方形の面積＝たて×横
正方形の面積＝1辺×1辺

1 長方形の面積を求めましょう。

①
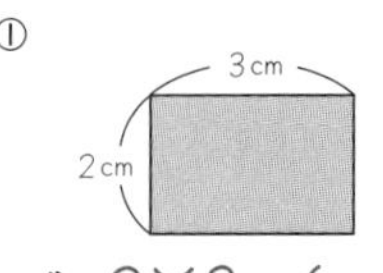

式 $2\times3=6$

答え $6cm^2$

②
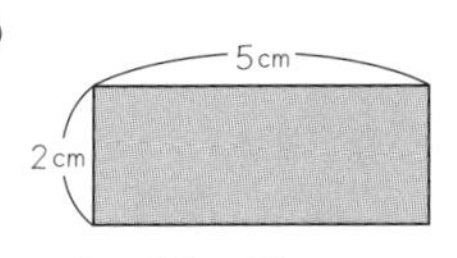

式 $2\times5=10$

答え $10cm^2$

2 正方形の面積を求めましょう。

①
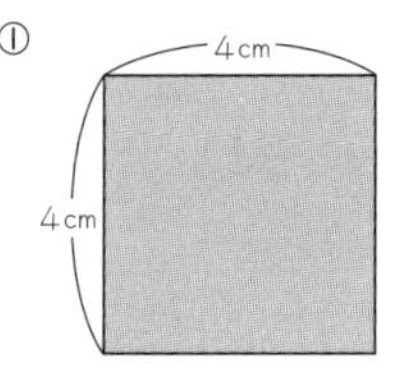

式 $4\times4=16$

答え $16cm^2$

②
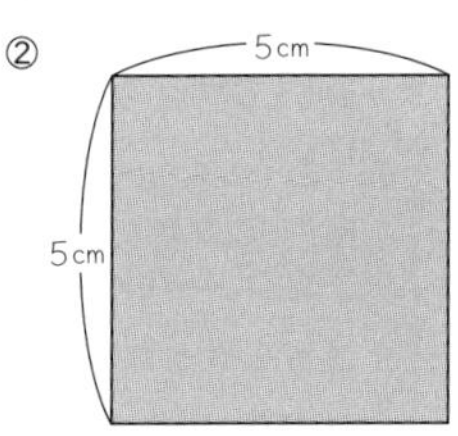

式 $5\times5=25$

答え $25cm^2$

月　日 名前

面積③

長さを求める

□の長さを求めましょう。

①
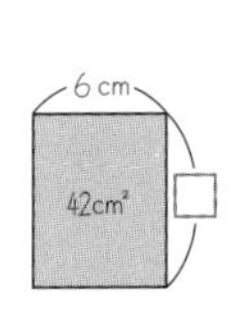

たて 横 面積
□×6＝42
だから
42÷6＝7

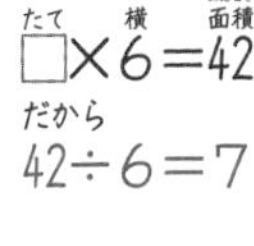

答え 7cm

②
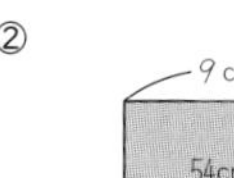

式 54÷9＝6

答え 6cm

③
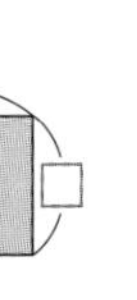

式 72÷6＝12

答え 12cm

④
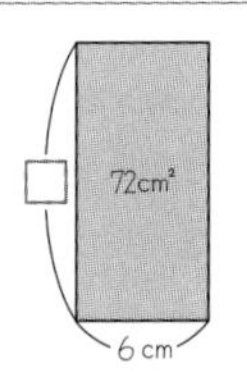

式 49÷7＝7

答え 7cm

⑤
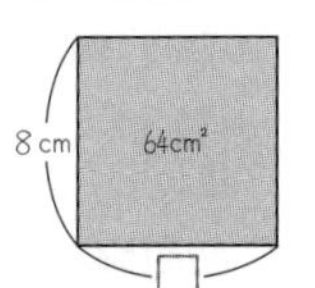

式 64÷8＝8

答え 8cm

月　日 名前

面積④

面積の求め方

次の面積を求めましょう。

①
・線をひいて2つに分ける。
・それぞれの面積を計算する。
・面積をたす。

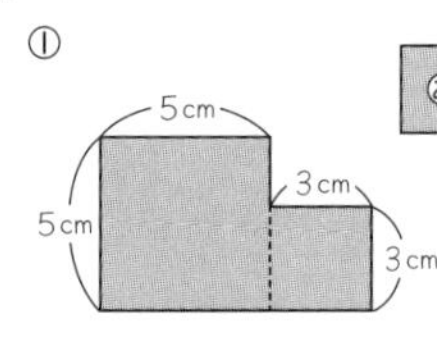

・5×5＝25 …あ
・3×3＝9 …い
・25＋9＝34 …あ＋い

答え $34cm^2$

②
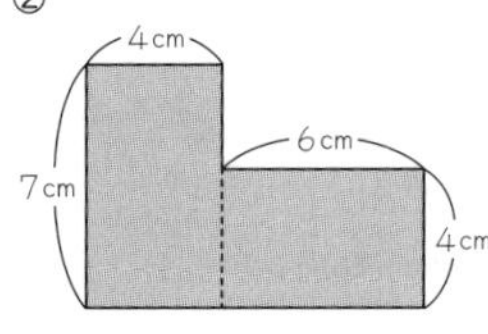

式
・7×4＝28
・4×6＝24
・28＋24＝52

答え $52cm^2$

③
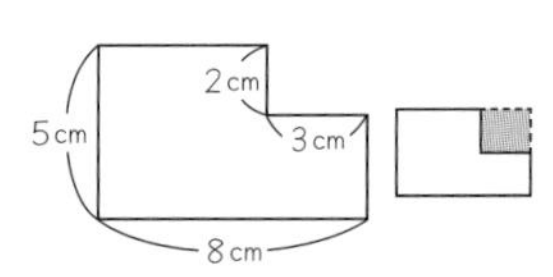

・線をひいて、大きな長方形にする。
・その長方形の面積と小さな長方形の面積を計算する。
・小さな長方形の面積をひく。

・5×8＝40
・2×3＝6
・40−6＝34

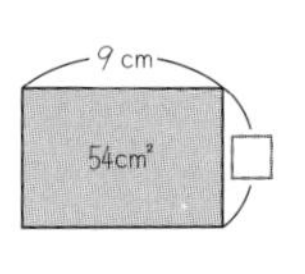

答え $34cm^2$

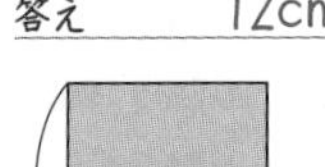

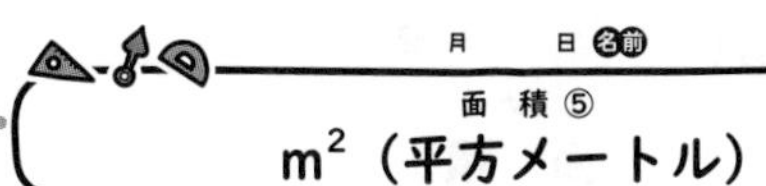

月　日 名前

面 積 ⑤

m^2（平方メートル）

1辺が1mの正方形の面積を一平方メートル（1m^2）といいます。m^2も面積の単位です。

① たて7m、横8mの教室の面積は、何m^2ですか。

式　7×8＝56

答え　56m^2

② 面積を求めましょう。

①

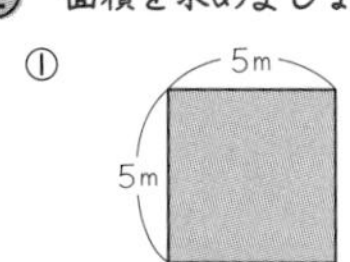

式　5×5＝25

答え　25m^2

②

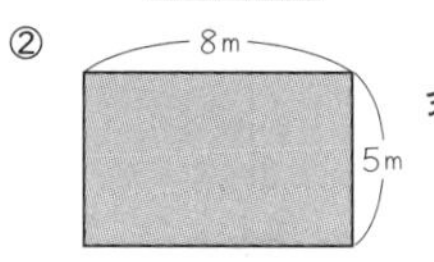

式　5×8＝40

答え　40m^2

③ 1m^2は、何cm^2ですか。

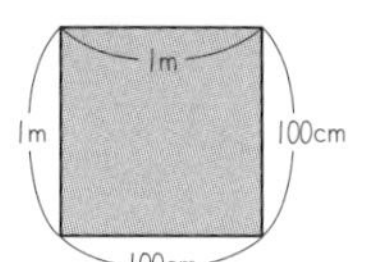

式
100×100＝10000
1m^2＝10000cm^2

月　日 名前

面 積 ⑥

km^2（平方キロメートル）

1辺が1kmの正方形の面積を一平方キロメートル（1km^2）といいます。km^2も面積の単位です。

① たて2km、横3kmのうめたて地の面積は、何km^2ですか。

式　2×3＝6

答え　6km^2

② 面積を求めましょう。

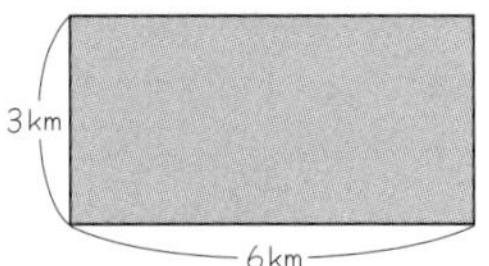

式　3×6＝18

答え　18km^2

③ 1km^2は、何m^2ですか。

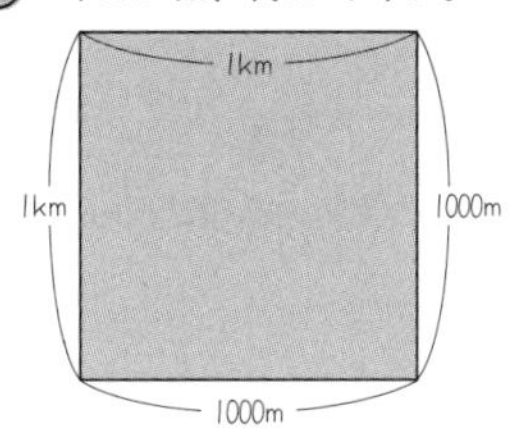

式
1000×1000＝1000000
1km^2＝1000000m^2

月　日 名前

面 積 ⑦

a（アール）

① 田や畑の面積を、1辺が10mの正方形いくつ分かで表すことがあります。

1辺が10mの正方形の面積を1アールといい、1aとかきます。

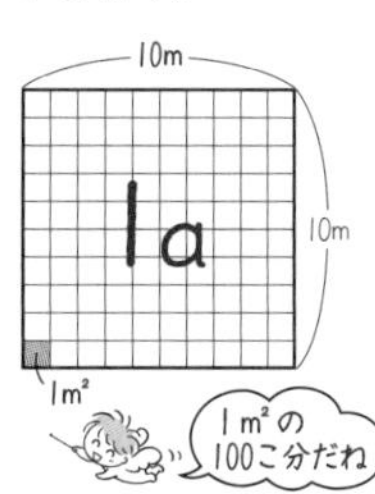

1m^2の100こ分だね

② たて30m、横40mの長方形の田の面積は何aですか。

式　30×40＝1200
1200m^2＝12a

答え　12a

③ たて50m、横60mの長方形の田の面積は何aですか。

式　50×60＝3000
3000m^2＝30a

答え　30a

月　日 名前

面 積 ⑧

ha（ヘクタール）

① 広い田や牧場などの面積を、1辺が100mの正方形いくつ分かで表すことがあります。

1辺が100mの正方形の面積を1ヘクタールといい、1haとかきます。

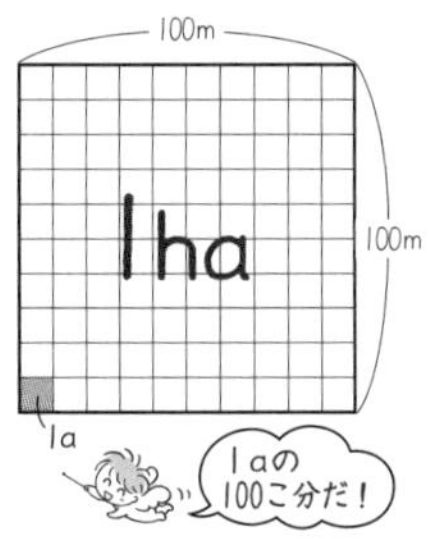

1aの100こ分だ！

② たて400m、横500mの長方形の田の面積は何haですか。

式　400×500＝200000
200000m^2＝20ha

答え　20ha

③ たて800m、横700mの牧場の面積は何haですか。

式　800×700＝560000
560000m^2＝56ha

答え　56ha

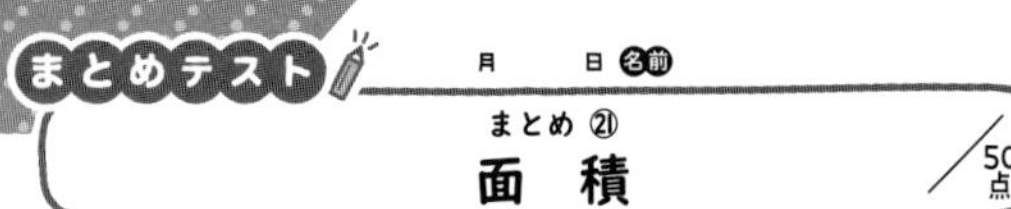

月　日 名前

まとめ ㉑

面積

/50点

① 次の面積を求めましょう。（1つ10点／20点）

①

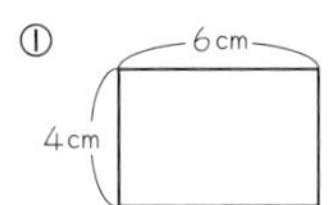

式 $4\times6=24$

答え $24cm^2$

②

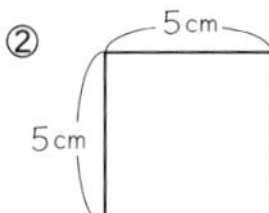

式 $5\times5=25$

答え $25cm^2$

② たて20m、横30mの長方形の土地の面積は何aですか。（10点）

式 $20\times30=600$

$600m^2=6a$

答え 6a

③ たて300m、横400mの長方形の土地の面積は何haですか。（10点）

式 $300\times400=120000$

$120000m^2=12ha$

答え 12ha

④ たて3km、横6kmの長方形の土地の面積は何km^2ですか。（10点）

式 $3\times6=18$

答え $18km^2$

まとめテスト

月　日 名前

まとめ ㉒

面積

/50点

① (　)にあてはまる数や面積の単位をかきましょう。（1つ5点／20点）

① $1m^2=$(10000)cm^2

② 1辺が10mの正方形の面積。
$100m^2=1$(a)

③ 1辺が100mの正方形の面積。
$10000m^2=1$(ha)

④ 1辺が1000mの正方形の面積。
$1000000m^2=1$(km^2)

② 次の長方形のたての長さを求めましょう。（1つ10点／20点）

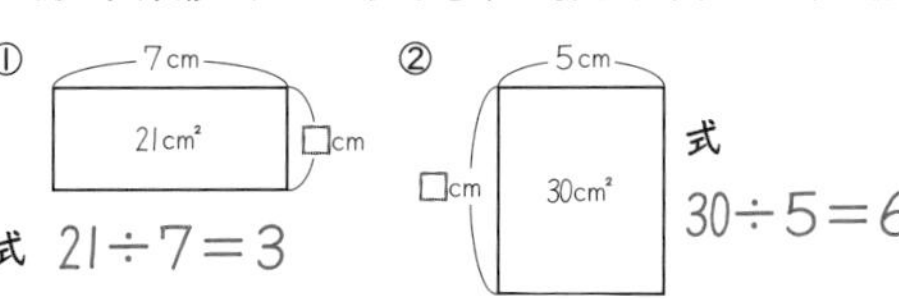

① 式 $21\div7=3$

答え 3cm

② 式 $30\div5=6$

答え 6cm

③ 次の面積を求めましょう。（10点）

6cm　3cm　4cm　6cm　3cm　10cm

式 $6\times10-3\times4$
$=60-12=48$

答え $48cm^2$

月　日 名前

折れ線グラフと表 ①

グラフを読む

● 折れ線グラフを見て、下の問題に答えましょう。

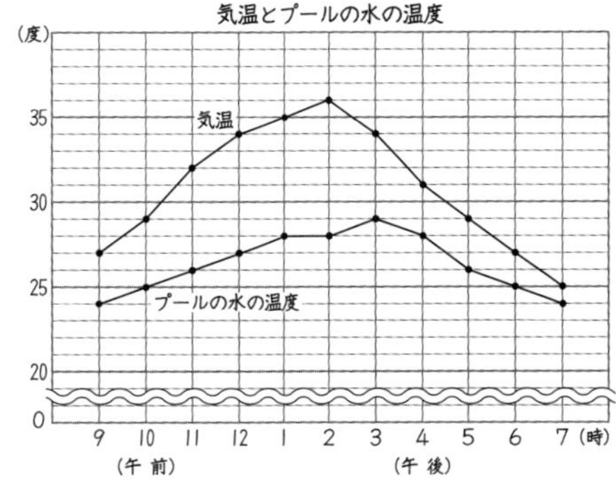

① 気温が一番高かったのは何時ですか。（ 午後2時 ）

② プールの水の温度が一番高かったのは、何時ですか。（ 午後3時 ）

③ 気温とプールの水の温度の差が一番大きかったのは何時ですか。（ 午後2時 ）

④ 1時間で気温が一番高く変化したのは何時から何時ですか。（午前10から 11時）

⑤ 気温と水の温度では、どちらの変化のしかたが大きいですか。（ 気温 ）

月　日 名前

折れ線グラフと表 ②

グラフを読む

① ㋐、㋑は、グラフの一部です。

① 体重がへったのは、どちらですか。（ ㋐ ）

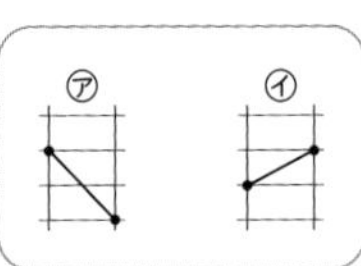

② 温度が変わらないのは、どちらですか。（ ㋑ ）

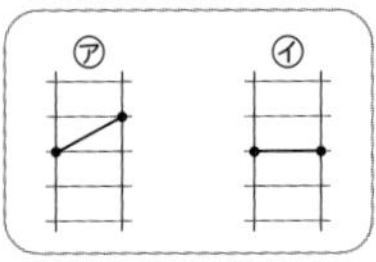

③ 身長がたくさんのびたのは、どちらですか。（ ㋑ ）

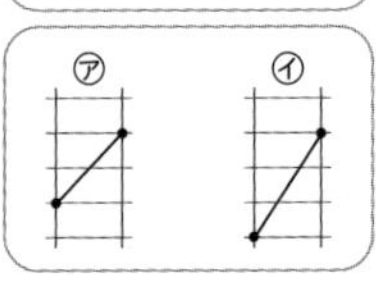

② 折れ線グラフで表したほうがよいものに○をしましょう。

①（ ○ ）毎月1日にはかった自分の体重

②（　）学級会で調べた好きなスポーツとその人数

③（ ○ ）黒板の横の温度計ではかった1時間ごとの記録

④（　）5月1日の児童数の10年間の記録

⑤（　）学級のいろいろな場所の気温

月　日 名前

折れ線グラフと表 ③

グラフをつくる

表を折(お)れ線グラフに表しましょう。

①

②時こく（時）	午前9	10	11	12	午後1	2	3
③気　温（度）	9	12	15	16	16	13	11

折れ線グラフのかき方

① グラフの表題をかく。

② 横じくに、時こくをかく（単位(たんい)・時）。

③ たてじくに最高(さいこう)気温の16度が表せるようにめもりをつける（単位・度）。

④ 表を見て、点を打つ。

⑤ 点を直線でつなぐ。

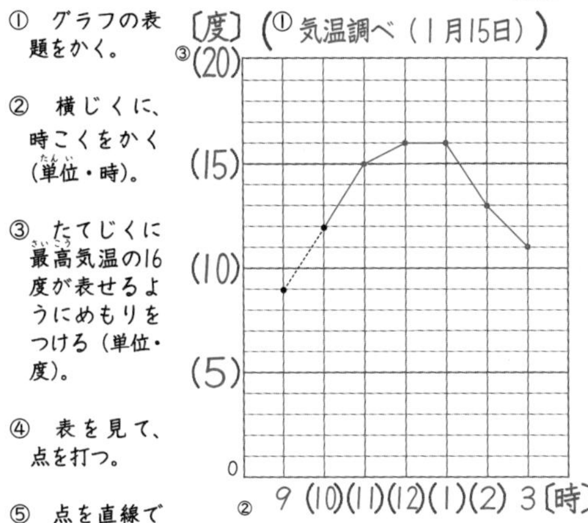

月　日 名前

折れ線グラフと表 ④

グラフをつくる

表を折れ線グラフに表しましょう。

とも子さんの体重の変化(へんか)

学　年（年）	1	2	3	4	5	6
体　重（kg）	18	20	22	25	27	31

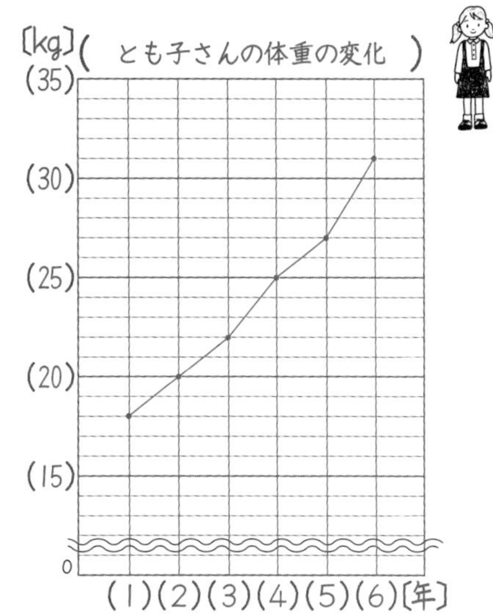

月　日 名前

折れ線グラフと表 ⑤

表の整理

下の表は、5月のある週に、けがをしてほけん室へ来た人の記録(きろく)です。

番号	学年	けがの種類(しゅるい)	番号	学年	けがの種類
1	1年	すりきず	8	3年	鼻　血
2	4年	つき指	9	5年	つき指
3	1年	すりきず	10	1年	すりきず
4	6年	すりきず	11	2年	すりきず
5	5年	ねんざ	12	4年	ねんざ
6	3年	つき指	13	6年	つき指
7	1年	すりきず	14	2年	鼻　血

① けがの種類と学年別(べつ)の表に整理しましょう。

けがの種類と学年

学年＼けが	すりきず	つき指	ねんざ	鼻血	合計
1年	正 4	0	0	0	4
2年	一 1	0	0	一 1	2
3年	0	一 1	0	一 1	2
4年	0	一 1	一 1	0	2
5年	0	一 1	一 1	0	2
6年	一 1	一 1	0	0	2
合計	6	4	2	2	14

月　日 名前

折れ線グラフと表 ⑥

表の整理

高橋さんの学級では、兄や姉がいるかどうかを調べて表をつくりました。㋐～㋔に人数を入れて、問題に答えましょう。

		姉 いる	姉 いない	合計
兄	いる	8（人）	5	㋐ 13
兄	いない	7	9	㋑ 16
合計		㋒ 15	㋓ 14	㋔ 29

㋑7＋9＝

㋐8＋5をすると…

① 兄も姉もいる人は、何人ですか。（ 8 人）

② 兄がいる人は、何人ですか。（ 13 人）

③ 姉がいる人は、何人ですか。（ 15 人）

④ 兄も姉もいない人は、何人ですか。（ 9 人）

⑤ 学級は、全部で何人ですか。（ 29 人）

達成表

勉強が終わったらチェックする。問題が全部できて字もていねいに書けたら「よくできた」だよ。「よくできた」になるようにがんばろう!

学習内容	学習日	がんばろう	できた	よくできた
大きな数①		☆	☆☆	☆☆☆
大きな数②		☆	☆☆	☆☆☆
大きな数③		☆	☆☆	☆☆☆
大きな数④		☆	☆☆	☆☆☆
大きな数⑤		☆	☆☆	☆☆☆
大きな数⑥		☆	☆☆	☆☆☆
大きな数⑦		☆	☆☆	☆☆☆
大きな数⑧		☆	☆☆	☆☆☆
大きな数⑨		☆	☆☆	☆☆☆
大きな数⑩		☆	☆☆	☆☆☆
まとめ①			得点	
まとめ②			得点	
がい数①		☆	☆☆	☆☆☆
がい数②		☆	☆☆	☆☆☆
がい数③		☆	☆☆	☆☆☆
がい数④		☆	☆☆	☆☆☆
がい数⑤		☆	☆☆	☆☆☆
がい数⑥		☆	☆☆	☆☆☆
まとめ③			得点	
まとめ④			得点	
わり算（÷1けた）①		☆	☆☆	☆☆☆
わり算（÷1けた）②		☆	☆☆	☆☆☆
わり算（÷1けた）③		☆	☆☆	☆☆☆
わり算（÷1けた）④		☆	☆☆	☆☆☆
わり算（÷1けた）⑤		☆	☆☆	☆☆☆
わり算（÷1けた）⑥		☆	☆☆	☆☆☆
わり算（÷1けた）⑦		☆	☆☆	☆☆☆
わり算（÷1けた）⑧		☆	☆☆	☆☆☆
わり算（÷1けた）⑨		☆	☆☆	☆☆☆
わり算（÷1けた）⑩		☆	☆☆	☆☆☆

学習内容	学習日	がんばろう	できた	よくできた
わり算（÷1けた）⑪		☆	☆☆	☆☆☆
わり算（÷1けた）⑫		☆	☆☆	☆☆☆
わり算（÷1けた）⑬		☆	☆☆	☆☆☆
わり算（÷1けた）⑭		☆	☆☆	☆☆☆
わり算（÷1けた）⑮		☆	☆☆	☆☆☆
わり算（÷1けた）⑯		☆	☆☆	☆☆☆
まとめ⑤			得点	
まとめ⑥			得点	
小　数①		☆	☆☆	☆☆☆
小　数②		☆	☆☆	☆☆☆
小　数③		☆	☆☆	☆☆☆
小　数④		☆	☆☆	☆☆☆
小　数⑤		☆	☆☆	☆☆☆
小　数⑥		☆	☆☆	☆☆☆
小　数⑦		☆	☆☆	☆☆☆
小　数⑧		☆	☆☆	☆☆☆
まとめ⑦			得点	
まとめ⑧			得点	
わり算（÷2けた）①		☆	☆☆	☆☆☆
わり算（÷2けた）②		☆	☆☆	☆☆☆
わり算（÷2けた）③		☆	☆☆	☆☆☆
わり算（÷2けた）④		☆	☆☆	☆☆☆
わり算（÷2けた）⑤		☆	☆☆	☆☆☆
わり算（÷2けた）⑥		☆	☆☆	☆☆☆
わり算（÷2けた）⑦		☆	☆☆	☆☆☆
わり算（÷2けた）⑧		☆	☆☆	☆☆☆
わり算（÷2けた）⑨		☆	☆☆	☆☆☆
わり算（÷2けた）⑩		☆	☆☆	☆☆☆
わり算（÷2けた）⑪		☆	☆☆	☆☆☆
わり算（÷2けた）⑫		☆	☆☆	☆☆☆
わり算（÷2けた）⑬		☆	☆☆	☆☆☆
わり算（÷2けた）⑭		☆	☆☆	☆☆☆
わり算（÷2けた）⑮		☆	☆☆	☆☆☆

学習内容	学習日	がんばろう	できた	よくできた
わり算（÷2けた）⑯		☆	☆☆	☆☆☆
わり算（÷2けた）⑰		☆	☆☆	☆☆☆
わり算（÷2けた）⑱		☆	☆☆	☆☆☆
わり算（÷2けた）⑲		☆	☆☆	☆☆☆
わり算（÷2けた）⑳		☆	☆☆	☆☆☆
わり算（÷2けた）㉑		☆	☆☆	☆☆☆
わり算（÷2けた）㉒		☆	☆☆	☆☆☆
まとめ⑨			得点	
まとめ⑩			得点	
小数のかけ算①		☆	☆☆	☆☆☆
小数のかけ算②		☆	☆☆	☆☆☆
小数のかけ算③		☆	☆☆	☆☆☆
小数のかけ算④		☆	☆☆	☆☆☆
小数のかけ算⑤		☆	☆☆	☆☆☆
小数のかけ算⑥		☆	☆☆	☆☆☆
小数のかけ算⑦		☆	☆☆	☆☆☆
小数のかけ算⑧		☆	☆☆	☆☆☆
小数のわり算①		☆	☆☆	☆☆☆
小数のわり算②		☆	☆☆	☆☆☆
小数のわり算③		☆	☆☆	☆☆☆
小数のわり算④		☆	☆☆	☆☆☆
小数のわり算⑤		☆	☆☆	☆☆☆
小数のわり算⑥		☆	☆☆	☆☆☆
小数のわり算⑦		☆	☆☆	☆☆☆
小数のわり算⑧		☆	☆☆	☆☆☆
まとめ⑪			得点	
まとめ⑫			得点	
式と計算①		☆	☆☆	☆☆☆
式と計算②		☆	☆☆	☆☆☆
式と計算③		☆	☆☆	☆☆☆
式と計算④		☆	☆☆	☆☆☆
式と計算⑤		☆	☆☆	☆☆☆
式と計算⑥		☆	☆☆	☆☆☆

学習内容	学習日	がんばろう	できた	よくできた
分　数①		☆	☆☆	☆☆☆
分　数②		☆	☆☆	☆☆☆
分　数③		☆	☆☆	☆☆☆
分　数④		☆	☆☆	☆☆☆
分　数⑤		☆	☆☆	☆☆☆
分　数⑥		☆	☆☆	☆☆☆
分　数⑦		☆	☆☆	☆☆☆
分　数⑧		☆	☆☆	☆☆☆
まとめ⑬			得点	
まとめ⑭			得点	
角①		☆	☆☆	☆☆☆
角②		☆	☆☆	☆☆☆
角③		☆	☆☆	☆☆☆
角④		☆	☆☆	☆☆☆
角⑤		☆	☆☆	☆☆☆
角⑥		☆	☆☆	☆☆☆
角⑦		☆	☆☆	☆☆☆
角⑧		☆	☆☆	☆☆☆
垂直と平行①		☆	☆☆	☆☆☆
垂直と平行②		☆	☆☆	☆☆☆
垂直と平行③		☆	☆☆	☆☆☆
垂直と平行④		☆	☆☆	☆☆☆
垂直と平行⑤		☆	☆☆	☆☆☆
垂直と平行⑥		☆	☆☆	☆☆☆
垂直と平行⑦		☆	☆☆	☆☆☆
垂直と平行⑧		☆	☆☆	☆☆☆
まとめ⑮			得点	
まとめ⑯			得点	
いろいろな四角形①		☆	☆☆	☆☆☆
いろいろな四角形②		☆	☆☆	☆☆☆
いろいろな四角形③		☆	☆☆	☆☆☆
いろいろな四角形④		☆	☆☆	☆☆☆
いろいろな四角形⑤		☆	☆☆	☆☆☆

学習内容	学習日	がんばろう	できた	よくできた
いろいろな四角形⑥		☆	☆☆	☆☆☆
いろいろな四角形⑦		☆	☆☆	☆☆☆
いろいろな四角形⑧		☆	☆☆	☆☆☆
まとめ⑰			得点	
まとめ⑱			得点	
立　体①		☆	☆☆	☆☆☆
立　体②		☆	☆☆	☆☆☆
立　体③		☆	☆☆	☆☆☆
立　体④		☆	☆☆	☆☆☆
立　体⑤		☆	☆☆	☆☆☆
立　体⑥		☆	☆☆	☆☆☆
立　体⑦		☆	☆☆	☆☆☆
立　体⑧		☆	☆☆	☆☆☆
まとめ⑲			得点	
まとめ⑳			得点	
面　積①		☆	☆☆	☆☆☆
面　積②		☆	☆☆	☆☆☆
面　積③		☆	☆☆	☆☆☆
面　積④		☆	☆☆	☆☆☆
面　積⑤		☆	☆☆	☆☆☆
面　積⑥		☆	☆☆	☆☆☆
面　積⑦		☆	☆☆	☆☆☆
面　積⑧		☆	☆☆	☆☆☆
まとめ㉑			得点	
まとめ㉒			得点	
折れ線グラフと表①		☆	☆☆	☆☆☆
折れ線グラフと表②		☆	☆☆	☆☆☆
折れ線グラフと表③		☆	☆☆	☆☆☆
折れ線グラフと表④		☆	☆☆	☆☆☆
折れ線グラフと表⑤		☆	☆☆	☆☆☆
折れ線グラフと表⑥		☆	☆☆	☆☆☆